Enneagram
九型人格

骆玉香◎主编

团结出版社
UNITY PRESS

图书在版编目（CIP）数据

九型人格 / 骆玉香主编 . —北京：团结出版社，
2018. 8

ISBN 978-7-5126-6604-7

Ⅰ . ①九… Ⅱ . ①骆… Ⅲ . ①人格心理学－通俗读物
Ⅳ . ①B848－49

中国版本图书馆 CIP 数据核字（2018）第 206781 号

出　　版：团结出版社
　　　　　（北京市东城区东皇根南街 84 号　　邮编：100006）
电　　话：（010）65228880　　65244790（出版社）
　　　　　（010）65238766　　85113874　　65133603（发行部）
　　　　　（010）65133603　　（邮购）
网　　址：http：//www. tipress. com
E－mail：65244790@163. com（出版社）
　　　　　fx65133603@163. com（发行部邮购）
经　　销：全国新华书店
印　　刷：北京中振源印务有限公司
开　　本：165 毫米×235 毫米　　16 开
印　　张：20
印　　数：5000 册
字　　数：260 千
版　　次：2018 年 8 月第 1 版
印　　次：2018 年 8 月第 1 次印刷
书　　号：978-7-5126-6604-7
定　　价：59. 00 元

前　言

　　九型人格是远古时代古巴比伦口耳相传的智慧，也是一门实践学问。它通过分析人们行为背后的出发点，即基本欲望和基本恐惧，将所有的人划分为九种类型：完美主义者、给予者、实干者、浪漫主义者、观察者、怀疑论者、享乐主义者、领导者和调停者。这九种人格类型按照九角形排列，彼此相近、相似，并在紧张和放松的情境下相互转化，不同类型的人在不同的状况下会产生不同的行为。九型人格的研究可以帮助我们通过人们表面的喜怒哀乐，进入人心最隐秘之处，发现他人最真实、最根本的需求和渴望。它对人们在自我认知、社会交往，甚至感情生活方面有诸多助益。

　　九型人格是一种深层次了解人的方法和学问，要求我们走出自己的固有观念，去感受他人的思想。它虽然高深，但也通俗实用。它深入问题的核心，帮助我们了解自己及他人的个性、倾向和偏好，让我们明白行为背后的原始动机及需要，让我们清楚最真实的智能源头。只要懂得了自己是哪种类型，才能深刻了解自己的性格，从而扬长避短；只有懂得了对方是哪种类型，才能在事先得知对方在特定情势下的反应和行为。

　　如今，九型人格理论已经被广泛推广到制造业、服务业、金融业等多个领域，渗透在人际交往的方方面面。1993 年，美国斯坦福大学商学院开办了"人格自我认知与领导"的课程，把九型人格应用于企业管理的领域。据说，当时上这门课的 MBA 学生在课堂上欢欣雀跃，他们认为九型人格是一门了不起的学问，为他们的很多困惑提供了解答。自此，有更多的人逐渐意识到了九型人格的妙处，全球大部分商业机构如通用汽车、惠普计算机、可口可乐、尼康、苹果、诺基亚、宝洁等都在广泛研习这一理论，并以此培训员工，帮助建立团队、促进沟通、增强执行力等综合能力的提高。人们对九型人格的热情汹涌澎湃，全球管理领域掀起了一股"九型人格热"，甚至有人称九型人格是"识人的圣经""人际沟通的钻石法则""企业管理的金钥匙"。此外，九型人格在医学、教育、创业、恋爱等越来越多的方面也得到应用。

九型人格理论是一本识人秘籍，能让你真正认知自己的性格，接受真实的自我，做到自我调整与转型；轻松辨识对方的性格类型，在纷繁复杂的社会交往面前一切了然于心，尽在掌握之中。

九型人格理论是一份职场规划，能让你了解自己在职场的优势劣势，化弊为利，营造适合的工作环境，洞悉身边同事的想法，摸透老板的心思，打造高效团队，成就非凡事业。

九型人格理论是一条爱情妙计，能让你寻找到完美伴侣，看清楚自己的爱情处境，探究到对方真实的心理，了解恋人的需求，找到正确的行动方向，打造完美姻缘，拥有幸福生活。

九型人格理论是一个处世锦囊，能让你通晓人性，了解自己和他人的行为动机及处世原则，改善个人性格和沟通方式，拥有更和谐且更有创造力的人际关系，助你在人际交往方面左右逢源，成为最受欢迎的人。

本书是关于九型人格内容丰富全面、方法系统实用的大型图书。它将理论与大量案例紧密结合，以浅显易懂的语言，深刻阐释九型人格的基本原理，深入研究了九型人格运用的心理基础，详细解析了各类型的性格特征、发展层级、互动关系，以及在有效交流、理解上司、管理员工、打造高效团队、攻心销售术、投资理财、爱情和亲子关系等方面的应用。通过阅读本书，你能轻而易举地找到破译性格真相的方法，从而更为清晰地认识自己，充分释放自己的潜能，轻松地与同事、上司、客户搞好关系，甚至在交友、恋爱、教子时都可以如鱼得水，最终实现在事业、爱情、交际上的成功。

第八篇　7号享乐型：天下本无事，庸人自扰之

第九篇　8 号领导型：王者之风，有容乃大

第一篇

走进九型人格的神秘地带

　　"九型人格"理论是这个星球上最古老的人类发展体系，像所有真正的关于个人意识的学说一样，它在每个新的时代都会焕发出新的生命，扩充新的概念。也就是说，"九型人格"理论具有永恒的价值，它就像种子一样，在人类历史的长河中，适应需要而发芽、开花，帮助人们认识自己，从而为自己赢得更好的发展，创造美好的人生。

你想了解自己吗

你想了解你自己吗？

当人们被问到这个问题，大多会下意识地点头说"是"。在这个世界上，不想了解自己的人实在太少。

那么，我们为什么想了解自己呢？原因可归为两大类。

第一类原因：好奇。

心理学家认为，人的本性是不满足，好奇就是不满足心态的一种表现形式，人们往往通过好奇来促使自己去了解更多事物，以缓解自己的不满足心态。因此，人们总是渴望知道自己的大脑、心灵和感觉运作的方式。

比如，人们常常会反思：

我为什么感到快乐呢？

我为什么感到悲伤呢？

我为什么喜欢晴天呢？

我为什么讨厌吃青椒呢？

看战争片时，为什么我感到愤怒，而姐姐却觉得伤感？

在我们内心感到孤单寂寞时，我们常常思考这些问题，也积极地和其他人讨论这些问题，这使得人生增添了无穷的趣味性。正如哈佛大学第26任校长陆登庭在"世界著名大学校长论坛"上所说："如果没有好奇心和纯粹的求知欲为动力，就不可能产生那些对人类和社会具有巨大价值的发明创造。"英国学者塞缪尔·约翰逊也认为："好奇心是智慧富有活力的最持久、最可靠的特征之一。"

著名科学家可以说都具有好奇心。牛顿对一个苹果产生好奇，于是发现了万有引力；瓦特对烧水壶上冒出的蒸汽也是十分好奇，最后改良了蒸汽机；爱因斯坦从小比较孤僻，喜欢玩罗盘，有很强的好奇心；伽利略也是看吊灯摇晃而好奇发现了单摆……

人因为有了好奇心，所以人生充满了问题，这些问题有的前人已给出答案，有的等待我们去解答。由此看来，人生就是一个不断发现问题、不断解答问题的过程。

在剑桥大学，维特根斯坦是大哲学家穆尔的学生，有一天，罗素问穆尔："谁是你最好的学生？"穆尔毫不犹豫地说："维特根斯坦。""为什么？""因为，在我的所有学生中，只有他一个人在听我的课时，老是露着迷茫的神色，老是有一大堆问题。"罗素也是个大哲学家，后来维特根斯坦的名气超过了他。有人问："罗素为什么落伍了？"维特根斯坦说："因为他没有问题了。"

由此可见，拥有好奇心，是人生莫大的幸福。

第二类原因：实用。

人们之所以想了解自己，除了满足人本能的好奇心之外，更多的是为了让自己生活得更好更幸福，这就是追求实用的典型表现。因为很多时候，人们是在感到疑惑、痛苦的情况下提出疑问，滋生想了解自己的欲望，从而达到自己激发潜力、规避性格缺陷的目的。

比如，当人们在生活中遭遇不快乐的事情时，常常抱怨：

我怎么就没想到这一点呢？

为什么他们看不到我的努力呢？

为什么她考试成绩总是比我好？

如果今天不堵车，我就不会迟到。

当我们不快乐时，我们常常抱怨自己，抱怨他人，但归根结底，这些不快乐因素产生的根源都在于我们自己，这也就是我们为什么要了解自己的原因。

比如："我怎么就没想到这一点呢？"多是因为你思维习惯偏窄，看问题不全面，做事情又容易钻牛角尖。如果你能在做事前多听多看多了解，懂得灵活变通，就能避免这类抱怨的产生。

"为什么他们看不到我的努力呢？"当出现这种情况，你首先需要明白：你的努力还远远不够，因此你需要继续努力，直到感化他们为止。

"为什么她考试成绩总是比我好？"我们不能光看到别人耀眼的成绩，更要看到别人为此付出的艰辛，要想考得和她一样好，或者超越她，就需要付出和她一样或超过她的努力。

"如果今天不堵车，我就不会迟到。"堵车并非不可避免，只要你早出门十分钟，往往就能规避"堵车"的问题。

哲学家常说："内因决定外因。"外因太广泛以至于难以掌控，因此人们只有从最容易的入手：了解自己，掌控自己，才易获得人生的幸福。

然而，尽管我们明白这些道理，却难以做到了解自己，更难以掌控自己，因此免不了活在烦恼痛苦之中。为了摆脱这些烦恼和痛苦，许多人选择向专业的心理医生求救。要知道，这些向心理医生求救的人大多是众人眼中的"成功者"，这些被美国心理学家查尔斯·T. 塔特称为"成功的不满者"的人大多受过良好的教育，事业成功，婚姻美满，儿女聪慧，但他们却不快乐，根本原因在于他们不了解自己。

这些"成功不满者"的出现，促进了人本心理学和后人本心理学的发展。这些心理学派认为，一旦人们在普通生活层面获得了成功，他们如果想要继续获得健康和快乐，就会进入存在和精神的领域。在此之外，有关普通生活层面的性格分析理论都是有效的，但是如果我们需要进一步发展，这些理论的缺陷就会暴露出来，我们就会对它们感到失望，而且很可能并不知道是什么原因造成的。说得简单一点，这就是成长障碍的问题。

众多心理学家实践后发现，九型人格是目前解决人生中成长障碍问题的最佳方法。九型人格将世界上的人分为九种人格类型，每一种人格类型都是建立在不同的感知类型上，每一种人格类型都各有优缺点，如果人们能够清楚地认知自己人格类型，并做到扬长避短，就能帮助我们更好地理解和改造我们的个性，减少我们生活的烦恼苦痛，增添我们生活的快乐。

但需要注意的是，九型人格并不完美，人们如果把它当做绝对的真理来执行，不仅不会快乐，反而会陷入痛苦之中。因此，人们应将九型人格看做一件强大的工具，用它来开启通向深层自我的大门，也就开启了人生幸福的大门。

什么是性格

大千世界，芸芸众生，如同世界上没有两片相同的叶子，我们每个人都是单独的个体。在面对同一件事情时，每个人的反应都不同：楚汉相争，为什么刘邦能一统天下，而项羽却乌江自刎？大敌当前，为什么岳飞宁死不屈，而秦桧却卖国求荣？同样是才华横溢，为什么毕加索能一举成名，而梵高却郁郁而终？同样是遭遇厄运，为什么贝多芬能扼住命运的咽喉，而许多与成功仅一步之遥的人却在关键时刻选择了放弃？太多的为什么让我们不得不联想到性格，正是因为性格的不同而导致了选择的不同、行为的不同，进而导致命运的不同。而性格本身又是复杂而多样的，这体现在每一个个体上更是纷繁复杂、变化万千。这也是为什么我们周围的人有的开朗活泼，有的沉稳冷静，有的热情大方，有的冷若冰霜，有的潇洒大方，有的郁郁寡欢，有的细心谨慎，有的粗枝大叶……归根结底都是性格所决定的。

那么，究竟什么是性格？

心理学认为，性格是一个人"典型性的行为方式"，也就是说，一个较成熟的人在各种行为中，总贯穿着某一种典型的方式，这是经常的，而不是偶然的。这就是性格。例如：王某不论在众人聚会的场合，还是在工作中，都是开朗大方、活力四射的。这样，我们说他的性格是活泼的。如果某一日，他有点心事，因而变得沉默寡言，但这只是很偶然的情形，我们就不能说他的性格是沉默寡言。

性格是人的心理的个别差异的重要方面，人的个性差异首先表现在性格上。恩格斯说："刻画一个人物不仅应表现他做什么，而且应表现他怎样做。"

"做什么"，说明一个人追求什么、拒绝什么，反映了人的活动动机或对现实的态度；"怎样做"，说明一个人如何去追求要得到的东西，如何去拒绝要避免的东西，反映了人的活动方式。如果一个人对现实的一种态度，在类似的情境下不断地出现，逐渐地得到巩固，并且使相应的行为方式习惯化，那么这种较稳固的对现实的态度和习惯化了的行为方式所表现出的心理特征就是性格。例如，一个人在待人处世中总是表现出高度的原则性、热情奔放、豪爽无拘、坚毅果断、深谋远虑、见义勇为，那么我们说这些特征就组成了这个人的性格。构成一个人的性格的态度和行为方式，总是比较稳固的，在类似的甚至不同的情境中都会表现出来。当我们对一个人的性格有了比较深切的了解，我们就可以预测到这个人在一定的情境中将会做什么和怎样做。

而性格差异是普遍存在的，这就使得每个个体都拥有自己独特的个性。事实上我们生出来就有自己的优点和缺点，只有我们意识到自己的独一无二，才能理解为什么大家在学同一课程，在同样的时间里由同一位老师讲课，却往往会获得不同的成绩。尽管性格的差异是普遍存在的，但是不能否认人们的性格也存在着共同性，性格是在人的社会化过程中形成的，因此，他总要受到一定社会环境的影响。人是生活在群体之中的，相同的环境条件与实践活动会使人们的性格带有群体的共性特点，像直爽、热情、好客就是东北人的共性。可以说共性是相对存在的，而性格的差异是绝对的。具体地说，性格的特征大致包含了整体性、稳定性、独特性和社会性，以及可变性和复杂性。

1. 整体性

性格是一个统一的整体结构，是人的整个心理面貌。每个人的性格倾向性和性格心理特征并不是各自孤立的，它们相互联系、相互制约，构成一个统一的整体结构。一个固执的人同时可能也是坚强果断的，而一个温柔的人也可能同时是宽容的。因此，分析自己的性格，应当从自身上全面地去看，既要看到自己性格的优势，也要看到劣势，只有这样，才能真正认识自己的性格。

2. 稳定性

性格是指一个人比较稳定的心理倾向和心理特征的总和，它表现为对人对事所采取的一定的态度和行为方式。一种性格特征一旦形成，就比较稳固，不论在何时、何地，于何种情境下，人总是以他惯用的态度和行为方式行事。"江山易改，本性难移"形象地说明了性格的稳定性。

3. 独特性

每个人的性格都是由独特的性格倾向性和性格心理特征组成的，即使是同卵双生子，他们在遗传方面可能是完全相同的，但性格品质也会有所差异。因为每个人在后天的实践环境中，条件不可能绝对相同。而且即使是生活在同一家庭中的兄弟姐妹，宏观环境相同，个人的微观环境也是有差异的。因此，每个人的性格都反映了自身独特的、与他人有所区别的心理状态。

4. 社会性

人不仅具有自然属性，同时也具有社会属性。一个人如果离开了人类，离开了社会，正常心理发育将无法完成，更谈不上性格的发展。生物因素只给人的性格发展提供了可能性，而社会因素则使这种可能性转化为现实。性格作为一个整体，是由社会生活条件所决定的。中国古代孟母三迁的故事就充分地反映了人性格的社会性。

5. 可变性

整个人类的心理素质都处在不断进化的过程之中，作为人的心理素质之一的性格，当然也在不断进化。性格也会因为年龄的增长、环境的变化而发生改变，总体来说是趋向成熟。一个人，当发现自己的性格特征是好的，对他自身的发展有利，他便会通过自我意识来巩固、加强和完善这一性格特点；当他发现自己的性格特点是不好的、有缺陷的，严重地阻碍了他的发展，他便通过自我意识有目的地节制和消除。人便是通过这两个方式改变不好的性格和培养好的性格，来不断完善自己，进行优良而完美的性格的塑造。

6. 复杂性

性格的复杂性，来源于社会现实生活中人的复杂性和矛盾性。人是社会属性和自然属性的统一体，从社会属性来说，人是各种社会关系的总和。由于社会生活的复杂纷纭，人的思想、行为不可避免地要受到来自各方面的影响。因此，人的行为的动机、欲望、需求是相当复杂的，甚至是互相矛盾的。人的性格也往往表现出这种矛盾性。有的人平时温文尔雅、态度谦和，但在面对恶势力时也能疾恶如仇。所以，一个人的性格实际上充满了矛盾性和复杂性，很难用一个简单的词来描绘一个人的性格。必须深刻地解剖自己的内心世界，解剖自己的各种欲念和思想动机，并且把这些和自己性格方面的各种表现联系起来加以考察，才能从本质上把握住自己的性格。

性格的概念是如此的广泛，因此，我们只有准确地了解和把握性格决定行为的规律，不断地认识和了解自己和他人的性格，同时进一步改造和完善自己的性格，才能在真正意义上把握和掌握好自己的命运，成就美好的人生。而要了解自己的性格，不妨使用九型人格这个最简单却最实效的工具。

每个人都有的五大需求

在心理学家的眼里，人生是一个不断需求并不断满足需求的过程。从人出生的那一刻起，人就产生了需求。比如，婴儿之所以啼哭，往往是因为他饿了，需要补充食物，或者是尿布湿了，需要换新尿布，或者是需要妈妈的爱抚，总之，婴儿的啼哭是渴望关爱的一种需求。随着岁月的流逝，婴儿渐渐长大，也就有更多的需求，比如，少年时需要读书，成年需要事业、婚姻等。

因为性格、环境的差异，每个人的需求也不一样，但美国心理学家亚伯拉罕·马斯洛透过人们众多的需求的表面看到了需求的本质，因此他于1943年在《人类激励理论》论文中提出了马斯洛需求层次理论，亦称"基本需求层次理论"，将人们的需求归纳为五类：生理需求、安全需求、社交需求、尊

重需求、自我实现需求，并依次由
较低层次到较高层次排列。

1. 生理需求

生理需求是指一个人维持自身
生存最基本的需求，主要是呼吸、
水、食物、睡眠、生理平衡、分泌、
性。除性以外，如果这些需要中的
任何一项得不到满足，人类个人的
生理机能就无法正常运转，人类的
生命就会因此受到威胁。因此可知，
生理需求是推动人们行动最首要的
动力。马斯洛认为，只有这些最基
本的需要满足到维持生存所必需的

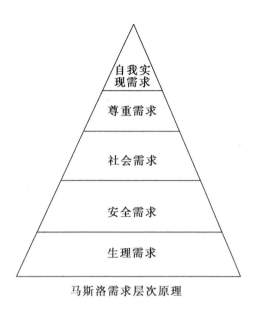

马斯洛需求层次原理

程度后，其他的需要才能成为新的激励因素，而到了此时，这些已相对满足
的需要也就不再成为激励因素了。

2. 安全需求

生理需求得到满足后，人们就会进一步产生安全需求，主要包括人身安
全、健康保障、资源所有性、财产所有性、道德保障、工作职位保障、家庭
安全等需求，目的在于确保自己生理需求的持续满足。因此，马斯洛认为，
整个有机体是一个追求安全的机制，人的感受器官、效应器官、智能和其他
能量主要是寻求安全的工具，甚至可以把科学和人生观都看成是满足安全需
要的一部分。当然，当这种需要一旦相对满足后，也就不再成为激励因素了。

3. 社交需求

当生理需求、安全需求得到满足，人们又会进一步产生对友情、爱情、
性亲密的社交需求。生活中，人人都希望得到相互的关系和照顾，而且感情
上的需要比生理上的需要来得细致，它和一个人的生理特性、经历、教育、
宗教信仰都有关系，因此每个人的感情需求差异较大，也较前两种需求难
满足。

4. 尊重需求

在人们满足社交需求的同时，人们也产生了尊重需求，渴望自我尊重、
信心、成就、对他人尊重、被他人尊重等，都希望个人的能力和成就得到社
会的承认。尊重需要又可分为内部尊重和外部尊重。内部尊重就是人的自尊，

是指一个人希望在各种不同情境中有实力、能胜任、充满信心、能独立自主；外部尊重是指一个人希望有地位、有威信，受到别人的尊重、信赖和高度评价。马斯洛认为，尊重需要得到满足，能使人对自己充满信心，对社会满腔热情，体验到自己活着的用处和价值。

5. 自我实现需求

当人们满足了前四种需求，就会产生最高层次的需求——自我实现需求，也就是人们常说的"成功"。自我实现的需求主要包括道德、创造力、自觉性、问题解决能力、公正度、接受现实能力等，满足了这种需求的人能够实现个人理想、抱负，发挥个人的能力到最大程度，达到自我实现境界的人，接受自己也接受他人，解决问题能力增强，自觉性提高，善于独立处事，要求不受打扰地独处，完成与自己的能力相称的一切事情。这样的人，才算得上是人生中的成功者。马斯洛提出，为满足自我实现需要所采取的途径是因人而异的，自我实现的需要是在努力实现自己的潜力，使自己越来越成为自己所期望的人物。

在了解完马斯洛提出的五大需求之后，人们应该思考如何实现这五大需求。这就需要人们通过自我认识、自我接受、自我肯定、自我呈现，从而达到自我实现的目的。说得具体一点，就是：一个人要想成功，首先要自我认识，认识自己性格中的优点和缺点；接着要接受自己的这些优点和缺点，不要只看到自己优点而忽视自己的缺点；接着要努力让自己的优点胜过自己的缺点，扬长避短，你才能生活得越来越好，你才能自信起来，并敢于肯定自己；当你拥有了自信，你就敢于向世界呈现自己，坦然接受他人对你的评价，倾听他人的建议，也就能进一步地完善自己，也就更容易走向成功，实现自我的价值。

GE 的前 CEO 杰克·韦尔奇，他退休后在哈佛作演讲。在演讲中，他说道："我虽然给你们讲课口吃，但我依然自信。"是的，他从小就口吃，但这并没有影响他的成功。他能够接受自己，才会自信，才会获得成功。我们只有真正自信之后才能谈及人生的价值，如果没有自信，没有自我肯定，我们做的许多事都不一定是自己想要做的，而是因为受到别人的影响，或者是为了生理需求、安全需求才做的。

综上可知，自我认识是实现五大需求的第一步，而人们要怎样才能做到认识自我呢？这就需要我们应用一种绝佳的工具——九型人格。

将交谈的传统延续下去

生活中，人们主要通过什么方式了解自己、了解他人？交谈。大多数人都会给出这样的答案。而交谈，又分为自我交谈和与他人交谈两种。

自我交谈，是指人们与自身进行连续不断的对话。从我们出生的那一刻，我们就开始了自我交谈，我们时刻都在发现自己、思考自己。而且，当我们和自己谈话时，我们很难说谎，因为良心支配着交谈。自我交谈之所以有效，是因为我们可以听到自己的想法，这对我们思想有很强的影响力，我们的大脑会像耳朵一样从思想中接受信息，并通过行为的方式体现出来。

有人将自我交谈分为五个步骤：看清自己的缺点→分清事实和假想→不要听信杂音→遗忘→自我激发。自我交谈的前四个步骤是教我们识别错误的、造成不安全感的反射思维，从而把事实和假象分开，然后学会阻止一连串失控的反射性思维，最后将他们遗忘；而第五个步骤则是前四个步骤后的"连续动作"，可以让你摆脱不安全感控制的生活，步入自己想要的生活。也可以说，前四个步骤是自我交谈的方式，第五个步骤则是自我交谈的结果。因此，有人这样评价自我交谈："自我交谈是一个软件，当它被恰如其分地转载我们的思想时，它就能指引我们得到好的结果和一个健康的心态。"

为什么自我交谈有着这样巨大的激励效应呢？这是因为人的本性是自我的，人往往以自己为先，即便是听取建议，也最先听从自己内心的声音，然后才会听取别人的建议。而当我们的内心发出信号时，我们往往能全力以赴去实现它。因此，通过自我交谈，我们可以接收激励的信号，我们就能做得更好。

然而，人们如果一味地注重自我交谈，而忽视与他人交谈，就将自己的心理置入了一个病态环境。这是因为，人生活在社会里，免不了要和其他人有接触，彼此协助，才能更好地生活。从心理学的角度来讲，每个人的性格都不一样，每个人都是独一无二的，彼此之间不可避免有着差异性、个体独有的经历和信仰，人们不仅要了解自己的性格和经历，也要了解其他人的性格和经历，从中找出自己性格的优劣势，尽量做到扬长避短，才能帮助自己更好地发展。

生活中，人们通过与他人交谈，可以交流思想、沟通感情、加深友谊、增强团结、促进工作、激励斗志、增长知识、开阔眼界、陶冶情操、愉悦心灵。正如牛津学者西奥多·采丁所说："交谈在我看来是一个不同思维和习惯的心灵聚会。"

此外，西奥多·采丁还认为："我相信 21 世纪需要的是把'谈话'完善成'交谈'。真正的交谈不只是信息的传导与接收，而是真正的思想之间的交锋碰撞。"如何做到真正的交谈？不妨使用九型人格这种口口相传的性格解析工具。

迄今为止，口头交流依然是获得"九型人格"信息的最好方式。让属于同一种性格类型的人坐在一起，讨论他们的生活，可以帮助他们更好地了解自己。当场看到并听到一群人用清楚的语言表达相似的观点，往往会比阅读他们的谈话记录收获更多。一群外表迥异的人在经过一个小时的交谈后，会变得非常相似。旁观者能够从他们的身体姿态、情感表达、面部表情，还有他们散发的个人气息等细微层面发掘他们之间的相似性。当交谈者的性格特征逐渐显现出来时，观察者会明显感到，每一种性格类型都有一种独特的感觉，一种与众不同的气质。

"九型人格"中的每一种人对这个世界的看法都是不一样的，但是通常，我们并不知道别人的看法。我们只是根据自己的看法来判断他人的思想。"九型人格"的教义所强调的，就是要走出自己的固有观念，去感受他人的思想。它帮助你对他人的处境有更多了解，从而设身处地为他人着想。当你能够透过其他性格类型的人的眼睛来看待这个世界时，你立刻就会发现，没有哪一种性格是完美无缺的。不仅你本身对于其他性格的人是存在偏见的，而且不同性格的人与人之间是不同的，我们在处理人际关系时遇到的许多烦恼正是因为我们对他人的观点视而不见。我们没有意识每个人都有他们自己的生活。

通过自我交谈和与他人交谈，人们能够走出自我性格的束缚，挖掘深层次的自我，去弄清楚那些对自己的生活产生影响的性格模式。也就能不断地提升自我，使自己的生活少些烦恼，多些快乐。

九型人格的优势：实用

如果人们把九型人格当做一种绝对的真理来使用，得到的往往不是快乐，反而可能是痛苦。为什么呢？这是因为九型人格作为一个系统，它还远远不够完美，正如九型人格的专家海伦·帕尔默所说："我们还需要进行很多实验和科学研究，才能把这一系统进一步深化——但是现在，它已经算得上是一个非常实用的系统了。"说得简单一点，九型人格虽然是一种非常有用的帮助个人成长的方法，但它并不是唯一的途径。因此，把九型人格视为真理，还有些言之过早。

和其他帮助个人成长的方法相比，九型人格的优势在于它的实用性，用使用者的话来说，就是："它太好用了！"九型人格是一个少有的能够把自身理论与人们的日常行为和高层次行为都联系起来的系统。这个系统并不像其他系统那样，侧重于复杂的原理分析，而是把大量的心理学智慧汇聚在一个简洁、易懂的体系中。如果你找到自己的性格类型，并且知道了你关心的人都是什么性格，你立刻就能获得大量如何与这人相处的有用信息。

无论是西方还是东方，自古以来的人们都喜欢占卜和预测，以达到趋利避祸的目的。当人们发现能够用"九型人格"来给所有人分类，因此得以知道他人的想法，预知他人的行动，就会觉得"九型人格太好用了"，就容易陷入对九型人格的迷信中，这也是九型人格分类的一大缺点。具体来说，就是一些人会把九型人格当做一种占卜和预言的工具，就容易形成一个可怕的自我实现的预言，一个本来不实的期望、信念或预测，由于它使人们按所想象的情境去行动，结果导致最初并非真实的预言竟然应验了。当我们陷入性格分类的泥淖时，我们就会对所有人进行分类，把他们身上的性格特征放大，从而让这种性格更加明显。反之，别人也会根据我们的性格类型来对待我们，而我们因而更加深信他人对我们的解读。于是，我们往往会把他人眼中的自己，当做是真正的自己，并且按照这样的要求来塑造自己。

归根结底，人们迷信九型人格的原因在于他们没能深入地理解九型人格，因此他们容易忽略一点："九型人格"并不是一个固定不变的系统。它是一个动态的模式，这个模式由相互交织的线条构成。九型人格的九角星结构和它相互交织的线条，还象征着每一种性格的人都会与其他性格的人产生多边的互动关系。这些互相交织的线条还暗示了不同性格的人所具有的另一面，比如他们在面对压力，或者身处十分安全的环境时，可能做出与日常行为不同的事情。也就是说，九角星的每个角实际上都是由三个主要方面构成的。其中一个是主导性的，构成了这种性格类型的人的主要特征和思想观念。除此之外，还有另外两个方面，揭示了他们在安全环境或者压力环境中的行为表现。这就是说，九型人格只是根据人们身上最突出的那种性格来分类，并不是说人们身上只有这种性格，其实每个人身上都潜藏着九种人格的特质。

但许多人们往往只关注到那些与我们的性格属性相一致的特征，也就是我们最突出的那种人格，而忽视了其他人格对自己的影响。这样来看待九型人格，我们就毫无疑问地被关进了这种性格的牢笼中，无法以一个旁观者的眼光来看待自己的行为，我们就变成了自身习性的俘虏，失去了选择的自由，也就压抑了自己的潜力，局限了自己的发展空间。也就是说，如果我们拥有了一个这么好的系统，却要用一种错误的态度来对待它，我们很可能就会忘记了解这个系统的初衷：我们要解读性格类型，正是为了把性格放到一边，去挖掘我们的潜能，去追求更高层面的意识。如果我们用一种狭隘的心思来解读它，就大大削弱了这个系统的价值和作用。要知道，性格类型仅仅是我们通往更高能力的阶梯而已。

　　但值得庆幸的是，大多数的人在深入了解九型人格之后，都能理性而客观地归类自己的人格，并懂得关注其他人格对自己的影响，全方位地来了解自己，也就能从那些限制我们的习性中走出来，进入一个更高层面的发展阶段。

第二章
寻根问源：九型人格的渊源

解读神秘的九星图

　　"九型人格"的英文，来自于两个希腊词汇 ennea 和 grammos。ennea 是数字 9 的意思，grammos 则是尖角的意思，两个词结合在一起组合的 enneagram 就是指 9 个尖角的意思，而"九型人格"的图表正好是一颗九角星，这个九角星的模式，能够揭示物质世界中任何事物的发展过程。

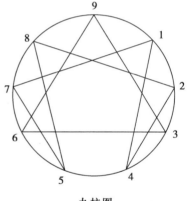

九柱图

　　那么，如何解读这神秘的九星图呢？人们可以采用"三元法"和"七元法"这两个基本法则，因为九型人格中那颗神秘的九角星恰恰揭示了这两个基本法则的相互关系。"三元法"象征着任何事件在起始阶段所具有的三股力量。"七元法"也叫"八音律"，它象征着世上万物发展所必须经历的不同阶段。这两种法则，在"九型人格"的结构图中被融合到了一起。

　　右上图是一个九角星形状的九柱图，其结构看似复杂实则非常简单：在一个圆的圆周上有 9 个等分点，分别标以数字 1~9，数字 9 位于圆的最上部正中央，意在体现对称。3、6、9 三个数字的位置正好构成了一个等边三角形，这个等边三角形就代表着"三元法"，它表明：事物的发生是三股力量的必然作用，而不是表面上的两种力量——原因和影响。从数学的角度看，九角星图中由 3—6—9 三个尖角所构成的中心三角形可以被视为最初状态下三股力量的三位一体，其原始总量是 1。用算数的方法把这个 1，也就是力量统一体，分成相等的 3 份，得到一个无限循环数，即 1÷3＝0.333333……

　　这三股力量的外在象征会随着事物发展的变化而变化。比如，在事物的最初阶段出现的协调力，随着时间的推移，将在事物发展的下一个阶段逐渐转变成主动力。因此，人们需要准确了解事物每个发展阶段中这三股力量的具体象征及相互作用，才能保证事物良好地发展下去。通过九星图，人们就能发现事物发展过程中某些隐性的方面，比如在什么时刻，事物需要注入一股新力量来维系生命力，能够很好地协调这三股力量，维持整体的平衡。

　　在事物的发展过程中，另一个法则"七元法"也开始发挥作用。"七元法"是从音乐中的八度音阶发展来的，故也称为"八音律"。熟悉音乐的人都知道，音乐中的基本音阶有 7 个，从 Do 开始循环，Do，Re，Mi，Fa，So，La，Ti（或 Si），Do，这个八度音阶所形成的"八音律"其实也代表了现实世界中事物发展的不同阶段。七元与统一的关系也可以用数学表示，用 1 除以 7，得到一个无限循环的小数 0.142857142857……其中每一位数都不是 3 的倍数。总之，整个"九型人格"图就是一个被分成 9 个部分的圆形，"三元法"和"七元法"被这个圆形融合在一起，并通过圆形内部的连接线条相互作用。

　　在九星图中，3、6、9 构成了一个等边三角形，昭示着三位一体的理念，而其他的 6 个点则两两相连，构成了一个不规则的六角形，这就形成了一个完整的九角星图。人们再根据早期对性格类型的分析，将 9 种不同的性格类型分别代入九柱图中的不同数字位置，就形成了一个九型人格图。

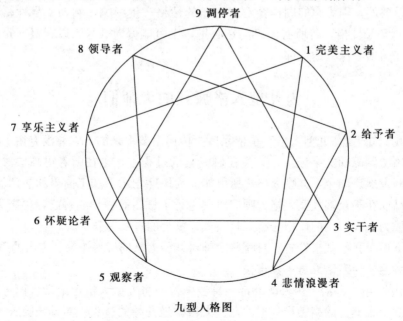

九型人格图

如图所示，九型人格将人按照不同的气质类型分成了完美型、给予型、实干型、浪漫型、观察型、怀疑型、享乐型、领导型和调停型九个人格基本类型，每个人都必然属于其中一型，且稳定不会更改。

在九型人格图中，我们把其中3—6—9号所代表的性格称为核心性格，而位于这三个核心角两侧的邻角，就被称为核心角的两翼，代表的是核心性格内化或外化的变异类型。换句话说，两翼角的性格是由核心角性格发展而来的，其中潜藏着核心角性格的特质，并具有潜在的共同特点，如3号性格的两翼——2号和4号性格就与3号一样具有很强的想象力，6号性格的两翼——5号和7号性格则于6号一样多疑且充满恐惧心理。心理学家根据三种核心性格及其两翼的特征，又进一步将九型人格分成了3个三元组。

1. 情感三元组——遇事时的直接反应是源于情绪、感觉和感情：
核心性格——3号实干型内化——4号浪漫型外化——2号给予型
2. 思维三元组——遇事时的直接反应是源于分析、了解和归纳：
核心性格——6号怀疑型内化——5号观察型外化——7号享乐型
3. 本能三元组——遇事时的直接反应是用即时行动去解决问题：
核心性格——9号调停型内化——1号完美型外化——8号领导型

需要注意的是，在九柱图中，只有3—6—9号角的两翼是其内化或外化的表现，而其他角的两翼则不存在这样的关系，例如8号性格的两翼7号和9号性格，就不是8号内化和外化的表现。不过即便如此，任何角的两翼都是非常重要的，因为它们同样会对中心角的性格产生影响，例如4号性格既可能偏向5号性格，将所有的事闷在心里，也可能偏向3号，以积极亢奋的表现来掩盖内心深处的抑郁。

为九型人格疯狂的大师们

我们知道，"九型人格"是依靠口头传播沿袭下来的，它并没有留下有关自己历史渊源的文字记录。人类在研究它的过程中，也在朝着更高层次的意识不断发展。如今，九型人格之所以能成为风靡学术界和工商界的热门课程，归根结底在于众多九型人格大师们对其进行了详尽而深刻的解读，化繁为简，使其成为人人可用的性格分析工具，人人赞赏的自我提升手册。

下面，我们就来看看，有哪些大师对九型人格的发展作出了杰出的贡献。

乔治·伊万诺维奇·葛吉夫

1920年，乔治·伊万诺维奇·葛吉夫首次将九型人格理论带入西方，这位充满个人魅力的精神导师把"九型人格"最开始的口头传播系统吸收过来，用于自己的教学实验。现在有很多关于葛吉夫及其相关理论的著作都涉及了"九型人格"系统，但多数都没有提及葛吉夫是如何利用这套系统来观察人们的潜质，或者这套系统到底为他提供了哪些有用的信息，这是因为在葛吉夫的时代，没有任何文字是真正关于"九型人格"的性格研究的，当时葛吉夫的弟子们在继承九型人格的理论时，只能通过葛吉夫这个老师来学习，然而大部分弟子难以领悟葛吉夫关于九型人格的深层次解读，往往陷入对九角星图的过度关注中，把大部分精力都放在了一种不需要语言表达的肢体运动（这种运动被称为葛吉夫的神圣舞蹈，参加的舞者在无意识的状态下做出各种肢体动作，从中感受自己身体的韵律）上，而忽略了研究的核心：如何使用九型人格。

因此，葛吉夫的弟子们往往容易陷入一个误区：一个人要获得更高的意识，必须放弃先天的性格特征。由此可见，他们并没有把性格特征看做达到更高心灵境界的有用信息源，认为人们独特的性格在整个人的潜能挖掘中作用不大，他们更关注的是非语言的肢体运动和葛吉夫所倡导的注意力训练（包括观察自我和记住自我），认为这才是通往内心世界的正确途径。

当然，也不排除这种可能：在葛吉夫所处的时代，心理学发展水平还不足以让众多人了解"九型人格"的奥秘，因此葛吉夫只教给了弟子们一些入门知识。总之，从葛吉夫对于这个系统的使用方式，以及他有关九角星图与性格关系的回答来看，他显然是知道其中奥妙。那么为什么他对九型人格的深刻解读没有很好地传承下来了，原因已无从知道了。

奥斯卡·伊察索

伊察诺最重要的功劳在于，他为九角星中的每个角找到了对应的性格类型和情感，在这九种性格类型有了正确的位置后，我们才能够解释清楚不同性格的相互关系。

许多知名的心理学家、精神病学家都曾追随伊察诺学习九型人格学，从此之后，九型人格便被系统化和广泛地传播开去。

克洛迪奥·纳兰霍

克洛迪奥·纳兰霍是一位智利的精神病专家，他不仅喜欢研究药用之物对精神病的治疗作用，还喜欢探索心理学和冥想训练的相关知识。1970年，纳兰霍开始着手研究新的解读性格类型的方式，以帮助心理治疗师更好地理解精神病人的心理障碍。历经多次实践后，他最终选择了"九型人格"的九角星图来解读人的性格类型。他深信，在5世纪的基督教隐修士的"潜在的情绪"和当代心理学研究的各种症状之间，必然存在着十分紧密的练习，因此，他组织了一个由30多位成员组成的研究小组，研究这种紧密练习，以及上述二者之间的共通点。1972 年，这个研究工作在取得了重大的成果后圆满结束。

海伦·帕尔默

海伦·帕尔默是克洛迪奥·纳兰霍研究小组的成员之一，在克洛迪奥·纳兰霍的研究小组圆满结束后，海伦·帕尔默创办了一个训练精神治疗师的培训班——九型人格专业培训课程，目的是推广纳兰霍关于九型人格的解读方式。此外，帕尔默通过与美国著名精神病学家戴维·丹尼尔斯合作，进一步扩大了培训班的知名度。此外，帕尔默还以国际九型人格协会创始主任的身份共同主办了 1994 年第一届在斯坦福大学举办的国际九型人格会议。

帕尔默的贡献在于她将九型人格进一步发扬光大，应用范围广泛，包括个人成长、办公室管理及处理人际关系的窍门，近年来更扩展至夫妻相处、教育子女及亲子关系方面。其著作《九型人格》及《工作和恋爱中的九型人格》畅销全球，现已有 22 个国家的译本。

戴维·丹尼尔斯

戴维·丹尼尔斯是美国斯坦福大学医学院临床精神科教授，也是九型人格体系的开创者。1977 年，美国的亚历山大·汤马斯和史黛拉·翟斯两位医生在《气质和发展》一书里面提到：我们可以在出生后第二至第三个月的婴儿身上辨认出 9 种不同的气质：活跃程度、规律性、主动性、适应性、感兴趣的范围、反应的强度、心境的素质、分心程度、专注力范围或持久性。丹尼尔斯在此基础上将这 9 种不同的气质与九型人格结合起来，并和著名性格分专家弗吉尼亚·普赖斯通过历时 7 年的精心研究，开发出一套九型人格的"五步测试法"，这种九型人格测试是目前极少数通过有效性检测的权威测试方法，可使人们精准地透视自己和他人的性格，并成为斯坦福大学商学院的必修工程，还得到了苹果、保洁、通用汽车等世界 500 强企业员工和管理者的分享。

随着人们对九型人格的进一步研究，更多的九型人格大师将涌现，九型人格也将变得更加简单实用，更有效地帮助人们提升自我、发展自我。

九型人格的影响不断扩大

九型人格是一个定位人的本性、定位人的内心如何运作的工具。它能够帮助人们更好地认识自我、认识他人。借助九型人格，我们能够更好地洞察那些强烈的情绪，并且分析它们产生的原因。同时，我们还可以获得很多重要的技巧，应用到生活的方方面面都能取得不错的效果，比如改善夫妻关系、更好地教育子女、更好地与上司沟通等。

由此可见，九型人格的适用范围十分广泛，从哲学到宗教，从儿童教育到职业规划，从夫妻关系到企业管理，几乎每个领域都可以发挥它的作用。而且，"九型人格"理论也确实被应用到多个领域中，包括商业、教育、心理疗法、娱乐、医药、销售和法律。

在商业领域中，由于"九型人格"理论能够帮助人们全面了解他人的行为，越来越多的公司开始采用这一理论进行雇员培训和机构变革，包括沃尔特·迪斯尼公司、美国 SGI 公司、凯萨医疗研究中心（美国国内规模最大的医疗保健机构）、联邦储备银行、中央情报局以及 Rational 软件公司。以上这些以及其他的公司和机构可以在许多领域得益于"九型人格"理论的强大力量，比如培养人们的沟通技巧、解决分歧、雇员培训、领导力开发、团队有效合作、战略规划以及企业文化变革等。

在法律领域，无论是进行陪审团的选择、案情的陈述、法庭辩论的展开，还是接受特定客户的委托、进行仲裁、管理律师事务所以及协调律师之间的关系方面，"九型人格"理论都能发挥它的作用。

在销售领域，"九型人格"理论可以加强销售人员对客户的感染力，从而增加互动。

在医疗保健领域，"九型人格"理论的应用则不仅可以改善医患关系，还会使医生之间的工作关系更加融洽。

总之，"九型人格"理论可以完美而精确地描述人类变化多端的人格，其实用性是永恒的。由于人际互动的能力对于个人甚至企业的成功有着至关重要的作用，因此无论是在工作中，还是在生活的其他领域中，人类总在探索并找寻增强自身人际交往能力的方法，"九型人格"理论就可以满足这一需求，也因此使得九型人格的影响不断扩大。

第三章
确定自己的人格类型

静下心来，做完九型人格测试题

古老的希腊庙宇上镌刻着哲人苏格拉底的名言"认识你自己"，关于认识自己可以说是一个古老的命题。中国的老子说"知人者智，自知者明"，一个能看透周围的人智慧，一个能了解自己的人"心明"——不糊涂，一般不会做出没有自知之明的事情。

知己知彼才能百战不殆。世界上剖析性格的方法有很多种，九型性格测试来自美国斯坦福大学的科学研究，如今这门科学已经在国际上开始流行，并被作为众多的世界 500 强企业领导用来安排员工岗位的一个重要参考。

下面我们开始九型人格的测试，借此来了解我们自身与周围的他或她。在做九型人格测试题之前，你需要注意以下几点：

1. 108 道题要凭借第一感觉选择，不要过多权衡，因为每种性格的背后都有好有坏。这样忠实地记录，只是为了更好地了解你自己。

2. 在你认为符合你的陈述前面打"√"，注意遮住每个陈述后面的数字。

3. 然后把你所选择的每个陈述后面的数字归类，例如你选择中包括"1""12""15"这三项，而它们后面都是 9，那么答案就是 3 个 9。以此类推，你选的哪种数字最多，对照答案便能知道自己是九型人格中的哪一种。

4. 数字最多的只是你的主要性格，还要参照其他较多数字所对应的人格类型，并阅读全书，你会获得更详细、准确的信息。

九型人格测试题

1. 我很容易迷惑。 9

2. 我不想成为一个喜欢批评别人的人，但很难做到。 1

3. 我喜欢研究宇宙的道理、哲理。 5

4. 我很注意自己是否年轻，因为那是找乐子的本钱。 7

5. 我喜欢独立自主，一切都靠自己。 8

6. 当我有困难时，我会试着不让人知道。 2

7. 被人误解对我而言是一件十分痛苦的事。 4

8. 施比受会给我更大的满足感。 2

9. 我常常设想最糟的结果而使自己陷入苦恼中。 6

10. 我常常试探或考验朋友、伴侣的忠诚。 6

11. 我看不起那些不像我一样坚强的人，有时我会用种种方式羞辱他们。 8

12. 身体上的舒适对我非常重要。 9

13. 我能触碰生活中的悲伤和不幸。 4

14. 别人不能完成他的分内事，会令我失望和愤怒。 1

15. 我时常拖延问题，不去解决。 9

16. 我喜欢戏剧性、多彩多姿的生活。 7

17. 我认为自己的性格非常的不完善。 4

18. 我对感官的需求特别强烈，喜欢美食、服装、身体的触觉刺激，并纵情享乐。 7

19. 当别人请教我一些问题，我会巨细无遗地给他分析得很清楚。 5

20. 我习惯推销自己，从不觉得难为情。 3

21. 有时我会放纵和做出僭越的事。 7

22. 帮助不到别人会让我觉得痛苦。 2

23. 我不喜欢人家问我关于广泛、笼统的问题。 5

24. 在某方面我有放纵的倾向（例如食物、药物等）。 8

25. 我宁愿适应别人，包括我的伴侣，也不会反抗他们。 9

26. 我最不喜欢的一件事就是虚伪。 6

27. 我知错能改，但由于执著好强，周围的人还是感觉到压力。 8

28. 我常觉得很多事情都很好玩，很有趣，人生真是快乐。 7

29. 我有时很欣赏自己充满权威，有时却又优柔寡断，依赖别人。 6

30. 我习惯付出多于接受。 2

31. 面对威胁时，我一边变得焦虑，一边对抗迎面而来的危险。 6

32. 我通常是等别人来接近我，而不是我去接近他们。 5

33. 我喜欢当主角，希望得到大家的注意。 3

34. 别人批评我，我也不会回应和辩解，因为我不想发生任何争执与冲突。 9

35. 我有时期待别人的指导，有时却忽略别人的忠告径直去做我想做的事。 6

36. 我经常忘记自己的需要。 9

37. 在重大危机中，我通常能克服我对自己的质疑和内心的焦虑。 6

38. 我是一个天生的推销员，说服别人对我来说是一件轻易的事。 3

39. 我不会相信一个我一直都无法了解的人。 9

40. 我喜欢依惯例行事，不大喜欢改变。 8

41. 我很在乎家人，在家中表现得忠诚和包容。 9

42. 我被动而优柔寡断。 5

43. 我很有包容力，彬彬有礼，但跟人的感情互动不深。 5

44. 我沉默寡言，好像不会关心别人似的。 8

45. 当沉浸在工作或我擅长的领域时，别人会觉得我冷酷无情。 6

46. 我常常保持警觉。 6

47. 我不喜欢要对人尽义务的感觉。 5

48. 如果不能完美地表现，我宁愿不说。 5

49. 我的计划比我实际完成的还要多。 7

50. 我野心勃勃，喜欢挑战和登上高峰的经验。 8

51. 我倾向于独断专行并自己解决问题。 5

52. 我很多时候感到被遗弃。 4

53. 我常常表现得十分忧郁的样子，充满痛苦而且内向。 4

54. 初见陌生人时，我会表现得很冷漠、高傲。 4

55. 我的面部表情严肃而生硬。 1

56. 我情绪飘忽不定，常常不知自己下一刻想要做什么。 4

57. 我常对自己挑剔，期望不断改善自己的缺点，以成为一个完美的人。 1

58. 我感受特别深刻，并怀疑那些总是很快乐的人。 4

59. 我做事有效率，也会找捷径，模仿力特强。 3

60. 我讲理、重实用。 1

61. 我有很强的创造天分和想象力，喜欢将事情重新整合。 4

62. 我不要求得到很多的注意力。 9

63. 我喜欢每件事都井然有序，但别人会认为我过分执著。 1

64. 我渴望拥有完美的心灵伴侣。 4

65. 我常夸耀自己，对自己的能力十分有信心。 3

66. 如果周遭的人行为太过分时，我准会让他难堪。 8

67. 我外向、精力充沛，喜欢不断追求成就，这使我的自我感觉良好。 3

68. 我是一位忠实的朋友和伙伴。 6

69. 我知道如何让别人喜欢我。 2

70. 我很少看到别人的功劳和好处。 3

71. 我很容易知道别人的功劳和好处。　　　　　　　　　　　　　2

72. 我嫉妒心强，喜欢跟别人比较。　　　　　　　　　　　　　　3

73. 我对别人做的事总是不放心，批评一番后，自己会动手再做。　1

74. 别人会说我常戴着面具做人。　　　　　　　　　　　　　　　3

75. 有时我会激怒对方，引来莫名其妙的吵架，其实是想试探对方爱不爱我。6

76. 我会极力保护我所爱的人。　　　　　　　　　　　　　　　　8

77. 我常常刻意保持兴奋的情绪。　　　　　　　　　　　　　　　3

78. 我只喜欢与有趣的人为友，对一些闷蛋却懒得交往，即使他们看来
　　很有深度。　　　　　　　　　　　　　　　　　　　　　　7

79. 我常往外跑，四处帮助别人。　　　　　　　　　　　　　　　2

80. 有时我会讲求效率而牺牲完美和原则。　　　　　　　　　　　3

81. 我似乎不太懂得幽默，没有弹性。　　　　　　　　　　　　　1

82. 我待人热情而有耐性。　　　　　　　　　　　　　　　　　　2

83. 在人群中我时常感到害羞和不安。　　　　　　　　　　　　　5

84. 我喜欢效率，讨厌拖泥带水。　　　　　　　　　　　　　　　8

85. 帮助别人达至快乐和成功是我重要的成就。　　　　　　　　　2

86. 付出时，别人若不欣然接纳，我便会有挫折感。　　　　　　　2

87. 我的肢体硬邦邦的，不习惯别人热情地付出。　　　　　　　　1

88. 我对大部分的社交集会不太有兴趣，除非那是我熟识的和喜爱的人。5

89. 很多时候我会有强烈的寂寞感。　　　　　　　　　　　　　　2

90. 人们很乐意向我表白他们所遭遇的问题。　　　　　　　　　　2

91. 我不但不会说甜言蜜语，而且别人也会觉得我唠叨不停。　　　1

92. 我常担心自由被剥夺，因此不爱作承诺。　　　　　　　　　　7

93. 我喜欢告诉别人所做的事和所知的一切。　　　　　　　　　　3

94. 我很容易认同别人所做的事和所知的一切。　　　　　　　　　9

95. 我要求光明正大，为此不惜与人发生冲突。　　　　　　　　　8

96. 我很有正义感，有时会支持不利的一方。　　　　　　　　　　8

97. 我因注重小节而效率不高。　　　　　　　　　　　　　　　　1

98. 我容易感到沮丧和麻木更多于愤怒。　　　　　　　　　　　　9

99. 我不喜欢那些侵略性或过度情绪化的人。　　　　　　　　　　5

100. 我非常情绪化，一天的喜怒哀乐多变。　　　　　　　　　　　4

101. 我不想别人知道我的感受与想法，除非我告诉他们。　　　　　5

102. 我喜欢刺激和紧张的关系，而不是稳定和依赖的关系。　　　　1

103. 我很少用心去听别人的谈话，只喜欢说俏皮话和笑话。　　　　7

104. 我是循规蹈矩的人，秩序对我十分有意义。　　　　　　　1

105. 我很难找到一种我真正感到被爱的关系。　　　　　　　　4

106. 假如我想要结束一段关系，我不是直接告诉对方就是激怒他让他离开我。　　　　　　　　　　　　　　　　　　　　　　　1

107. 我温和平静，不自夸，不爱与人竞争。　　　　　　　　　9

108. 我有时善良可爱，有时又粗野暴躁，很难捉摸。　　　　　9

测试结果：

记录下你所得的数字：

"1" 共有（　　　　）个，对应 1 号完美型

"2" 共有（　　　　）个，对应 2 号给予型

"3" 共有（　　　　）个，对应 3 号实干型

"4" 共有（　　　　）个，对应 4 号浪漫型

"5" 共有（　　　　）个，对应 5 号观察型

"6" 共有（　　　　）个，对应 6 号怀疑型

"7" 共有（　　　　）个，对应 7 号享乐型

"8" 共有（　　　　）个，对应 8 号领导型

"9" 共有（　　　　）个，对应 9 号调停型

看准了，你是哪一类人格

做完了以上的九型人格测试题，人们对于自己的主要人格类型有了结论。下面，我们就来看看九型人格各自都有着怎样的显著特点。

1号：追求完美的完美型

这是一张严肃而认真的脸。在他的脸上表情总是很凝重，他们对待一顿饭的态度就像对待一场外交一样慎重。完美主义者总是希望得到别人的肯定，害怕出现任何差错，他们对待工作和生活的态度永远是精益求精，追求至善至美。

在工作上，他们是制度的拥护者。如果他是一名员工，他是最努力最有责任心的那一个。领导可以放心地把各项任务交给他。他也是一个不折不扣的工作狂，对于消极怠工的人他总是很生气。

如果他是一名领导，他喜欢事无巨细的管理风格，他崇尚"没有规矩就不成方圆"的道理。他处处以身作则，对下属要求极高。一旦当下属的工作出现差错的时候，他会忍不住大发雷霆。完美主义型的管理者容易对下属求全责备，易给周围人造成压力。

在生活上，他喜欢有秩序的状态，讨厌凌乱和脏的房间。他们的衣服永远被熨得很平整，鞋子很干净，房子一尘不染，各种东西都放置在被划分成不同的区域内，他永远知道他要找的东西放在哪里。

除此而外，他还可能是个喜欢穿白色衣服的人，他更可能是个精神洁癖。他们对爱情相当忠诚，但是与此同时他们对伴侣的要求也会很高，一旦对方出现越轨行为，完美主义者眼睛里是容不下沙子的，于是他们会在愤怒之后选择分道扬镳。

对待朋友他们也同样如此，他们选择朋友和择偶一样严谨，对友谊忠诚，期盼对方也能给予相同的重视。

这就是完美主义者的表情。他们的表情并不丰富，这是因为他们冷静自制的个性使然，他们不会咋咋呼呼，他们永远稳重优雅，因为他们不会让自己的内心世界轻易地表露在脸上。

2号：热心的给予型

这是一张讨人喜欢的脸，也是一张温暖人心的脸。他们的表情总是温和而友好，他们随时准备帮助别人。

从小到大他们生活的意义好像永远是为了让别人开心。小时候为了得到父母的奖励他们做乖宝宝，上学的时候为了让老师赞赏，他们成了好学生，再后来为了伴侣的开心他们又总是想尽办法讨好对方。

他们常常忽略自己的真实意愿，总是尽力让别人高兴，不为难任何人，除了他自己。这样的2号是有责任感的，因为他会选择做应该做的事情，而非自己想做的事情。

工作上，他们对同事真诚关心，体贴之情常令人感动。他们绝对是世态炎凉中温暖人心的一群人，同事也因此愿意将内心的真实想法对其倾诉。他们的人缘总是很好，看似吃亏的事情，最后他们总能获得更大的回报，他们是讨人喜欢的专家。

生活上，他们可能是保守而传统的人士。他们孝敬父母，关心子女，对爱人无微不至。他们是贴心的人生伴侣，他们的脸上也总是洋溢着幸福的微笑。无论怎样风雨兼程，2号一定是能够陪伴你走完人生的忠实伴侣。

这就是2号给予者的画像，一幅如同春天般醉人的画面。他们永远温和暖人的笑容就像人间四月天里的骄阳和翠柳，不刺激，有希望还有暖流。

3号：追名逐利的实干型

"天下熙熙皆为利来，天下攘攘皆为利往"，这句话送给实用主义者再合适不过。3号的身上有着难能可贵的务实精神，他们不会将精力浪费在"无用"的地方，他们在做一件事情的时候总是不断分析它有什么利益可图。这不是缺点，而是很实在的优势。

在3号的脸上，我们看不到太多的平易近人与温和，和2号相反，他们可能是很有"表演"人格的一群人。他们会用不同的表情来面对不同的人，有时候难免让人觉得虚伪和做作。

他们对名利的热衷是九种人中最为明显的一群人，他们的脸也因为他们所面对的人而发生戏剧性的变化。

工作中，他们与1号一样是工作狂，不同的是他们的目的。1号认真工作是他发自内心地认为只有诚实劳动才配得起收获的成果，3号则认为这是他们明天成名得利的基础。与此同时，3号的务实精神还让他们形成做事不会盲目的一类人，所以他们的效率总是很高。

生活上，因为他们永远将事业放在第一位，所以忽略伴侣的事情时有发生。他们将感情深藏在自己的内心深处，不轻易表达自己的感情，因此也经常会遇到被伴侣埋怨的情况。赢了世界输了自己的事情在3号的身上较为多见。

4号：想象力丰富的浪漫型

4号是天生的艺术家，他们的表情最多变。高兴的时候他们尽情地开怀大笑，伤心的时候也是号啕大哭而不惧怕别人的眼光。他们生活得最自我也最真实，很少见到他们虚伪和做作。

尽管如此，他们的气质中总有一股忧郁的气息，让人难以捉摸又欲罢不能。

他们的想象力最丰富，也最适合在需要创造的氛围中工作。工作中他们最害怕的是像1号完美主义者那样循规蹈矩，他们害怕束缚，对他们来讲能够充分发挥他们天才的工作才值得努力去做。他们不会勉强自己做自己不喜欢做的事情，他们也总是做自己感兴趣的工作。自由和爱是他们生活中的氧气和水，缺一不可。

生活中的4号可能是长不大的孩童，他们不喜欢现实生活中的种种虚假，因此常生活在自己幻想的世界中。他们能够为了让伴侣开心而把身上仅有的几元钱拿去买一朵玫瑰，在他们看来金钱生不带来死不带走，唯有爱才是最宝贵的财富。

5号：冷静客观的观察型

他们不喜欢与人交往，宁愿孤独地面对整个世界。他们的脸上永远是一副深沉思考的表情，他们花在研究理论与事物的时间要远远超过研究人的行为与心理。

他们是异常冷静的一群人。在工作上，他们的理性让他们很少感情用事。

他们和任何人交往都是"君子之交淡如水"，他们不会让你走进他们的内心，当然，他们也没有兴趣走进你的内心。他们认为距离是一种安全和尊重。

生活中的 5 号观察者性格沉稳，不轻易发表自己的言论，因为他们对不确定的事物总抱有审慎的态度。他们希望自己的观点代表着客观和公正。他们的性格内向，永远保留自己的一片小天地，他们也常常觉得无人了解他们，就算是对最亲密的人，他们也这么认为。他们有着孤独的、寂寞的、思想深刻的灵魂。

6 号：谨慎严谨的怀疑型

他们的脸上总是研究的表情，因为他们不确定这个事情的真假以及好坏。他们难以相信任何人，他们甚至对自己也不信任。信任危机一直困扰着他们。

工作上，他们怀疑权威者的一切论点，企图找到可以攻击的地方。在接受一项任务的时候，他们首先想到的不是成功而是万一失败了怎么办。他们总能想到最坏的一面，也总是怀疑别人对他们心怀不轨。因此，他们生活得战战兢兢，如履薄冰，如临深渊。

他们过分谨慎的性格常让他们裹足不前，容易丧失机会。和 1 号不同，完美主义者是因为想要得出最完美的方法而延误时机，他们则是害怕失败而不敢轻易做决定。但是他们超强的责任心也能弥补性格的这一重大缺陷。生活上也好，工作上也罢，他们总是希望能够得到强有力的保护和指引。

7 号：及时行乐的享受型

他们的脸上永远洋溢着快乐，烦恼在他们的心里不会驻足太久。对于他们来说"今朝有酒今朝醉"是非常好的生活哲学，因为生命太短暂，要抓紧时间享受。

工作上，他们可能是那些多才多艺的同事，他们不会带给你压力，因为他们认为赚钱是次要的，懂得生活才是重要的。他们还可能是那些和任何人都能打成一片的人，因为他们很少有世俗的偏见，他不会因为你曾经的失足而嘲笑你，也不会因为你的成就而嫉妒你。

生活上的享受主义者是个开心果，同时也可能是让人伤心的人。他们惧怕承诺，担心因此失去自由，害怕承担责任，这些都是让人头痛的地方。

8 号：号令天下的领导型

8 号领导者的表情是严肃而有威严的。他们从小可能就是那些调皮捣蛋的孩子王，长大了那种领导众人的魅力也就显现出来了。

他们可能是为了帮助弱小者挺身而出的人，也可能是为了反对某种不合理的制度带头"革命"的人。他们身上的正义感很强，愿意保护社会中的弱势群体。然而他们喜欢命令人的脾气可能会让人吃不消。

感情生活中的 8 号，也将保护弱者的个性带到伴侣身边。他们认为爱他（她）就是要保护他（她）不受伤害。他们不习惯表露感情，有时候甚至用激怒对方的方式来确认对方对自己的感情。

9 号：纵横捭阖的调停型

合纵连横，纵横捭阖，这是 9 号协调者的强势。他们也许不是最厉害的那一个，但是他们能将最厉害的人聚拢在自己周围。

工作中的 9 号最常见的工作可能是上传下达的秘书，因为他们极其优越的协调性让他们能够胜任这样的工作。他们胸怀博大，很少因为不同政见而和别人争吵。事实上，他们不喜欢任何争执。

生活上的 9 号可能是个被动的人，他们不愿意主动解决问题，喜欢抱怨。但是温和的脾气让他们的伴侣觉得他们还是不错的爱人。不过固执却是让人头痛的地方，尽管他们自己不觉得。

九型人格的再分类

葛吉夫和伊察索在研究九型人格时都意识到：人的智慧存在着精神智慧、情感智慧和本能智慧三种形式，而这三种智慧分别对应于人身体的 3 个中心：

★产生精神智慧的是思维的中心——大脑；

★产生情感智慧的是感觉的中心——心脏；

★产生本能智慧的是身体的中心——腹部。

在此基础上，美国一位研究九型人格的著名学者凯伦·韦布因此在自己的著作《九型人格：重现古老的灵魂智慧》一书中将九型人格归为 3 类：

★脑中心：或者称为思考中心，以思考和理性为导向，产生精神智慧的是思维的中心，包括 5 号、6 号和 7 号人格。

脑部中心是我们思考的所在，举凡分析、记忆、投射有关他人和事件的观念，以及计划未来的活动等。这个区域对应位置是"第三眼"，也就是西藏密宗冥想所运用的观想中心。

如果你是 5、7、8 号等以头脑为主的人格类型，你具有以思想来回应生活的倾向，你们在看待世界时往往会受到心理能力的影响。这些人格的人们往往有鲜明的想象力，以及分析和联结观念的绝佳能力，他们懂得运用心理能力来尽可能地减少焦虑，控制潜在的麻烦，以及通过分析、想象、预测和计划来获得一种确定的感觉。也就是说，在任何时候，这些类型的人们都能浸淫在自己的思考中而获得全然的满足。思考对这些类型的人而言（通常是无意识的）是处在这个具有潜在威胁的世界中，防范恐惧于未然的方式。

★心中心：或者称为情感中心，以感受和感性为导向，产生情感智慧的是感觉的中心，包括2号、3号和4号人格。

心的中心是我们经验情绪的地方，借由那些无言的感官经验，告诉我们有什么感觉，而非我们对事情的想法。心的情绪范围从最强烈、戏剧化到最细微、几近无声的感觉都有。我们从这个中心感觉到和他人的联系，以及一种追求爱和充实的渴望。

如果你是2、3、4号等以心为主的人格类型，在看待世界时往往会受到情商的影响，喜欢透过关系在世界运作，有时候被称为"形象类型"，因为他们在乎别人的眼光，以及它和自己的关联。具体来说，这些人格类型的人会使自己的情绪、感受与别人保持一致，从而维持自己与别人之间相互联系的感觉。不论别人有没有意识到，他们都能快速感受别人的需要或心情，并加以回应：一个成功的关系能驱逐这个中心特有的空虚感和渴望。因此可以说，这些类型的人们比其他人格类型的人们更加依赖别人的承认和看法，因为他们需要用来支撑自己的自尊和被爱的感觉，使自己得到持续不断的承认和关注。

★腹中心：或者称为腰中心，以行动为导向，产生本能智慧的是身体的中心，包括8号、9号和1号人格。

腹部中心（有时也称为身体中心）和思考、感觉对照起来，这个中心是我们本能的焦点，也就是存在感。透过这个中心，我们从肉体经验到和人群、环境的关系。这是我们在物质世界中行动所需的能量和力量来源。这个中心的所在位置，即中国和日本所称的丹田，也就是禅修的焦点。

如果你是8、9、1号等以腹部为主的人格类型，常常把焦点放在存在本身，具有以行动"存在"这个世界的倾向，在看待世界时往往会受到身体感觉和内在本能的影响。他们的本能就是行动，即使他们已经思考过整个细节，还是会基于根本的感觉，去谈论正在打基础的决定和行动。他们以"自我遗忘"闻名。因为他们可能觉察不到对自己而言真正的优先事项为何。他们通过行动在这世上补充能量，并缓和愤怒——对1号和第9号的人而言，愤怒只有在少数时候才被直接表达出来。也就是说，这些人格类型的人们会运用自己的地位和力量去过自己想过的生活，而且他们的处世策略可以保证他们在这个世界中的位置，而且还可以将不适应感降到最低。

然而，生活中的许多人常常忽略了我们的本能智慧，也就是腹部中心的活动基本上是毫无察觉的，但我们可以从三个基本方面感受它的影响，这三个方面就是：身体生存（自我保护）、情爱关系和社会生活关系。

九型人格大师海伦·帕尔默曾以一个故事来描绘这三种基本属性的关系：

一个放牛娃坐在一个三脚凳上挤牛奶。牛奶代表了收获的知识和生活的营养。三脚凳的一条腿坏了，于是放牛娃在挤牛奶的时候，他关注的并不是牛奶，而是凳子的那条坏腿。这个故事意在告诉人们：我们每个人都拥有三种最基本的关系领域，其中一种关系比其他两种更容易受到伤害。当我们的某一种关系受到损伤时，我们就会在精神上格外关注这个方面，以缓解由此引起的焦虑。

最后，需要注意的是，每个人都有大脑、心脏和腹部，因此人人都能拥有与之相应的三种智慧，并会在实际的生活中自觉或不自觉地应用到以上三个中心，但每个人格类型的人会偏好其中一种，作为他们感觉并回应事件的主要渠道。因此，不要狭隘地看待九型人格的三种智能中心，而将自己陷入了又一个类型的牢笼之中。

九型不等于被定型

　　在观察自我时，九型人格大师往往不建议人们急着决定自己的型号。他们通常会建议人们先收窄范围，因为九型人格中的许多型号之间存在许多相似的地方，具有较大的迷惑性，这时人们应该选择两个至三个最高可能性的型号，留意每一种型号解析段中的"后记"，以得到更深入的启示。同时，人们要训练自己的注意力，提升自我观察的能力。到了某一刻，你自然会有一种豁然开朗的感觉，因为你的型号从心底浮现了，你自然也会更相信九型人格心理学的正确性。从佛学的角度来说，就是要人们学会悟空，当你心中空空如也时，你就能清醒地认知自己的优势与劣势，自然也就能判定自己的九型人格类型了。

　　然而，即便你确定了你自己的人格类型，也不能将自己固定在某一个人格类型上，偏执地按照这种人格类型的优劣势来约束自己。要知道，找到你的人格类型，只是跨出"自我成长"的第一步。也就是说，九型人格提供给人们一个向内探索自我的起点，一个认识真我的机会，但它并非绝对的真理。

　　严格来说，九型人格中的九种性格分类只是一个大概的框架，并不能完全解释人们性格的学问，因为每一种性格类型又加上左右翼与三变数的变化类型，就使得人们核心性格以外的性格有了无限变化的可能。也正是因为充满这样多的变化，才使得九型人格不仅可以广阔又精准地描述每一种性格类型的特点，同时又能在细微之处区别出不同的性格类型。

　　而且，当我们处于安全状态或长期受到压力时，我们的性格也会有所变化。九型人格中的性格成长走向与凋零走向可以检测我们目前的压力指数，这也正是九型人格比其他性格分析工具更实用的主要原因。

此外，九型人格大师唐·理查德·里索又将九型人格按照性格的健康度，将每一种性格类型分为三种发展状态（1～3健康状态、4～6一般状态、7～9不健康状态）、九种发展层级，帮助人们更清楚地检视自己的或别人的性格状态正处于哪一个发展状态和发展层级，更好地引导我们的精神健康。

性格的善变使我们明白，当我们越能抓住性格的反应，我们便越不能受它的影响。而当人们使用九型人格时，往往能够预先洞悉自己及他人的心理变化，也就能够较为精确地捕捉住善变的人性，更好地认识自己，认识世界，赢得更好的发展。

你的性格误区在哪里

什么是性格误区？在前面观察我们已形成的性格一节中，我们知道，我们现在所拥有的性格并不能代表我们真正的自己，而是通过后天的思想、感情、直觉影响后得来的。在这些后天影响得来的性格中，有能够帮助人们自我发展的好的性格特征，也有阻碍人们自我发展的不好的性格特征。对于这些阻碍我们寻找本体的不好的性格特征，我们就称其为"性格误区"。

从九型人格的角度来看，人与生俱来的本质是好的，但是人的本质中还存在着强化不好倾向的原动力，九点图将这种原动力称为"性格误区"。而且，每种人格类型的性格误区也不一样，它们都是从每种人格类型的本质产生出来的，其本身带有各种人格类型的特点，因此可知，探知每种人格类型的性格误区，其实就是人们寻找自身本质——本体的路标。

但要注意的是，各种"性格误区"和各种人格类型的本质一样，深藏于人们内心深处，无论是人们自己，还是他人，都很难将其看清。所幸，我们拥有九型人格这样一个性格分析的工具，它能够非常清晰地描绘出各种性格的"误区"。也就是说，只要你正确把握自己的人格类型，你就能通过九点图来找出压抑你自身能力的性格误区，扫除你自我发展道路上的阻碍。

下面，我们就来介绍一下九型人格各自的性格误区：

1号完美型：无止境地追求完美

1号人格的本质是追求完美，因此他们的性格误区就是过度追求完美。然而，世界上没有十全十美的事，但1号往往难以意识到这一点，常常为了使事情尽善尽美，不仅自己拼命努力，也期待周围的人都能和自己一样，因此也常常对自己和周围的人都感到不满。最糟糕的是，1号还压抑而不表现心中的愤懑，因为对他们来说，随便发怒是不"完美"的。因此，1号的人们在这样的自我压抑中常常崩溃。

2 号给予型：看不到接受的快乐

2 号人格的本质是帮助他人，因此他们的性格误区就是过度注重给予，而忽视了接受。2 号的人们认为，帮助他人的自我牺牲精神比什么都重要，所以会一个劲地为他人付出爱心。但是，周围的人却不一定需要他的爱心和帮助，这就让 2 号觉得很苦恼。究其根源，2 号的人们是希望通过帮助他人来掌控他人，也就是说，他们在诚心诚意地帮助他人的同时，潜意识地要求对方的感谢与回报，为此常常表现出意欲控制他人的倾向，如果他们的帮助被拒绝，也就意味着他们难以控制他人。

3 号实干型：只重目标的功利主义

3 号人格的本质是注重目标，因此他们的性格误区就是过于注重目标。3 号的人们认为，人生最重要的就是达到目标，取得成功。他们深信唯有获得成就，才能证明自己，以“成功”的尺度来衡量人生的价值。因此，对于可能成功的工作，会满腔热情地全力以赴，牺牲一切也在所不惜，但对可能失败、不为人关注的工作，便试图回避，这就是典型的功利主义。

4 号浪漫型：不能享受平凡的快乐

4 号人格的本质是追求个性，因此他们的性格误区就是过于追求个性。4 号的人们往往以特立独行为人生准则，不甘于做一个平庸之徒，总想显示自己的过人之处。因此，他们过于相信自我感受，容易显出无视现实的倾向，而且，因个人的感受性过强，常常觉得不被人所理解。这种想法一旦变为孤立无援的感觉，就容易陷入忧郁状态，进而将自己封闭起来。因为门视很高，不满足于现状，总是感到“真正的人生还没有开始”，他们孜孜不倦的精神追求，加上高雅的形象，总给人一种自命不凡的感觉。

5 号观察型：逃避内心的空虚感

5 号人格的本质是冷静客观地观察，因此他们的性格误区就是过于冷静客观。5 号的人们常常觉得周围人肤浅愚昧，难以沟通，因此他们将精力更多地投入到知识中去，认为丰富的知识和深思熟虑、观察入微的生活方式，是避免自己成为愚蠢者的最佳方法。因此，5 号的人们喜欢在冥想的空间遨游，即是体会现实社会的欢悦，而不爱热闹，喜欢一个人独处，便渐渐和周围的人逐渐疏远，自我封闭起来。即便遇到了问题，5 号也自认有根据知识作出正确判断的能力，只要付出思考，自己一个人就能解决。

6 号怀疑型：不断地怀疑再怀疑

6 号人格的本质在于怀疑权威，因此他们的性格误区就是过于怀疑权威。在 6 号的人们心里，他们往往存在这样的矛盾心理：一方面他有渴望得到强者的保护，并且向强者尽忠的“恐惧症”；另一方面他们又要以怀疑的态度反抗权力，借此缓解内心的不安，具有"反恐惧症"。因为害怕按自己的意志行事，很难独立完成一件事。即使认为某个设想很精妙，由于心存怀疑，往往踟蹰不前。6 号的人们认为周围的人对他有许多要求和期待，为了不辜负期待而拼命地工作，但是因为处处小心和不安，把自己搞得烦恼不堪。

7 号享乐型：害怕吃苦受累

7 号人格的本质是纵情享乐，因此他们的性格误区就是过于注重享乐，而放弃了吃苦受累的权利。对于 7 号的人们来说，为了确保快乐，他们会制订很多计划，却很难坚持做下去，因为他们害怕吃苦受累，往往遇到一点困难就退缩。而且，他们又是乐观的自恋主义者，只喜欢称赞自己的人，并且只选择对自己最好的东西。因为不回顾过去的失败，只把眼光放在未来的快乐上，不能正视自己的负面，不能从过去和现在汲取人生的教训。

8 号领导型：权威的忠实信徒

8 号人格的本质是追求权威，因此他们的性格误区就是过于追求权威，而忽视了正义和真理。8 号的人们认为，他们相信只有证明自己的价值，维护自己的尊严，才是有力量的象征。8 号非常在乎自己的势力范围，对于侵犯这个领域的人，一律加以排斥。常常摆出一副好斗的架势，喜好争吵，周围的人对其望而生畏。这种人自视有伸张正义的使命，而周围的人都是些谨小慎微的胆小鬼，因而缺乏协调性和柔韧性。8 号的特长是能一眼洞察对方的弱点，如果受到挑战，会毫不犹豫地攻击对方的弱点。

9 号调停型：害怕纷争

9 号人格的本质是追求和平，因此他们的性格误区就是过于追求和平，常常为了粉饰太平而忽视正义和真理。生活中，9 号的人们总是努力和周围人协调一致，把一生的平安视为第一，稍不如意，就会慵懒怠倦，拒绝接受新知识。而且，因为 9 号往往重视他人的意见，轻视自己的见解，以致很难作出决断，给人优柔寡断的感觉。

人人都有性格误区，它们成为阻碍自我提升、自我发展的巨大阻碍。如果人们懂得使用九型人格这门性格分析工具，就能找出自己的性格误区，了解自己性格上的负面倾向，加深自我的认知，还能够将自己的精神状态向好的方向引导。也就是说，人往往不同程度地从各自类型的性格误区中获得能量。

时间观念里的性格误区

每个人的性格不同，每个人的性格误区也不尽相同，但在这些性格误区里，也存在一些共通点。其中最突出的就是人们在时间感觉上的性格"误区"，也就是，每个人的时间观念不同，大致可以归纳为：没有时间观念和时间观念很强两类。

从科学的角度来说，每个人每天的时间是同样的，自然应该度过相同时间。但从九型人格的角度来看，不同类型人的时间观念是不一样的，即这些人感受时间的方式大不相同。因此，在同一时间里，有人有"时光飞逝"之感，有人有"度日如年"之感。人们之所以会产生如此巨大的差异，主要是因为不同人格类型的"误区"的作用。

1 号完美型：时间总是不够用

1 号人格的最大特点是追求完美，因此他们往往注重细节，做一件事情总是检查再检查，让时间在不经意间悄悄流失掉，等 1 号人格回过神来时，发现已经没有多余的时间了，因此他们才发出这样的感叹："时间怎么总是不够用？"其实，如果 1 号能够少注重细节一点，他就不会有这样的疑问了。

2 号给予型：时间过得好快

2 号人格最大的特点是帮助他人，他们每天都忙着关注别人的需要，忙着帮助别人成长，或者和人友好相处，就会觉得很充实，这样的时间是"美好的时光"，觉得自己活得有意义，时间非常轻快地过去了。相反，如果 2 号处于一个不能帮助别人的环境里，他就会感觉"度日如年"。

3 号实干型：合理使用时间

3 号人格最大的特点是追求成功，为了这一目标，3 号往往有着极强的时间观念，并懂得合理有效地利用时间为自己服务。为此，他们分秒必争，很在乎时间的效率。比如，与人约会，3 号一看时间还有 5 分钟，就想着利用这 5 分钟做些什么事。因此，3 号擅长在很短的时间内完成任务，由此可见 3 号具有极强的调控力。

4 号浪漫型：以个人感受来衡量时间

4 号人格最大的特点是自我意识浓烈，因此在对待时间上较为主观，也就是说，他们没有太强的时间观念，生活中基本上不计算时间。当他们体会到刺激和感动时，就会强烈意识到时光飞逝；相反，没有刺激和感动的话，则感到时间单调地流逝。

5 号观察型：为时间的流逝而焦虑

5 号人格的最大特点是冷眼旁观，尽管他们往往有着较强的时间观念，却限于用在观察时间的流逝上，从而感到："时间不是因自己而存在的！"他们最常做的一件事情，往往是盯着手表慨叹："啊！表针在走，失去五分钟。"这就容易使 5 号产生一种焦虑情绪，难以专注地做一件事情。总之，对 5 号的人们来说，时间应当为自己而存在，所以他们不肯为他人花去太多的时间，很不愿因为社交活动而消耗时间。

6号怀疑型：严守时间，恪尽职责

6号人格的最大特点是怀疑，这就使得他们具有极强的时间观念。如果没有什么严重的事情，他们不会浪费多余的时间，因为时间是自己必须尽忠的主人。他们重视截止期限并严格遵守，原因是如若浪费时间，必会受到惩罚，害怕造成不良后果。因此，6号的人们要是在规定时限内没有完成任务，没能严守时间，往往会陷入极度的慌乱。因此，如果被指派同时做很多工作，他们会因为心绪不宁而不知如何着手，非常困窘。

7号享乐型：忘情陶醉，享乐时光

7号人格的最大特点是纵情享乐，因此他们的时间观念往往不强。但7号的人们感到高兴时，就会完全没有时间观念，总认为还早呢，趁着兴头继续玩，结果常会苦于时间不够，疲惫困乏。相反，如果碰到烦恼，会觉得时间仿佛停止了，想立刻从烦恼中逃脱。所以7号的人们在被指派做枯燥乏味的工作时，会觉得时间难熬，失去活力。

8号领导型：合理支配时间

8号人格最大的特点是掌控性强，因此他们的时间观念极强，往往认为自己可以支配和安排时间。他们认为，人被时间左右，就是软弱的表现，极力避免被时间摆布。如果被时间追赶着，无法把握时间，会觉得自己不再是强者，生命的能量自然也会减少。为此，8号的人不仅严守时间，且为了不被时限所困，尽快把事情做完。但是，当埋头于大事时，会不在意时间。因此，如果8号的人们在短时间内接到很多指示，会失去活力，为触到自己的弱点而感到屈辱。

9号调停型：在有规律的时间里，感到最自在

9号人格最大的特点是和平，和平也就意味着稳定，因此可知9号的人们也有着较强的时间观念。9号认为，时间应该像单调的节拍那样，最喜欢的是有规律的、没有矛盾、没有变化缓缓流动的时间。当9号要在规定时间内完成很多事情时，一旦有变化或更改，就会产生难以忍受的混乱感，往往干不好事情。

总之，人们从一个人的时间观念能判断一个人的人格。同样，人们也可根据时间观念来完善自己的性格，使自己得到更好的发展。

第二篇

1号完美型：没有最好，只有更好

1号宣言：世界是不完美的，我要去改善它。

1号完美主义者是很有条理的人，他们办事井然有序，严格遵守各种规则和等级制度。而且，他们的世界观倾向于善恶二元论，在他们的眼里，非黑即白，非好即坏。为了避免自己变成黑的、坏的，他们必须以很高的标准来要求自己，努力改正自己的缺点，也会要求别人和他们一样追求道德、公正和真理。

第一章
1号完美型面面观

自测：你是追求完美的1号人格吗

请认真阅读下面20个小题，并评估与自身的情况是否一致，如果某一选项和你的情况一致，那么请在该选项上画钩标记。

1. 我希望一切事物尽量保持整齐有序。

□我很少这样□我有时这样□我常常这样

2. 我非常努力改正错误。

□我很少这样□我有时这样□我常常这样

3. 我发觉我经常为各种的事情道歉。

□我很少这样□我有时这样□我常常这样

4. 别人说我有时吹毛求疵。

□我很少这样□我有时这样□我常常这样

5. 不公平的事令我愤怒。

□我很少这样□我有时这样□我常常这样

6. 我不值得别人对我太好，原因是我不够好。

□我很少这样□我有时这样□我常常这样

7. 放松或找时间轻松对我而言是件不容易的事。

□我很少这样□我有时这样□我常常这样

8. 内在良知不断地要求我，督促我。

□我很少这样□我有时这样□我常常这样

9. 我有时为了自我改造，是能为理想而努力不懈的人。

□我很少这样□我有时这样□我常常这样

10. 事情出现瑕疵时，对我而言是无法忍受的。

□我很少这样□我有时这样□我常常这样

11. 事情在我眼中非黑即白，没有任何灰色地带。

□我很少这样□我有时这样□我常常这样

12. 很少能有足够时间，允许我完成我必须做的事情。

□我很少这样□我有时这样□我常常这样

13. 事情出了轨道令我生气。

□我很少这样□我有时这样□我常常这样

14. 我老是担心，是个爱担心的人。

□我很少这样□我有时这样□我常常这样

15. 别人没有达到他们的标准，这令我很生气。

□我很少这样□我有时这样□我常常这样

16. 我不喜欢出错。

□我很少这样□我有时这样□我常常这样

17. 我会严守纪律。

□我很少这样□我有时这样□我常常这样

18. 我老是责怪自己不够好。

□我很少这样□我有时这样□我常常这样

19. 我重视细节。

□我很少这样□我有时这样□我常常这样

20. 事情出了差错，我要追根究底。

□我很少这样□我有时这样□我常常这样

评分标准：

我很少这样——0分；我有时这样——1分；我常常这样——2分。

测试结果：

8分以下：完美型倾向不明显，能理性面对错误。

8～10分：稍有完美型，比较注重细节。

10～12分：比较典型的1号人格，公正、自律，对自己和别人都有比较高的标准。

12分以上：典型的1号人格，严格地追求正确、合理和公正，时常为生活中的错误而纠结不清。

1号性格的特征

1号性格是九型人格中的完美主义者，他们眼中的世界总是有太多的不完美，心目中的自己也有很多缺点，他们希望能够去改善这一切。他们对完美的追求甚至达到了苛刻的地步，哪怕已经取得了99％的成绩，他们能看到的也只是那1％的不足。说他们是鸡蛋里挑骨头一点也不为过，他们的人生信条是："没有最好，只有更好！"

他们的主要特征如下：

★每件事都力求最佳表现，自我要求很高，喜爱学习和认识新事物。

★遵守道德、法律、制度及程序，很讨厌那些不守规矩的人。

★希望比别人优秀，很爱面子，对他人的批评敏感，因此作决定有时会犹豫不决。

★很少赞扬别人，常批评别人的不好，有点吹毛求疵。

★很难控制愤怒的情绪，但是一旦发泄怒气，内疚感也会同时随之而来，是外冷内热的典型。

★善于安排、计划并且贯彻执行，做事很有效率。

★做事严谨细致，精益求精，但因不放心别人去做而事必躬亲，所以整天忙碌。

★有时为工作而殚精竭虑，有时又放下一切去尽情玩乐。

★睡觉、起床、洗刷、吃饭、锻炼等活动像闹钟般准时和定量。

★外表十分严肃，穿戴十分整洁，表情不多。

★讲话直来直去，谈话主题常为做人做事，常用"应该、不应该；对、错；不、不是的；照规矩、按照制度"等词汇。

1号性格的基本分支

1号性格者因为一味追求完美而把自己的真实愿望给遗忘了，这种严格的自我控制使1号性格者具有了分裂的性格：一方面是个人真实的愿望被隐藏，另一方面是要做正确事情的愿望凸显。两种愿望的冲突将导致情爱关系上的嫉妒心、人际关系上的不适应感以及用忧虑情绪来进行自我保护的手段。

情爱关系：嫉妒

1号性格者理想中的爱情是完美无缺的，自己是对方的唯一，并且常常害怕有一个竞争者比自己更具吸引力，更有智慧或更被喜爱，因此经常监控伴侣的行动，并且对两个人之间的任何事情都斤斤计较，唯恐自己的爱人不能全心全意爱自己。

"我对自己的老公管得很严，每天我都会告诉他我不允许他和其他异性有任何亲近的行为，为此我经常翻看检查他的手机，看有没有什么可疑的联系人，我还不定时去抽查他的 QQ 聊天记录和邮箱，我如果看到他和其他女人走在一起，我就会醋意大发。"

人际关系：不适应

1号性格者的人际现状常和自己心目中的理想情况不一致，他忘记了自己的真实想法，专注于完美的标准，因此他会发现生活中有那么多的不适应，容易感到困惑、挫折，对团体或者自己公然愤怒，他们批判团体不完美，也会批判自己不能更适应某个团体。

"我几年前毕业加入了一家房地产公司，这家公司的企业文化和做事风格非常草率和不严谨，而且有很多的潜规则，和我心目中理想的公司相差十万八千里，尽管其他人似乎都无所谓，但我对公司非常失望，甚至是绝望，我想积极地参与到公司的活动中，可是我真的做不到！在这样的公司里生存，我觉得很快就会疯掉，于是我离开了这家公司。"

自我保护：忧虑

1号性格者自我保护的手段是常常担心自己做的事情不完美，担心什么事情做不好会影响自己的形象，尤其担心因为犯了什么错误会让自己今后的发展受影响，这些在他看来是无比恐惧的事情，他们会尽力避免这些事情的出现。

"我常常担心自己犯错，我的每一天都是小心翼翼的，似乎我一不小心，就会犯下一个大错，那样我会颜面尽失，我真的就没有任何前途了。我每天都要提醒自己小心谨慎，我生怕发生了什么事，别人会认为我没有能力或者批评我，那样我情愿去死！"

1号性格的闪光点

追求完美的1号性格有很多优点，以下这些闪光点值得关注：

勤奋和高标准

1号性格者习惯于用高标准来要求自己，一旦确定了某个正确的目标，就会通过忘我的工作来让人感到满意，并且要做就做到第一。

严谨细致

1号性格者认为，只有严谨细致，才能少走弯路、稳操胜券，严谨的工作态度会给他们带来巨大的收益。

做事井井有条

1号性格者认为任何无条理或无秩序的事都是不可原谅的，因为工作有条理，所以办事效率极高。

重视道德和原则

1号性格者非常正直，有强烈的道德感；坚守原则，面对大是大非问题不会妥协和让步。

改进问题的专家

1号性格者目光精准，通常能够一眼挑出做事中需要改进的地方，立即指出，立即跟进纠正。

天生的改革家

1号性格者事业心比较强，有创新和改革的勇气，是天生的改革家。

有管理能力

管理过程其实是标准和要求不断提高的过程，作为高标准和高要求的1号性格者由于天性会不断地进行标准和要求的变更设定。

富于建设性

只要其他人能够承认错误或者承认实力不济，1号性格者的挑剔和批评可以被轻而易举地化解，对于被错误困扰愿意改善自己的人，1号有百分之百的耐心和热情。

社会精英的摇篮

1号性格者是九型人格中最有智慧的人，具有精确的判断力和旺盛的生命力，他们总是有更高远的目标在前方，一旦改造或抑制了极端完美主义的性格，则很容易成为社会中的精英人才。

1号性格的局限点

追求完美的1号性格也有一些缺点，以下这些局限点应该警醒：

常陷入自我迷失

1号性格者一味关注和达到完美的外在标准，很少享受人生，没有时间思考自己真正重要的需求，常常陷入自我的迷失。

常破坏平衡与和谐

1号性格者极力要求完美必然会破坏身边的平衡与和谐，影响事业取得成功，而且家庭、人际等方面也会面临困境。

常忧心忡忡

1号性格者总是担心会犯错，且担心其他人的态度，冷静的外表下埋藏的是忧心忡忡的恐惧。

顽固清高

一旦1号性格者认定了一个事实，就会坚持其"唯一正确性"，这会限制思想的互动和完善，他们想当然地认为别人的意见不如自己的，也显得过于清高。

嫉妒心强

1号性格者以完美为坐标，在与自己较劲的同时还喜欢和他人一争高下，当看到别人比自己优秀时，会有强烈的嫉妒情绪。

好为人师

1号性格者是个理想主义者，他们常主动纠正别人的错误行为，却不知自己每每留下好为人师的恶名。

好挑剔及缺乏体谅之心

1号性格者对自己对别人都会相当挑剔，甚至对人出言讽刺，另外在发现问题并提出解决方法时，很少考虑别人的处境，缺少体谅之心，常给人际关系带来阴影。

对他人缺乏信任，不善授权

1号性格者关注事情的完美和每一个细节，他们不放心让别人代做一件事情，只能事必躬亲，这种不善授权也使得其影响力不能发挥到最大。

1号的高层心境：完美

1号性格者的高层心境是完美，处于此种心境中的1号性格者对完美有了更深的认识和了解。

处于低层心境中的1号性格者常以将现实转变成理想为使命，常常陷于比较当中，为现实与理想的差距而痛苦不堪。在他们的世界中有且只有一条正确的准则，要么是对的，要么是错的。他们意识不到完美其实是有弹性的，周围的每件事情，包括他们自己，即使呈现出一些小瑕疵，但本身可能已经是接近完美了。也就是说，真正的完美主义者应该意识到：不必保持100％的完美，根据现实情况做到最好就是完美，要允许风险和错误的存在，因为这些风险和错误有时反而是通往完美的必经之路。

只有1号性格者接受自己不完善和不完美的本质，同时接受靠自己的力量永远无法达到全然完美的事实，他们才会发现周围的人和事物本身已经很完美了，只是自己有着一双过于挑剔的眼睛。

1号的高层德行：平静

1号性格者的高层德行是平静，拥有此种德行的1号可以接受愤怒的存在，情绪达到和谐的状态。不具备此种德行的1号内心常常充满愤怒无法释放，他们想要发怒却又不允许自己发怒，发怒在他们看来也是一种不完美。他们对现实的不满越多，身体内积压的愤怒也就越多，这些愤怒会四处乱窜，所以允许自己适当发些脾气，对于他们身体内部的平衡将大有裨益。平静并非情绪的缺失，而是时刻对个人情绪保持知觉，让情绪自由出现，无论是好情绪还是坏情绪，只需要去用心全然体会，而不去论断它们的好或者坏。平静意味着平衡，意味着正面和负面的情绪互相交织却又自由流动，1号性格者逐渐可以意识到所谓的负面情绪也并非不可以接受。

1号性格者只需让理性的自我退居幕后，不去执著于自己的标准，让各种情绪自然流动，这样他们就能获得一种平静的状态。

1号的注意力

1号性格者的注意力常常围绕在自己心目中的那个完美标准上，他们会自动参照这个标准来评判自己的思想和行为，并评判周围的世界。

1号性格者做事过程中常会每一个步骤进行检查，并确保自己在不断进步和提高，这个过程有时相当痛苦，因为他们可能感到自己永远无法达到完美的目标。

"早晨刷牙的时候，我就会一直在想，刷牙的正确方法应该是牙刷和牙齿呈45度角，上下轻刷，在牙齿咬合面前后轻刷，每个刷牙位置至少应该轻刷10次，每次刷牙时间至少持续3分钟，而且不要忘记刷刷舌苔……然后我就按照这一个个标准来检验自己刷牙的方法是否正确，并且一项一项地检查，如果自己哪一项没有做到，就会觉得这次刷牙是一次失败。"

即使是普通人有时也或多或少会把自己的努力与完美的标准进行对比，但是1号性格者不同的是，他们完美的标杆永远矗立在那里，他们朝向完美的标杆是永不止步。

1号性格者不仅喜欢与自己较劲儿，而且还喜欢和他人进行比较，他们希望自己永远是优胜者，是完美的化身。

"我常常不自觉地和别人比较，我常常会对自己说'这个人比我有钱，但是他却没有什么文化，这方面我还是比他强，他应该羡慕我这一点'，'这个人的个子比较高，但是身体素质却比不上我，而且他也显得有点瘦'，'这个人去过世界上很多的国家，但是他的英语水平却比不上我，他去每一个国家对那些国家的体验程度也就比我差一大截了'……这种内心的比较，往往是在日常生活中不经意间就作出的，我觉得自己占了上风的时候就很得意，可是他人如果获得了胜利，那我就会觉得自己是个失败者。"

1号性格者内心进行评判和比较的习惯已经是根深蒂固了，他们首先需要意识到内心评判和比较所带来的痛苦，其次他们需要积极地学习控制注意力的方法，当觉得自己达不到理想的标准之时，他们应该把注意力转移到中立和客观的立场上，用平衡和现实的观点来看待这一切，那么他们的痛苦就会少很多。

1号的直觉类型

1号性格者的直觉来源于他们习惯关注的东西，他们常常发现生活中充满了错误，他们时常能发现完美的可能，并且会迫不及待地去修改，他们渴望着一个没有错误的环境。

"我总是能很快发现周围存在的各种各样的不完美，并且想着去改正它们。我是一个大学教授，我觉得自己的学生一个个都是那么马虎不认真，他们不仅有时候上课迟到，而且上课的时候很多学生像一摊泥一样坐在凳子上，我总是会批评他们，一个人应该保持良好的坐姿，这样才能有高的效率和良好的形象；平时改他们的作业时，我总是气得想要去骂人，这些学生交给我的作业，订书钉的位置很不美观，而且他们的作业字体、页边距等设置都很不合理，我甚至都不想去看作业里的内容了，社会竞争这么激烈，这些学生却这么敷衍和不认真，怎么能够这样不在乎呢！"

当他们内心不再比较和评判时，他们就可能获得"感到正确"的直觉，在一个完全正确的解决方式面前，他们会显得异常放松，他们甚至会说："这一切是多么完美呀！"

"当一切都在正常地按照我的预期进行着，我的内心就会特别放松，我的头脑中不再有批评的声音，我会有一种特别舒服的感觉，我的整个身体和精神都处于非常愉悦的状态。比如我刚写好了一篇心目中的论文，或者我看到家里的一切都布置得井井有条、一尘不染，或者走在街上很多人都热情地向我问好，或者是我的太太已经按时做好了晚饭，而孩子们都很乖地去吃饭，没有大声吵闹，这些时候我会觉得自己是世界上最幸福的人，这一切多么美好啊！"

1号发出的4种信号

1号性格者常常以自己独有的特点向周围世界辐射自己的信号，通过这些信号我们可以更好地去了解1号性格者的特点，这些信号有以下4种：

积极的信号

1号性格者不断向周围世界释放着一些积极的信号。他们强调原则性和正确性，守信用并且勇于承担责任，他们不以利益回报为导向，他们坚守原则，他们是规则的守护者。

他们身先士卒，激励和鼓舞他人，向人们展示什么是完美的工作。他们有熟练的技术，更有加倍的努力，他们有坚守独立而不依靠别人的信念。

他们这些完美的道德品质必将影响他人，带动大家追求更高更远的理想，而他们健康、诚实和正确的生活方式也能启迪很多人更好和更幸福地去生活。

消极的信号

1号性格者也不可避免地向周围世界释放一些消极的信号。他们常常批评他人，他认为批评是一种鼓励和关心，在他的眼里似乎没有什么是对的事情，一切都需要去改进。他的强势态度和他的激烈言辞常常会让周围很多人心灵受伤，并直接影响他们的人际关系。

另外1号性格者喜欢显示自己的优越并且不自觉去与别人进行比较，如果其他人比他差就会很高兴，如果其他人比他优越则会陷入深深的自卑和嫉妒。这让他周围的人很为难：如果做不好，会招来1号性格者严厉的批评；如果自己做得比1号性格者更好，又会招来他的嫉妒。

混合的信号

1号性格者发出的信号很多时候是混杂的，会让人难以捉摸。他们过于关注心中的完美标准以至于去压抑内心真正的需求，他们所关注的问题是"应该"和"必须"，而不关注自己的真实愿望，这些混杂在一起的信号会让人对其产生误解。

但是1号性格者也有把他们自己的需要当做是真理的倾向。比如，如果一个1号性格者喜欢吃某种螃蟹，那么他吃的螃蟹可能就突然成为最好的选择、品位的象征，而吃其他螃蟹在其看来都是没有品味的表现，并且会对其他人的质疑进行喋喋不休的说教。

内在的信号

1号性格者自身内部也会发出一些信号。他们会因为对现实不满而不自觉地产生愤怒情绪，但是他们对自己内在的气愤情绪常常不能自觉，他们甚至还习惯于用虚假的感觉去压制和隐藏心中的怒火。

他们的内心对某一个人说的话可能深恶痛绝，但他们可能会劝告自己，"那个人没有那么讨厌，本质也不坏，我要尽快原谅他，我是一个大度的人"，他们通常意识不到自己追求完美的欲望使他们无法感觉到自己的怒火，他们只知道自己在做"完美的事情"，于是你可能看到1号性格者内心明明很生气，甚至无法掩饰，却依然装着很大度地告诉那个人："我对于你说的话一点都不在意，我也不会为此生气的。"

1号在安全和压力下的反应

为了顺应成长环境、社会文化等因素，1号性格者在安全状态或压力状态的情况下，有可能出现一些可以预测的不同表现：

安全状态

在安全的状态下，他们常常会向7号享乐型靠近。

他们开始放下严肃拘谨的态度，放下自己追求完美的苛刻态度，开始解放自己，甚至可以自嘲，也不再严苛地要求别人，能容纳他人意见，也能够接纳富有想象力以及多样化的计划。

他们不再有那么多的评判和比较，他们开始放松，甚至可以把工作放到一边去休息和度假。他们不再过度关注责任，能够尽情地玩乐。

1号并非转变为7号，而是安全状态带来了简单化的生活，促使他们不需要去无尽地自责。而此时的他们甚至会变得有些极端，有些无所顾忌，他们就像长期节食的可怜人突然面对一桌佳肴，不需要考虑身材什么的，他们只觉得自己亏欠的一定要尽力补回来。

压力状态

处于压力状态下，1号常常会呈现4号浪漫型的一些特征。

他们常常会因为内心的压力得不到有效排解，内心真实的情感无法尽情宣泄而变得自我否定、自我批判，并且变得情绪化、反复无常，被忧郁忌妒的情绪填满，有时候还会自暴自弃、自怨自怜，沮丧并充满无力感。

面对压力之初，他们变得害怕休闲，不允许生活中有快乐存在，强迫自己去工作，他们更加容易发怒，也更加挑剔和容易嫉妒，渴望自己没有得到的东西，接着 1 号便开始害怕自己因为没有达到最优秀的标准而遭人抛弃，他们发现自己的无力，感觉自己一无是处，他们常常陷入无穷的沮丧和绝望之中。

在压力状态下的 1 号相当脆弱，他们经不起不完美的打击，因而此时也最需要别人的理解和帮助。

1 号适合或不适合的环境

1 号性格者因为其独特的性格特点也决定了其有一些环境能够很好地适应，而另外一些环境则比较难以适应：

适合的环境

1 号责任心极强，做什么事都要做对，而且要做就要做到最好，要当第一名。1 号不但有目标，而且善于规划好步骤并一步步执行，做事效率高，条理分明。

1 号很少把个人的情绪掺杂到工作中，他们认为人和事情是分开的，即便有情绪，他们也会强迫自己把它压制下来，一旦确定某件事情是必须和正确的，1 号便是一个很严格很认真的执行者。

因此 1 号性格者适合去做需要组织规划和谨慎对待的工作，也适合去做需要坚持原则与公正的工作领域，这样的工作如教师、科研工作者、法官、医生、质量检查人员、纪律检查人员、仲裁人员、安全检查人员、财会工作者等。

一般来说，跟他们性格特质相近的机构文化环境的特点是：架构明显、规则清晰、着重秩序、崇尚高标准、需要留意细节。

不适合的环境

1 号性格者不善于根据不断变化或者不完整的信息来做决定，他们需要有清晰明确的指导方针，那些架构混乱、基本前提和规则不断变更、评判标准多基于感情而不是程序、没有进取心的机构环境都不适宜 1 号，尤其是一些新公司、新生意等，这些机构充满变化，没有稳定的秩序，会让 1 号压抑和不安，甚至选择逃离。

此外，对于风险性较大的工作，如风险投资工作者，以及必须接受大量不同观点或者允许不同观点存在的工作也不适合 1 号，如创意工作者、电视节目编剧，完美主义标准会让他们犹豫不决以及难以做到容忍差异。

对1号有利或不利的做法

1号性格者需要学习一些对自己有利的做法和避免一些对自己不利的做法：

有利的做法

下边的这些行为对1号的发展是有利的，应该学着去做：

★多给自己一些时间去放松和娱乐，将游戏和玩乐强制性列入你的时间表，直到你允许它们存在。

★学会区分"应该"完成和"想要"完成的事，别总浪费时间在那些鸡毛蒜皮的事情上。

★学会察觉自己内心的气愤情绪和自己有刻意去掩饰气愤情绪的倾向。

★学会了解你对别人发怒，很有可能是因为他们的作为正是你想做却不敢做的。

★不刻意压抑愤怒，学会发泄负面情绪，学会利用想象力来化解怒气。

★学会质疑你的规则，自己眼中"对"的事情不一定是别人期望或合适的事情。

★不再只是单方面追求理想的完美，而采取慢慢改善现实的做法。

★学会放弃"唯一正确性"的观念，懂得赞赏差异，差异不一定是错误或缺陷，差异使世界更加美好。

★学会聆听别人，即使别人不对，也要允许他们表达观点并且了解他们。

★要对别人保持耐心，你可能有很多经验可以告诉别人，但别指望别人马上改变。

★学会到现实中去找答案，如果觉得他人对自己品头论足，那就直接找他们问清楚；如果自己不断担忧，就去寻找事实信息来消除自己的焦虑。

不利的做法

下边的这些行为对1号的发展是不利的，应该避免：

★只是关注做应该做的事，忘记了自己内心真实的愿望。

★压抑自己的各种愿望，自身欲望找不到表达途径，不满情绪随之增强。

★察觉到了自己内心的怒火，但是不愿意发泄出去，压在心里。

★工作太多，没有时间去运动和休闲娱乐。

★担心事情办不好，于是过分注意细节和拖延时间。

★害怕出现差错而犹豫不决，不敢作出最后的决定。

★无法接受不同意见，认为不符合自己标准的就是错误。

★为了平衡内心对自身的批评，转而对他人进行抱怨。

★过于严厉、苛刻，总是一副批评人的面孔，不愿意表扬和鼓励。

★爱走极端，一旦发现错误，就要求全部返工，导致时间和资源的浪费。

★总是需要从周围的任何事中找出需要改进的地方，而对于正面的东西则毫不关心。

著名的 1 号性格者

包拯

宋朝官员，以断狱英明刚直著称于世。他执法铁面无私，不惧皇亲国戚，不顾个人生死，后人称他为"包青天"。

玛格丽特·撒切尔

英国历史上第一位女首相，她以意志刚强、作风果断、不屈不挠而获得"铁娘子"的称号。她以自己的行动不断实践着"永远坐在第一排"的人生追求。

查尔斯·狄更斯

英国小说家，出生于海军小职员家庭，他只上过几年学，全靠刻苦自学和艰辛劳动成为知名作家。

马丁·路德

德国神学家，欧洲宗教改革倡导者，新教路德宗创始人。

第二章
我是哪个层次的1号

1号发展的3种状态

1号完美主义者根据其现状去加以分析，可以将其划分为三种状态，三种状态的1号，其发展的程度不一样，分别为：健康状态，一般状态，不健康状态。

健康状态

处于健康状态的1号是内心平衡的人，他们常常能够将个人的信念和现实合理接轨，既能坚持自己的理想，又能和外界和谐相处。对应的是1号发展层级的第一、第二、第三层级。

他们常常有伟大的理想：他们心目中常常有一个美丽新世界，他们希望人类能够过上更加美好的生活。他们有眼光，他们对自己的理想有信仰，他们愿意为社会发展和进步尽一份自己的力。

他们常常是道德的表率：他们与人为善，追求个人的道德魅力，他们注重修养，能够不断自律，他们坚持公平公正的原则，愿意为了公众事业而自我牺牲，他们先天下之忧而忧，后天下之乐而乐。

他们常常有和现实协调的能力：他们是理想主义者，也是现实主义者，他们认识自己和他人的缺点，也了解其优点，他们不断给予别人合适的忠告，却从来不苛求他人立即改变，他们追求完美，却又容忍人性的不完美。

一般状态

处于一般状态的1号是一个内心充满不满的人，他们经常感觉自己的理想和现实不能够和谐共存。对应的是1号发展层级的第四、第五、第六层级。

他们要改变现实的不完美：在他们的眼里，现实太多不完美，他们看不下去，他们想要改变，他们要将一切恢复其正常状态，他们说："按我的标准来。"

他们要求别人和他一样：他们觉得这个世界上除了自己，没有第二个人会像他们那样尽心、尽性去遵循原则，他们强求别人，他们看不惯，他们苛求别人，他们不断纠正，他们不断评论，他们生气，他们对别人大声呵斥。

他们的理想和现实充满冲突：理想很崇高，现实很无奈。他们认为世界是二分的，非黑即白，非对即错，他们无法承认现有世界的合理性，一切处于冲突中。

不健康状态

处于不健康状态的 1 号是一个内心失衡的人，他们的理想极端化，他们的现实地狱化，他们陷于痛苦和破坏的冲动中。对应的是 1 号发展层级的第七、第八、第九层级。

他们的理想被扭曲：他们认为自己是真理的唯一拥有者，他们认为这个世界是要诅咒的，他们试图用自己一个人的愿望征服地球。

他们要报复别人的不合作：每个人都是那么不合作，为了证明自己的对，那么要把别人的一切都说成是错，为了实现自己的想法，发号施令，强迫别人，甚至做出极端行为，也可能陷入悲观，用自我毁灭来反抗这个世界。

理想和现实水火不容：理想已经成为一个发疯者的妄想，现实成为战场，不是现实毁灭重新建造，就是我从这个世界消失。

第一层级：睿智的现实主义者

第一层级的 1 号是个有智慧的人，他的智慧使得它能够追求理想，但依然被认为是一个现实主义者，现实与理想的完美对接，是一种高超的智慧。

他们不再苛求自己，他们认为自己没有必要完美无瑕，全然地接受自己，能够拥有一种对自己优点认同、对自己的缺点宽容的心态，不会为自己贴上高尚的标签，而是认识到：自己对自己的认可是智慧的开端，不再强求自己，自己反而发展得更加完善。

他们不再苛求他人，他人也拥有犯错的权利，给他人一个成长的空间，正如给自己一个成长的空间一样，而且他们逐渐认识到人类的智慧并非一个人所完全拥有，而是零零星星分散在人群之中，自己所认为的真理并非绝对真理，对别人观点的认同让自己拥有了更宽广的视野，也有了更高的智慧。

他们不再苛求现实，他们眼中的现实开始变得可爱，他们知道事情的发展有其应有的发展秩序，一切发展都在循序渐进、有条不紊地进行。而且，他们逐渐更加认可规则，他们更加认同事物运行的本来面目。

该层级类型是所有人格类型中最聪慧的，他们的聪慧在于其精准的判断力，他们能迅速判断现实的本来状态，也能判断出适应现实的最合适的应对方法，他们是睿智的现实主义者。

第二层级：理性的人

第二层级的1号是个讲求理性的人，在他的世界里，一切都可以客观去看待，这种理性让其可以为现实负责，能够在现实与理想达到比较平衡的状态。

虽然智慧比不上第一层级的1号，但是第二层级的1号依然拥有相当好的现实敏感度，能够分辨出现实的真实情况，也能够分辨出事物的价值大小、事情的轻重缓急。他们可以跳出生活的小圈子，站在高处看现实，他们眼中的世界很清晰，他们的行动很有力。

作为一个理性的人，他们同样具有良好的价值判断能力，他们在道德上具有较高的自我要求，愿意用道德限制自己的言行。他们对于自身的罪恶性保持十分的警惕，有时会为道德的不完美而黯然神伤。他们是愿意戴着道德的镣铐，跳出最优美动人的舞曲。

他们的内心相比比较平衡，因为客观的眼光，因为对道德准则的遵守，另外他们还因为在现实面前也已经作出自己的贡献，对于自己的责任，他们有理性的分析，他们知道自己应该做什么，不应该做什么，他们的行为不仅仅是为了自己，也是为了他人，他们是有责任心的人。

该层级类型的理性是很难得的，这样的理性使得很多的1号能够应对现实，而且保持内心的平和安宁。

第三层级：讲求原则的导师

处于第三层级的1号讲究原则，并把自己当做原则的遵循者，但是他却不会强迫别人，是言传身教的导师，他们信仰自己真理，相信真理的原则终究胜利。

他们在生活中常常重视真理、公平和正义，他们期待真理之光的降临。他们讨厌和痛恨生活中的不公正，试图改变现实中的各种不平等。他们坚持的不是冰冷的法则，他们的生活原则是爱和奉献，甚至愿意做真理的殉道者，只为人间多一份美丽。

他们的行动以原则为基础，不会以个人的简单愿望行事，他们客观而有远见，讲究个人纪律，不为现实的利益所动。他们为了原则可以牺牲个人的狭小利益，甚至不惜让自己处于危险的境地，认为对原则的坚守就是对这个世界所能作的最大贡献，原则的问题是个大问题，自己将终生为之奋斗不已。

他们对事情的认知常常会用自身的原则为标杆进行衡量，动力也在于实现原则，这是他们行动的原动力。他们认为自己的原则是正确的，在为原则而献身的过程中有信心。他们对外界宣扬自己的原则，他们希望大家明白，生活中如果没有原则，将是多么恐怖的事情。

该层级类型的 1 号依然是健康和有活力的，他们的行为总是能让世人感受到更多的理想之光，他们是讲求原则的导师。

第四层级：理想主义的改革者

处于第四层级的 1 号坚持自己的原则，有着坚定的理想并为之而努力。他们要改变这个世界，在各种事情上坚持较高标准，并且用它们来促使周围的世界向更好的方向发展。

他们常常会认为自己是高于他人的，因为自己的原则要高于别人。他们希望周围的人能够和他一样，大家共同为实现这一原则而努力。他们看不惯别人糊涂地过日子，看不惯别人面对事业的那种不严谨、不严肃态度，认为自己有责任教导他们，让他们能够有所改进。

他们虽然不会表现出十分强烈的态度去强迫他人，但也不能保持沉默。他们看到问题总是忍不住要提出来，要让别人知道：他们在偏离原则了。他们觉得在这个世界上自己的提醒是很有必要的。

他们希望生活能够不断前进，不能容忍自己在同一个水平线上徘徊，喜欢给自己设定目标。他们的生活缺少娱乐，即使在娱乐，也要把娱乐当做实现自己理想的一种手段，日常兴趣常常和事业联系在一起。

他们在现实面前也会觉得自己有时候缺少支持，觉得自己的想法和他人必须很好结合。他们想要改革，但是周围的世界似乎并没有意识到改革的必要性，但他们依然要坚持，是坚持理想的改革者。

第五层级：讲求秩序的人

处于第五层级的 1 号心中有规则，他们拿这些规则去衡量周围的一切事物，他们希望周围的一切都符合自己的规则，觉得这样的世界才是有秩序的，但是他们不自觉的是，有时候他们的规则已经是僵化的规矩。

他们严格控制自己的内心和行为，也试图去控制周围的世界。他们对周围的世界开始充满挑剔，喜欢提前设定一个行事的准则。他们买东西必须要按照清单，做事情必定要按照日程表，和别人约会一定要坚持时间的准确。他们的日程表上几乎都是工作，觉得生命是严肃的，人生不能放松和玩乐。

他们不断评判周围的世界，常常会指出别人的错误，常常会给出一个更好的做事方法。他们总是要让别人理解自己观点的合理之处，让别人认可自己的规则。

他们要求一切井井有条，事情的发展也有条不紊。他们常常会强迫自己去做事，即使他们的内心想着去玩乐或降低标准。他们不允许这个世界脱离控制，他们也会痛苦，但是常常忽略内心的挣扎，转而投身到秩序的建设中来。

秩序是美好的，即使是僵化的，那也是自己心中美丽的标准，该层次的1号是有点吹毛求疵，在现实中常常感觉到很多的压力。

第六层级：好评判的完美主义者

该层次的1号事事要求完美，他们充满对周围世界和自己的评判，认为只有完美才能让自己感受到安宁。

他们严格要求自己完美，要求自己做事情做到细节完美，不能出现任何差错，对自己犯错误充满愤怒。他们严格要求别人完美，常常主动告诉别人其做事的不完善，并且给其指出正确的方法。他们似乎总是在对别人敲敲打打，觉得别人懒惰而缺乏责任心，应该加以改正。

他们做事讲求细节，却不自觉地影响进度。他们事必躬亲，不放心让别人去做，对别人的批评常常引起他人反感，并且和他们针锋相对地抗争，别人常常不会觉得他们说的事情有什么不对，只是他们的态度实在难以接受。

他们难以倾听，不断发表高见，甚至是自己并不甚了解的事情，常常也会试图告诉别人正确的方法。他们的内心无法平静，常常会陷入走向两个极端的生活。他们可能会去放纵自己，会无休止地玩乐，会做一些自己一向不屑去做的事并且沉迷其中，但是他们抽身出来之时又会把自己严密地看护起来，他们有着完全不同的两个面目。

总之，在他们的心目中，一切都需要改变，完美的世界应该到来：我在为之受苦，凭什么其他人可以轻松？我要叫醒他们一起承担责任。

第七层级：褊狭的愤世嫉俗者

处于该层级的 1 号内心的标准已经绝对化，他们认为自己的标准才是唯一正确的标准，不愿意倾听也不愿意承认还有第二条标准。他们认为如果世界没有按照自己的标准，不是自己错了，而是这个世界出了问题。

他们变得愤世嫉俗，此时很少会批判自己，认为自己是绝对正确的。他们认为自己应该获得快乐，必须要把自己的怒火发泄，哪怕自己不完美，只要发现别人更大的不完美，自己就是完美。

他们虽然认为自己很有道理，握有绝对真理，但是常常也会让自己频频受伤。他们试图不去批判，试图用一些东西麻醉自己，可能求助于酗酒，也可能会去吸毒，但他们愤怒的火焰无法熄灭。他们会选择向外界发泄，而他们的发泄常常遭到别人的反对。他们也会受伤，受伤之后他们会更加麻醉自己，这样，他们就会不断陷入发泄、受伤然后麻醉自己的怪圈。

他们无法容忍别人持有和自己不同的观点，认为别人必须要按自己的想法去办才可以，不然这个世界就真的乱套了。他们甚至不惜采取一些极端措施要让对方接受自己的观点和做法，是褊狭的愤世嫉俗者。

第八层级：强迫性的伪君子

处于该层级的 1 号常陷入自己的妄想而无法自拔，强迫自己的意念，强迫自己的行为，他们强迫自己不采取行动，但又无法压抑内心的冲动。他们的标准自己无法达到，但又要要求他人，这时的他们是典型的伪君子。

他们的内心被自己的原始欲望所充满，思想中充满了扭曲的色情欲望，充满了扭曲的凶杀意念，充满了对生活的享乐欲念，充满了各种各样被压抑的阴暗情绪和欲望。他们被自己的欲望所控制，他们会去做，并且为之后悔，然后他们就不断惩罚自己。他们可以对别人大力宣扬性道德的纯真，但是却无法控制自己内心的渴求。他们会陷入为自己所谴责的性放纵之中，他们强迫自己不去做，却依然去做；他们惩罚自己，又不能控制自己；又去做，又惩罚自己。他们的原则和标准自己已经不能遵守，他们也不为大家所认可。

他们被自己内心压抑已久的情绪和欲望所控制，长期忽略自我正常的需要，他们很难再控制住自己的内心，已经是强迫性的伪君子。

第九层级：残酷的报复者

处于该层级的1号内心充满了惩罚的念头，完全丧失了自己的爱人之心，已经成为"行使正义的侠客"。他们行为的出发点不是为了自己的理想，纯粹就是要报复他人的不合作。

他们已经无法自控，看到别人不合作，就会怒火中烧，会千方百计证明自己的正确性，会千方百计证明别人的错误。他们会不但证明别人有错，而且要让犯错的人得到惩罚。

他们一旦证明了自己的正确性和高尚性，就会不择手段。他们认为只要自己做的是行使正义的事情，那么手段的道德或不道德，惩罚的力度大小都显得不那么重要了。而且他们常常不仅仅要惩罚那些明确指认的挑战规则的人，他怀疑的对象也要受到惩罚，只因为他不认为这些人是无辜的。

他们曾经害怕惩罚，曾经求助于完美来逃避惩罚，但是到了这个阶段他们却把惩罚当做了手段，成为了乱行权威的暴君。他们完全丧失了头脑的清晰，内心残酷，手段毒辣，是残酷的报复者。

第三章

与1号有效地交流

1号的沟通模式：应该与不应该

1号性格者追求的是心目中的理想和完美，因而在现实中他们常常不遗余力地强调某件事应该不应该做，应该怎么做或者不应该怎么做，这已经成为1号对外沟通的典型模式，这一点是我们应该认识到的。

他们经常会说一些这样的话："虽然我不是领导，但是看到你们不能遵守规则，我也很气愤，请按照规定来做，就这么简单，为什么你们就做不到呢？""开车一定要遵守交通规则，否则不但危险，还会造成交通堵塞，难道你们不知道吗？""你看你随随便便的，这样衣着不整，把自己搞得邋里邋遢的，怎么见人啊，怎么就那么随便呢？""你这个人总是不遵守规则，老是迟到，老是犯错误，而且同样的错误会犯好几次，这么简单的事情都做不好，还能做什么呢？"……

车尔尼雪夫斯基说："既然太阳上也有黑点，人世间的事情就更不可能没有缺陷。"1号性格者在沟通过程中常常过于关注黑点而忽略黑点周围的光芒，这样的沟通模式常常会让周围的人感觉到压力，甚至选择逃避和离开他们。

在一次生产会议中，一位1号副董事长提出一个非常尖锐的问题，质问公司内部一位管理生产过程的监督。

他的语调充满攻击的味道，而且明显地就是要指责那位监督的处置不当。为了不愿在他攻击的事上被羞辱，这位监督的回答含混不清，这更使得这位副董事长愤怒，严斥这位监督办事不力，满嘴谎言，完全忽略了这位监督之前优秀的工作成绩。

几个月后，这位监督选择了离开这家公司，为竞争对手的一家公司工作，他在那儿的表现也一如既往的优秀。

　　我们要清楚 1 号的沟通模式背后的特点，尽管他们常常提出很多的"应该"以及"不应该"，但是他们的怒气常常是针对某件具体的事情而言的，并没有完全否定另外一个人的味道，这样在受到 1 号挑剔的时候，我们就能够很好容忍和理解 1 号的过度挑剔了。

观察 1 号的谈话方式

　　1 号注重完美，关注自己心目中的标准和周围事物的差异，他们难以忍受周围的事物不在正常的轨道上边运行。一方面，他们的严谨和认真会让事物的运行朝着更加美好的方向发展，但另一方面，他们却也可能给周围的人带来很大的压力。

　　下面，我们就对其谈话方式进行一个简单的说明：

　　★1 号性格者的谈话常常是直来直去，不讲情面、不拐弯、一针见血，直接谈及问题核心。

　　★他们不幽默、不做作，不喜欢噱头，常常是实际问题导向。

　　★他们话语简洁而有力，言语当中，通常也是指令清晰、干脆利落，没有拖泥带水、模棱两可的词句。

　　★他们喜欢直接沟通，谈话方式沟通效率很高，这可以消除很多不必要的误会，也不用挖空心思去判断说话者的意思，不需要假设，不需要瞎猜，有疑问也可以直接求证。

　　★1 号谈话主题常常为做人做事，而且常用"对/错、应该/不应该、好/不好、必须/否则、一定要/不可以、肯定是/不可能、按照规矩/制度/规定/标准/规范/流程/原则"等词汇来表明做人做事的原则标准是什么。

　　总之，这样的谈话方式可以让人感受到 1 号严肃的人生态度，坚守原则和真理的美德，而且这样态度分明也可以让听话人清楚明白 1 号的直接意图是什么，但是这种方式如果过多，常常会让人觉得 1 号太刻板，而且好为人师的唠叨和讨厌也会让人抓狂，透露出来的强势态度也常常会引起一些矛盾和冲突。

读懂 1 号的身体语言

　　进化论奠基人达尔文说："面部与身体的富于表达力的动作，极有助于发挥语言的力量。"法国作家罗曼·罗兰也曾说过："面部表情是多少世纪以来培养成功的语言，是比嘴里讲的更复杂到千百倍的语言。"

当人们和1号性格者交往时，只要细心观察，就会发现1号性格者具有以下一些身体信号：

★1号性格者是追求完美和卓越的一个群体，1号的身体语言完全追求文明，他们男人是绅士，女人是淑女或贵妇人，他们的身体语言常常也会显出比较高雅和严肃的感觉。

★1号目光专注而坚定，一般先注视对方眼睛，然后打量全身，再回到眼睛上，他们给人一种似乎总是在挑毛病的凌厉感觉。

★生气时会脸色阴沉，沉默不语，给人以压迫和紧张的感觉。

★他们常常是硬挺的姿势，行走坐卧中规中矩，体态端正从不东倒西歪，而且可以长久保持同一姿势不变。

★他们的面部表情变化也比较少，他们时常严肃，他们笑容不多，而且常常只是微笑。

★他们认为手足乱舞、眉飞色舞是无礼和粗鲁的表现，是完美的自己所不应该表现出来的。

★1号性格者不仅对自己的身体姿势等各方面要求比较严格，有时候他们也会不习惯别人丰富多变的身体语言，觉得有失礼教，如果和他们交往的时候手舞足蹈，他们会心里很不舒服，觉得自己面对的是一个素质不是那么高而且态度也过于随意的人。

★着装整洁得体，男性干净利落，女性端庄严整。

通过1号的身体语言我们可以更多了解其追求完美的本性，也提醒我们和他们交往的时候，避免身体语言过于丰富，这样才能更好地和他们进行沟通，我们应该知道他们的原则：绅士的交往者应该是绅士，淑女的同伴也应该是淑女。

1号是讲目标、原则的人

就整体而言，1号是讲目标的人。1号是有着理想主义气质的人，他们的心目中常常有一个接着一个永远不能止步的目标，他们为之而努力，为之而奋斗，为之而殚精竭虑，有着不达目的决不罢休的坚韧意志。

"我对自己的人生有着明确的规划，五年以后、十年以后会是什么样，我早已经规划到位，我知道我的将来尽在我的掌控之中，我不允许自己碌碌无为和荒唐度日，我知道人生的目的不能仅仅看到眼前的一步，应该心存一个长远的计划。我的事业也不会仅仅局限于一个小城市，我们公司的产品应该在国际上享有盛誉，作为一个公司的拥有者，我知道我的目标是做一个世界级的大企业，我每想起我的伟大愿景，总是感到心潮澎湃，我知道只要我一步步去走，这个目标一定会实现。"

1号是一个有原则的人，1号不仅关注做什么，还关注怎么做，1号的心理世界里常常悬挂着一架道德和真理的天平，不偏不倚，恪守原则，说他们是真理的卫道士一点也不为过。

"我的人生世界里有过很多事情发生，但是我可以说我做的每一件事情都是恪守我的良心和准则，尽管我因此而得罪过不少人，也因此而吃过苦，可是我知道，真理站在我的身边，道德的准则和天地良心站在我的身边，我不后悔自己做过的事。如果人生可以重新来过，我希望自己的人生依然如此度过，我认为，原则要高于一切，甚至是生命。"

因为1号是讲目标、讲原则的人，所以当和1号进行交流时，一定要注意的是不能拿他们的目标和原则开玩笑，他们会因此和你划清界限，我们应该尊重他们的目标和原则，甚至是赞赏他们在生活中的高标准，这样你也才能更好地和他们进行有效的交流。

和1号交谈，要重理性分析

1号重视原则和真理，他们对于事物的看法常常是出于理性而不是感性，他们对于说话的对象欣赏的品质常常是理性。因此和1号进行沟通的时候，一定要重视理性分析，而不要和他们云里雾里地谈你的人生感受，或者逻辑混乱地去谈论某件事情，如果你这样去做的话，常常让他们感到厌烦，你们的沟通也不会愉快。

"我看待问题时，常常会以是否合理为角度去进行分析，对于虚假的想象之类的感觉，我觉得很模糊很难以接受，我喜欢别人和我说话时能提供数据，更提供一手的调查资料，而不是不了解情况就开始对我喋喋不休地讲解自己的个人见解，'没有调查，就没有发言权'，这是一条基本的准则，逻辑性也很重要，如果一个人的讲话没有逻辑性，你能够想象他对某个问题有多么深刻的认识吗？我认为一切事情就像科学试验一样，没有数据，没有理性的约束，那么这件事情的成功可能性也就微乎其微了。"

1号对人的信任可以分为三个层次：第一个层次是认知信任——它直接基于事实和逻辑思考而形成，而这种强调事实和逻辑的沟通手段正好满足了1

号重理性、重分析的个性；第二个层次是情感信任——在和你交往过后，感觉你提供的信息和事实符合他的要求，便可能形成对你在感情上的信赖；第三个层次是行为信任——只有对你提供的信息以及做事说话的行为风格认同后，行为信任才会形成，其表现是长期关系的维持和重复性交往的产生。

所以如果想赢得1号的信任必须注重理性分析，而不能一味强调感性感觉，在此基础上才能获得他的肯定、认同和信赖。

尽量别和1号争辩

1号常常是固守在自己思想的围城当中，一旦他们认定了一件事情，常常会划定一些原则和方法，划定一些所谓的标准流程和核心价值观，他们的心目中，这些东西是完全正确的，是不容置疑的，他们一旦认定，就像虔诚的教徒一样，认为这个世界上只有一位所谓的真神，除此以外，其他的一切都是虚假的偶像。

这样的时候，追求完美和原则的1号似乎开始不理智起来，似乎拥有的是绝对的感性，对于与自己不同的观点，他们的耳朵像躲在密不透风的墙壁后边，不管你说什么，他们都坚持认为自己的决定是最正确的选择。

所以当我们在意见上和1号有分歧时，最好不要针尖对麦芒地和他们争辩，因为1号从来都对自己的观点有着盲目且绝对的自信。

所以当我们对的时候，我们就要试着温和地、有技巧地引导1号赞同我们的看法；而同时当我们错了事，我们也要对自己及他人诚实，因为每个人都会犯错，我们需要对1号坦然地承认错误，这会比辩解更容易赢得1号的信任。

一位经理一时疏忽给一位因病请假的员工付了全额的薪水，他发现错误后，急忙通知那位员工，并向他说明必须从下次的薪水中扣除。那位员工要求他不要这么做，因为那会使他的经济发生困难。员工要求是否可以过一段时期再扣除，经理表示必须得到他的1号老板的同意。

他知道老板肯定会很生气也不会同意，为了解决这个困境，他思考了很久，并且体认到错误的确因自己而起，于是决定先向老板认错再说。他进到老板的办公室，告诉老板自己犯了过错，导致了较严重的后果，然后把原委详细地向老板报告。谁知道老板说那是人事部门的错。他向老板解释说真的是自己的错，没想到老板又说那一定是会计部门的错。他又向老板解释那是自己的错，老板又指责说责任在办公室另两名职员。但每一次，他都不厌其烦地向老板重复说明那是自己的错。最后，老板望着他说道："好吧，就算是你的错。你把它改正过来吧！"

事情就这样解决了，没有人因此而惹麻烦，他也觉得轻松无比。面对一个紧张的状况，他没有找借口，不去和1号老板争辩，而且自从这件事发生过后，老板对他也比以前更加信任了。

了解了1号的特点，我们就可以避免和他有正面冲突，通过巧妙的示弱的方法，你能更多更好地赢得1号的信赖，上边例子中的经理就证实了这一点。

批评1号前，先批评自己

1号常常会坚持自己的固有想法而不愿低头，很多时候，他们宁愿为一个错误的原则去死，也不愿意选择主动放弃自己的原则，你可以说他们是死要面子活受罪，你也可以说他们是虚假自尊的牺牲品，但他们个性常常如此，作为生活中的第一名，怎么能够承认自己比其他任何人差呢？

心理学家汉斯·希尔说："更多的证据显示，我们都害怕受人指责。"因批评而引起的羞愤，常常使雇员、亲人和朋友的情绪大为低落，并且对应该矫正的事实状况一点也没有好处。对于对批评尤其敏感的1号群体，我们更是应该避免对其直接加以指责。

考虑到1号喜欢坚持自我成见的特点，和其沟通时我们一定要懂得主动示弱，即使是1号错了，在批评他们之前，一定要懂得先批评自己，这样1号常常会感觉到自己的面子得到满足，即使嘴上不说，也会向你表示自己也有缺点。

有一位安全检查员，检查工地上的工人有没有戴上安全帽是其职责之一。每当发现工人在工作时不戴安全帽，他便用职位上的权威要求工人改正，其结果是：受指正的工人常显得不悦，而且等他一离开，便又常常把帽子拿掉。

后来他决定改变方式。第二回他看见有工人不戴安全帽时，便问是否帽子戴起来不舒服，或是帽子尺寸不合适，并且用愉快的声调提醒工人戴安全帽的重要性，然后要求他们在工作时最好戴上。这样的效果果然比以前好得多，也没有工人显得不高兴了。

有位智者说："批评就像家鸽，最后总会飞回家里。"每当我们想指责或纠正他人时，他们总会为自己辩解，甚至反过来攻击我们，批评别人之前先进行自我批评，这是一条普遍的人际沟通法则，对人类普遍有效，不过对于1

号来说尤其有效。

别揪住细节不放

1号是靠判断性思维跟外界沟通的，他们关注细节，能迅速地注意到事情的方方面面，并且以极快的速度找出其中的"不对劲"，一旦他们发现瑕疵，一定会给出修改意见。因为他们不能容忍事情的不完美。在人际交往中，1号常给人爱挑毛病的印象。

但是我们在和1号交往时，却不能像他们那样计较，抓住细节不放，而应坚持抓大放小的原则。因为1号的特点是追求完美的理想和原则，他们会常常显得有些唠叨，有些好为人师，有些鸡蛋里挑骨头，有些让人头大和无奈，但是我们应该看到在这些小细节的背后，他们的目的是为了获得更加完美的结果，为了更高的价值准则，我们甚至应该因为有他们的存在而庆幸，并赞赏他们的高标准和高品位。

"我是一家外资公司的经理，我下边有一个员工经常给我提很多苛刻的意见，我经常很窘迫，但是我却不能够指责他什么，因为我无法指出他有什么错误，他列举的是事实，他论证的逻辑无懈可击，他的意见似乎很挑剔，却总是又能让我无话可说。他的意见一个接一个，而且建议一个接一个，有些明显不符合公司目前的现实，我为此一直很苦恼，因为觉得这个员工是个不听话的员工，后来我越发感觉到在这样的一个公司里，有一些这样的员工是很宝贵的，他们总能提出一些高于目前管理和技术水平的建议，让我也更多认识到很多公司内部的提升空间，我开始不再关注他对我的似乎无理和挑剔，我甚至会经常主动去询问他的看法，部门的效益因为这个员工的存在我认为才会发展得比我想象和期待的更好。"

欣赏1号的不完美，别抓着小细节不放，这样你才能更多地去认识1号的价值，有1号的存在，你的生活永远会充满一些不自在，你总需要更加努力，但是不自觉地你的各方面在其狂轰滥炸下也会有一个质的提升。运动员要感谢汗水，我们面对1号时也要忘记不爽的小细节，因为有他们，你的进步不知道会有多快，让我们去欣赏他们的苛刻吧。

第三篇

2号给予型:施比受更有福

2号宣言:如果我不能帮助别人,我的生活就没有意义。

2号给予者心中充满了爱,他们渴望给予爱,也渴望得到爱。他们倾向于把世界看做一个需要帮助的人的综合,而他们又能够十分敏捷地判断出别人的需要,并调动自己的感情去适应他人,即便因此而放弃自己的需要也在所不惜,但他们更希望自己为别人所做的一切都受到感激,使自己获得爱。

自测：你是习惯给予的2号人格吗

请认真阅读下面20个小题，并评估与自身的情况是否一致，如果某一选项和你的情况一致，那么请在该选项上画钩标记：

1. 我善解人意，有同理心，热情地满足他人需要而又希望不被察觉。

□我很少这样□我有时这样□我常常这样

2. 我很难拒绝有求于我的人，即使抽不出时间，也会牺牲自己成全他人。

□我很少这样□我有时这样□我常常这样

3. 我很希望被他人接受，并获得他人的认同和重视。

□我很少这样□我有时这样□我常常这样

4. 为了保持良好的人际关系，我会不惜牺牲自我，改变自己去帮助他人。

□我很少这样□我有时这样□我常常这样

5. 我对他人的需要很敏锐，通常不需要对方讲出口我便能知道。

□我很少这样□我有时这样□我常常这样

6. 我喜欢学习一些能够帮助他人的东西。

□我很少这样□我有时这样□我常常这样

7. 我喜欢有很多的朋友，并乐于倾听他们的事情。

□我很少这样□我有时这样□我常常这样

8. 我最大的问题是常以他人的需要为首，而忘了自己真正的需要。

□我很少这样□我有时这样□我常常这样

9. 当我爱上一个人的时候，我会想尽办法为他/她做很多很多事情，直到令对方感动。

□我很少这样□我有时这样□我常常这样

10. 我对人热情、友善，有爱心和有耐心。

□我很少这样□我有时这样□我常常这样

11. 我会称赞别人并让他们知道他们对我而言有特殊的意义。

□我很少这样□我有时这样□我常常这样

12. 我不会直接对某人表达不满的情绪，但我可能会向他人抱怨。

□我很少这样□我有时这样□我常常这样

13. 我有时会有强烈的寂寞感。

□我很少这样□我有时这样□我常常这样

14. 通常我会知道别人的需要与感受。

□我很少这样□我有时这样□我常常这样

15. 我会尝试隐藏我的悲伤和需要。

□我很少这样□我有时这样□我常常这样

16. 我很重视人际关系，因为从别人的关心中我能得到自我意识。

□我很少这样□我有时这样□我常常这样

17. 我喜欢谈论我的感情，并懂得如何令人喜欢我。

□我很少这样□我有时这样□我常常这样

18. 我会借着对别人的付出来表现自己。

□我很少这样□我有时这样□我常常这样

19. 我会掩饰或不去碰触我的焦虑。

□我很少这样□我有时这样□我常常这样

20. 我是一个关怀他人、乐于助人、慷慨的人。

□我很少这样□我有时这样□我常常这样

评分标准：

我很少这样——0分；我有时这样——1分；我常常这样——2分。

测试结果：

8分以下：助人倾向不明显，不太关注他人的感受。

8~10分：稍有助人倾向，会看人眼色，有一定的情绪感知能力。

10~12分：比较典型的2号人格，会做各种事情去讨人喜欢。

12分以上：典型的2号人格，非常热心，甚至会以别人的意志作为自己行动的导向。

2 号性格的特征

在九型人格中，2 号是典型的助人为乐者，他们时刻关注他人的感受及情绪变化，习惯主动采取行动帮助、关爱他人，以满足他人内心需求；也会应他人要求改变自己的言谈举止，以迁就对方。也就是说，在 2 号的眼里，他人的需求比自己的需求更重要，为了满足他人的需求，他们能够牺牲自己的一切。这种极端的利他主义者其实潜藏着极端的利己主义，2 号是想通过帮助他人的方式来掌控他人，以换取他人的认同，因此，一旦 2 号的帮助被拒绝，他们就会觉得自己不被认同，从而认为自己没有存在价值，总是痛苦万分。

2 号的主要特征如下：

★ 外向、热情、友善、快乐、充满活力。

★ 有爱心，有耐心，喜欢结交朋友，并且乐于倾听朋友的心声。

★ 感受能力特别强，敏感而细心，能够在一瞬间看透别人的需要。

★ 对他人关怀备至，懂得赞赏别人，体谅别人。

★ 懂得如何令人喜欢自己，很容易讨人欢心。

★ 争取得到他人的支持，避免被他人反对。

★ 重视人情世故，懂得礼尚往来。

★ 重视人际关系，如果遭遇人际冲突或被批评会感到不安。

★ 爱打听别人私事，常常不自觉地侵犯他人隐私。

★ 对自己能满足他人的需要而感到骄傲，从而认为自己是一个重要的人。

★ 常常为了满足不同人的需求而扮演不同的角色，容易使自己困惑："哪一个才是真正的我？"

★ 常常忽视自己的需求，不清楚自己真正想要的是什么。

★ 朋友很多，人缘很好，但常常忽视家庭生活。

★ 对"成功的男人"或"出色的女人"十分依恋。

★ 渴望获得自由，但到自己被他人的需求所束缚，却又难以摆脱。

★ 看淡权力和金钱。

★ 认为自己很有魅力，很性感。

2 号性格的基本分支

2 号过于关注他人的需求，而忽视自己的需求，当他们想要关注自己需求的时候，常常产生困惑，看不清自己的需求。这时，他们就想要将自己投放到他人身上的注意力收回来，转移到自己的内心中来。然而，根深蒂固的付出性格阻碍了他们追求自由的行动，于是他们的内心就处于矛盾之中：到底该满足自己的需求还是满足他人的需求？这种矛盾心理往往突出表现在他们的情爱关系、人际关系、自我保护的方式上。

情爱关系：诱惑、进攻

2号希望获得他人的认可，他们首先要吸引他人的注意力，因此他们会以满足他人需求的方式去诱惑他人认同自己。而说到2号的进攻性，这主要表现在他们常常不顾对方愿意与否，主动为他人提供帮助，或是克服种种关系中的困难，努力争取接触机会。

"如果我爱上一个人，我会首先打听他/她心目中理想爱人是什么样子，我会努力将自己变成他/她喜欢的样子，他/她喜欢清纯我就清纯，他/她喜欢性感我就性感……接下来，我会不惜一切代价制造和他/她接触的机会，比如和他/她坐同一趟公交车，住同一个小区，参加同一个聚会……我相信，只要努力，他/她一定会被我感动，接受我的告白。"

人际关系：野心勃勃

2号喜欢与强势人物交往，他们总是为"成功的男人"或"出色的女人"所倾倒，并希望通过帮助这些强势的人物来获得强权的保护，以提升自己的社会地位。

"我是一个销售员，我很喜欢参加商务会议，因为这有利于扩展我的商业人脉，而且我十分擅长接近那些位高权重的商业成功人士，我总能让他们迅速喜欢上我。自然，这些人中的大多数后来都成了我的客户，为我带来不小的收获。"

自我保护：自我优先

尽管2号常常以他人的需求为先，但那是建立在从高而下的施与角度上来看。也就是说，2号在帮助他人时往往是把自己定位在一个比他人高的位置。因此，当2号的需求与他人的需求冲突时，他们就不再有什么"绅士风度"，而是拥有极强的自我优先感。

"每到周末去大型平价超市购物，都让我十分痛苦。超市里的人实在太多了，常常使摆放商品的通道里拥挤不堪，而且嘈杂不堪，难以使人静下心来挑选东西。而且，到了结账的时候，每个收银台前都排起了长长的'人龙'，往往要等上半个小时甚至一个小时多，有时候我真恨不得自己成为电影中的超能力者：手臂一挥，就能把前面的人龙扫开，那我就可以直接结账了。"

2号性格的闪光点

九型人格认为，2号性格的人有着许多的闪光点，下面我们就来具体介绍：

富于爱心和奉献精神

2号性格者往往内心充满了爱，无时无刻不想给把自己的爱无条件地奉献给别人，尤其能对社会上的弱势群体给予强烈的同情并支持他们，肯发挥完全奉献精神以及付出劳力。

站在他人立场看问题

2号很容易接受别人，十分敏感周围的气氛，能站在别人的立场去看、去想、去听，具备了和别人一起承受苦痛的能力，对他人付出爱、关心和赞美。

及时洞察他人的需求

2号往往具有较强的识人能力，因而他们拥有直接进入他人内心世界的本领，故很容易感受到别人的需要，几乎不用别人开口，他们便可以感受到对方的心声。

善于倾听他人的心声

2号不仅能拥有极强的识人能力，更重要的是他们懂得倾听别人的心声，因而能更好地理解他人的需求，找到问题的症结所在，使问题更容易解决。

成就他人

2号因为具有极强的识人能力，因此他们的目光非常敏锐，能够洞悉他人至高的潜力并给予支持，并常常集中精力，制定相关目标和策略，帮助他人获得成功，但他们并不以此为炫耀的资本。

十分重感情

2号十分重感情，平时待人和蔼可亲，他们看重人的情感，容易动感情，也容易为感情所动。2号的领导者也善于从感情入手，动之以情、晓之以理，以此取得与下属之间的情感联系和思想沟通，满足下属的心理需求，从而形成和谐融洽的工作环境。

以人为本

2号在与人相处时往往注重"人"的愉悦，推崇以"人"为中心，对他们而言，每一件事情都是人的事情。在他们的眼中，没有所谓的事业，只有人。他们非常重视他人的满意度。

容易赢取人心

2号非常重视人际关系，他们拥有很强的适应能力和社交力，他们能够适应各种各样的环境，能够与各种人打交道，是出色的交际家。他们认为，任何人都是可以征服的，只要找到正确的方式，并加以适当的关注。

擅长营造关爱的氛围

在一个团队中，2号最擅长营造关爱的氛围，他们会运用自己的热情和个人魅力来打造一个特别融洽并充满关爱的企业氛围，有很多关心他人的行为，以此来获得他人的尊敬和认同。

权力追随者

2号内心深处潜藏着极强的控制欲，因此他们最希望结交权贵人士，而且他们非常善于发现环境中潜在的胜利者，并能够让自己占据恰当的位置，成为领导者在制定策略和行动中的助手。通过维护权威，2号不但确保自己的未来，也获得了他们想要的爱。

幕后的支持者

与其他野心家不同的是，2号追求权力并不谋求个人的经济得失，而是为了满足他们内心想得到别人尊重的需要。也就是说，即便他们拥有领导者的才能，也不愿意当"老大"，而倾向于扮演"老二"的角色，因为这个位置让他们更有安全感。

2号性格的局限点

九型人格认为，2号性格不仅有许多闪光点，也有许多局限点：

容易忽视自己的需求

2号在忙着满足他人需求的同时，常常忙得忘记了自己的需求，因此他们自己的时间和资源总是会严重透支。

期望对方的回应

2号帮助别人时，不一定要求对方有所回报，但一定得有所回应，从精神上认同2号的行为是伟大的。如果对方无视2号的付出，2号会很沮丧；同时他们又会加大这种投入，以期待更多人的回应。

迎合他人而失去自我

2号希望每一个人都能喜欢自己，因此他们会根据不同的对象来演绎出不同的自我，结果最后他们自己也弄不清自己的本来面目。

惯于恭维和谄媚

要想取得他人的好感，赞美他人是最佳的方式。2号就是一个擅长赞美他人的人，他们无论在任何场合、对任何人都可以把赞美挂在口头的表现却会让人认为他们不诚实、圆滑、过度恭维和谄媚。有些特别对"高帽"敏感的严肃主义者，更会对他们流露不屑的神色。

以有无"价值"区分人

2号崇拜有权力的人，认为顺从权力者，能够相应地提高自己。因此，在人际交往时，他们常常会以有无交往价值来看待对方，对于"有价值"的人，他们会施展自己的能力，巧妙地利用，对于无价值的人，则鲜于关注。

用爱来控制他人

在许多人眼里，2号心中充满大爱，他们不求物质回报，总是毫无保留地给予别人帮助，他们简直就是生活中的活雷锋。但如果你因此认为2号是完全不图回报的人，那就错了，2号其实是在遵循"先付出后收获"的原则，希冀用爱来束缚你，使你自觉地知恩图报，满足他们的需求。

过于注重人际关系

2号擅长人际关系，他们为了和他人保持良好的关系，即使自我牺牲也在所不惜。这种"对人不对事"的生活方式常常使得公平公正的环境被破坏，容易阻碍他人的发展，也对自己的发展十分不利。

为他人花去大量时间

2号每天都忙着帮助他人，将自己的大部分时间都花在他人的身上，因此他们花在自己身上的时间很少，他们也就不能去思考自己和自己的事，从而难以真正认识自己，很大程度上阻碍了自身的发展。

忽略家庭生活

2号将太多的时间花在了他人身上，因此也就容易忽视了自己及身边的人，忽略了自己在家庭中应尽的责任，容易激发或恶化家庭内部矛盾，不利于家庭的和睦。

2号的高层心境：自由

2号性格者的高层心境是自由，处于此种心境中的2号性格者对自己有了更深的认识和了解。

2号喜欢帮助别人，因此他们大部分时间都把注意力放在他人的身上，很少将注意力放在自己身上，因此，如果2号开始把注意力转移到自身，往往会让自己产生焦虑感。虽然这种注意力转移能够让他们发现自己的真正需求，但这还是有违于他们的习惯，让他们无法获得情感上的安全感。这是因为2号害怕内心中并不存在真正的自我，可能身体的中心不过是一个空洞，并不存在任何自我，因此对于2号来说，将注意力转移到自身，并不是一件多快乐的事情，反而可能让他们觉得痛苦。

究其原因，2号这样用他人的需求束缚自己，是因为他们并非真正的无私奉献，在他们积极热情的付出背后，是渴望认同、渴望回报的本质。正是因为这种回报，让他们产生了依赖感；而这种依赖感，让他们失去了感觉的自由。当他们必须单独行动时，他们就没有了依赖，他们会变得焦虑不安，尤其是这种行动很可能有违他们喜欢的人的心愿时，2号总是害怕因为违背对方的心愿，而永远失去对方的爱。也就是说，他们害怕没有回报，所以不能停止付出。

然而，一旦2号独处的时候，他们就不得不将注意力转移到自己的内心，更容易发现自己的需求，从而满足自己的需求。这时候，他们往往能充分感受到自由的快乐，这也就是2号的高层心境。

当2号达到这种高层心境时，他们就具备了两种能力：当2号一个人的时候，他们非常清楚自己想要什么，但是当2号和他人相处的时候，他们依然会以别人的需求为先，忘我地帮助他人，全心全意地满足别人的需求。

2号的高层德行：谦卑

2号性格者的高层德行是谦卑，拥有此种德行的2号可以接受他人的拒绝，放下强烈的掌控欲望，从而使自己的情绪达到和谐的状态。

一般来说，2号满足他人需求的服务者形象看似是一种谦卑，其实更多是一种意图操控他人的野心，他们在内心里渴望他人的感恩，渴望他人的回报，更渴望他人对自己的认同。如果2号帮助他人的愿望被践踏，被他人拒绝，2号就会陷入焦躁的情绪之中，就会由一个谦谦君子变为愤怒的暴徒，对拒绝者百般刁难，以显示"你离了我就什么事都干不成"的高姿态，慢慢地强迫对方重新接受自己的帮助。

由此看来，一般的2号并非大公无私的圣人，反而像一个侵略者，以一种柔情的方式来攻陷他人的心灵，从而达到掌控他人的目的。从这一点来说，2号是看似柔情实为霸道的自私主义者。

一般的2号并没能真正领悟谦卑的意义，而错将自我牺牲当做了谦卑。自我牺牲往往会成为掩盖个人无意识行为的面具，用来控制他人，并获得他人的依赖。而真正谦卑的人，他们更多是从自己内心真正需要的认识上出发，它是一种自然的倾向，不求多，也不求少，只求恰当。也就是说，真正谦卑的2号可能并不知道他们能够给予正常的帮助，也不知道他们的帮助将会受到感激，而且并不期望得到他人的回报，他们才是真正的给予者。举个形象的例子来说，谦卑就好像一丝不挂地站在镜子前面，并满意于镜子中的影像，既不会骄傲地夸大自己，也不会沮丧地不接受现实。同样的道理，个人应该客观看待并欣然接受与他人的关系，不要习惯性地控制他人，或者一定要把自己摆在重要的位置上。也就是说，2号只有看清楚自己的真实需要，才更有可能为他人提供恰如其分的帮助。

因此，2号要达到高层德行——谦卑，就要学会自我观察，以区分两种感觉：一种是自身通过帮助他人而产生的客观反映，一种是在付出即收获的思想控制下所产生的感觉。

2号的注意力

2号性格者的注意力常常围绕在那些他们认为值得关注的重要人物身上，因为他们希望自己能引起对方的注意，赢得对方的关爱。

从表面上看，2号会关注他人所关注的。他们会注意到什么话题让对方露出笑容，什么话题让对方皱起眉头，然后尽量选择对方感兴趣的话题以示讨好。但是从内在来看，2号往往会在没有获得任何外在线索的情况下，就主动改变自己的形象。当他们的注意力被吸引时，他们就会想象对方的内心愿望，并根据这种愿望来打造自己，让自己变成对方心中理想的原型。

2号性格者的注意力总是放在他人的需要上，他们忽视了自身的需要。从心理学的观点来看，他们是在通过帮助他人去实现一种他们自己可以接受的生活，让内心被压抑的需求得到满足。心理治疗可以帮助2号发现他们自己的需求，让他们找到一个稳定的自我，不再根据他人的需要而改变。

在注意力练习中，2号可以尝试把注意力放在与自身相关的某个方面。通过训练，他们能够发现坚持自己的感觉与关注他人感觉是不同的。

2号的直觉类型

每个人的直觉都来源于他们关注的东西，因此2号的直觉来源于他们对于他人需求的密切关注，因此他们往往能够理解他人最深层的感受，并及时给予认同，也就容易获得他人的好感。

早在2号孩童时代，他们这种敏锐的直觉能力就有所体现，他们因为讨人喜欢而受到欢迎。在成人之后，他们依然能够敏锐捕捉他人的需求。九型人格认为，每个人格类型的直觉都产生于童年时代的生存方式。也就是说，2号性格者这种感知他人内心愿望的直觉，也正是来自童年时代对爱和认同的渴望。

"我的父母并不只有我一个孩子，我上面有一个哥哥，下面有一个妹妹，我是处于中间的一个。哥哥是长子，因此备受父母器重，妹妹是最小的孩子，因此得到父母百般的宠爱，而身居中间的我，则常常被父母所忽视。因此，我自小就懂得察言观色，看清父母的需求，并尽自己的力量给予满足，这样就能充分引起他们对我的关注。总之，我总能轻易地看透父母的想法，比如，他们希望孩子们学习成绩优秀，我就努力学习，每次都考全班第一；他们希望孩子们身体健康少生病，我就坚持每天跑步上学，几年里连次小感冒都没得过；我还帮助父母做家务，洗菜、做饭、拖地……渐渐地，我成为父母心目中的骄傲，我提出的要求他们也都会一一满足。

"我将这种吸引父母的方法用到我的学校生活中，发现同样好用，老师和同学们都很喜欢我。长大后，我在工作中更是擅长此道，总是能轻松看透领导和客户的需求，投其所好，为自己带来了巨大的收益。"

当然，只有2号性格者才能分辨出他们对于他人需求的这种敏锐感知到底是一种人的本能使然，还是后天环境迫使他们换位思考得来的感觉，又或者是他们凭空猜想而已，外人是难以了解其中的奥秘的。

2号发出的4种信号

2号性格者常常以自己独有的特点向周围世界辐射自己的信号，通过这些信号我们可以更好地去了解2号性格者的特点，这些信号有以下四种：

积极的信号

当你和2号相处时，2号会努力让你觉得你是特别的，因此你值得他们花精力、花时间，你的需求会很快得到满足：他们帮你联系你想找的人，帮你达到你想要的目标，帮你争取你希冀的利益。总之，在2号这种全方位的周到呵护下，你感觉自己突然从丑小鸭变成了白雪公主，顿时自觉矜贵了起来，对未来充满了信心。

消极的信号

当你享受着2号给你的服务和帮助时，你渐渐会发现，2号对你有着极强的依赖性。他们一刻也不让你离开他们的视线，每时每刻都在按他们自己的标准为你提供服务，而不管你需要不需要。而且，他们希望你能欢欣鼓舞地接受他们的服务，并给予高度的认同和赞美。也就是说，当你享受2号的服务，就意味着你愿意接受他们对你生活的安排，从此你将失去自己的决定力，渐渐就变成了一个被2号操纵的木偶，丧失了自我。

混合的信号

当你的利益和2号的利益发生冲突，2号往往不会发出明确的反馈信息，而是会发出混合信息。也就是说，2号不会为了利益直接跟你撒谎，但他们会精心设计和你的交流过程，将你渐渐引导至偏离的方向，让你脱离利益中心，渐渐让你处于完全的无知状态。久而久之，你从局内人变成了局外人，丧失了这场利益之争的主动权，也就丧失了胜利。

内在的信号

2号看似做着一个甘于服务众人的谦卑者，实则不然，他们内心无时无刻不为自己骄傲，不过他们总是将这骄傲巧妙地掩藏起来，因此许多人才会觉得：2号多么谦卑啊！而且，许多2号自己也没有意识到自己的骄傲。

那些和2号相处过的人们会告诉我们：2号确实是每天都忙着为我们提供服务，但是他们提供服务的出发点在于他们自己，他们只是按他们的想法来设定我们的需求，并满足这些他们认可的需求，而从来不管我们需要不需要。如果我们拒绝他们的服务，他们就会感到难堪，就会觉得我们是"狗咬吕洞宾，不识好人心"，甚至可能对我们发脾气。

究其原因，是2号内心深处的骄傲情绪作祟，如果2号能够更多地关注自己的内心，无论是主观上还是客观上来看，都能有效降低2号内心的骄傲情绪，增添多一点谦卑的情绪。

2号在安全和压力下的反应

为了顺应成长环境、社会文化等因素，2号性格者在安全状态或压力状态的情况下，有可能出现一些可以预测的不同表现：

安全状态

当2号有一份稳定的工作，有一个美满的家庭，有较高的社会地位后，2号就会放松下来，不再时时刻刻都需要他人的认同和赞美。这时，他们就会逐渐改变时时刻刻为他人着想的态度，不再为了他人需求而勇于牺牲自己，而是变得十分有原则，不会有丝毫奴颜谄媚的谦卑态度。

在这样的环境里，2号感到安全，因此他们更多地把注意力转移到自己的需求上，更多地为自身的发展考虑，因此他们的性格特征开始向4号转移，开始渴望塑造一个特立独行的自己。因此，2号开始思考：

"我自己喜欢的是什么，不喜欢的又是什么？"

"当我一个人时，我最感兴趣的是什么？"

"抛开那些为了获得他人认可而产生的改变，我的真实感受是什么？"

在安全状态下，2号为了寻找到自己的本体，他们开始和自己建立关系，和自己的潜能做朋友，并学会了鼓励自己，就像他们总是鼓励他人一样。而且，一个处于安全状态的2号知道他人的感觉，而且可以清楚自如地把自己的感觉和他人的感觉区分开来。

此外，安全状态下的2号不仅倾向于4号的特立独行，也感染了4号的悲观情绪，因此当他们在寻找自我的过程中遇到阻碍时，常常感到沮丧，怀疑自己的存在价值。而顺着他们的悲伤情绪，2号往往能发现自己被压抑的需求，发现自己生活中的缺失，而按照2号的方式，一旦发现需求，就会想办法给予满足。因此，安全状态下的2号最大的幸福就是自给自足。

压力状态

2号注重人际关系，因此，人际关系往往是2号最大的压力所在。当2号感觉他人不需要他们、他们的付出不被理解、对自己的需要感到疑惑、为人际关系投入太多而产生情绪波动时，就会感到一种压力。

而一旦2号感到压力，他们就会本能地保护自己。而他们保护自己的方式往往是：尽心尽力地满足对方的需求，压抑自己的需求，希望以此来维系双方的关系，但是结果往往适得其反，他们会觉得压力越来越重。如果这种压力继续，一向爱与他人接触的2号会转而采取8号性格者的立场，开始反对他人。

在这种情况下，平日是个老好人、到处受人欢迎的2号可能会变得越来越冷酷，以往的温暖与体贴被专横与无礼所取代；向来喜欢委婉要求别人的他们，开始变得尖锐直接，甚至粗暴地命令他人做事。对别人的要求严厉，如果别人无法做到，会责难对方，想操纵他人，管理所有的事情。可以说，此时的2号完全变得专横、霸道、自大、任性，将自己的意志强加于他人身上。说话做事不再裹上糖衣，也不再采用任何巧妙的运作，态度强硬，直接表达。当然，有必要时，他们的报复是迅速而绝对的。

但这种压力的状态对2号来说并非一件绝对的坏事，2号应该看到其有利于他们发展的一面：在这种危险状态下，2号向8号性格者的倾斜可以说是一种自我解放。很多2号都说，当他们发现自己受到攻击时，他们反而清楚了自己想要什么，因为他们的需求被人夺走了。他们让自己保持清醒，不要急躁，然后予以出色的还击。但要注意的是，如果2号是在把自己的压抑当做假想敌人，则不仅起不到促进自身发展的作用，反而会使自己陷入误区，严重者可能导致精神癫狂。

2号适合或不适合的环境

2号性格者因为其独特的性格特点也决定了其有一些环境能够很好地适应，而另外一些环境则比较难以适应：

适合的环境

2号喜欢帮助他人，因此他们适合在接触人比较多的行业中发展，以便有机会去帮助他人，并从中得到满足。比如，2号可以成为支持环保事业的呼吁者、社会服务的志愿者，以及其他对社会有帮助性质的行业。

2号有着极其敏锐的识人能力，他们总是能够轻而易举地接触到那些权威人物，并能引起权威人物对他们的好感，因此，2号也可以从事那些能够让他们对权威给予支持的职业。

2号内心深处具有极强的操控欲，渴望获得他人的认可和赞美，因此2号也适合从事能充分展示自身魅力的职业，比如化妆师、歌舞团的女演员或者个人色彩顾问等。

不适合的环境

2号有着极强的依赖感，因此2号不适合从事需要独自安静工作的职业，比如画家、作曲家、作词人等艺术工作。

2号甘于付出的本质在于渴望回报，因此如果2号不会去从事那些不被社会认可或赞同的行业，比如讨债公司。

对2号有利或不利的做法

2号性格者需要学习一些对自己有利的做法，避免一些对自己不利的做法：

有利的做法

2号性格者因为把时间都花在别人身上，因此花在自己身上的时间很少，他们常常遇到自身发展的问题，这时，他们会选择心理治疗或者冥想练习来找回真正的自己，希望把自己真正的需求和那些为了满足或反对他人所进行的改变区分开来。

★发现自己并不谦卑，而是骄傲的。

★学会与他人讨论自己，认识自己对他人的真正价值。既不要过分骄傲、夸大自己的重要性，也不应该表现得过于卑微。

★发现自己的控制欲，并逐渐收敛。

★不要为了讨好他人而违心地奉承对方，这常常使2号内心的焦虑感增强。

★不要轻易为了他人而改变自己，要坚持自己的观点，保持统一的形象。

★不要单凭第一印象来判断一个人的性格好坏，因为人们在交际时最初的情感反应往往是遮掩自己真正感情的虚伪面具，是不真实的。

★当你的帮助被拒绝，不要生气，更不要有报复的念头。

★当你感到痛苦时，不妨试着进行心理疗法，在一个小时的心理练习中集中注意力会受益匪浅。

不利的做法

在转变的过程中，如果2号性格者能够意识到自身的下列现象，可能会对他们很有帮助。

★害怕失去真正的自我，害怕被别人模仿，也害怕模仿别人。

★在冥想的过程中，害怕身体的中心是一个空洞。

★希望扮演另一个人，幻想通过不同的方式得到爱。

★对自己扮演的多个角色感到困惑：到底哪一个才是真正的我？

★当满足他人需求的行为与自身发展的需求产生冲突时，会突然大发雷霆，认为是他人束缚了自己。

★失去了权威人物的保护后，就会产生强烈的不安全感，感觉生存受到威胁。

★在两性关系中，更愿意选择"爱我的人"，而不愿选择"我爱的人"。

★被难以得到的关系所吸引，容易陷入三角恋。

★对于难以到手的目标，通过不断的追求来保持控制权。

★相信获得认可与获得爱是同等重要的，认为独立将导致再也得不到爱。

★要求独享真正的亲密，一旦得到了真正的亲密，又没有经验去面对。

★分不清真正的性需求和情感需求，难以区分逢场作戏的爱情游戏和海誓山盟的真爱。

★要求获得无限自由，拒绝对多样的自我做出承诺。

著名的2号性格者

诸葛亮

诸葛亮，字孔明，号卧龙，是三国时期杰出的政治家、战略家、发明家、军事家。为了帮助刘备发展政治事业，他可谓"鞠躬尽瘁，死而后已"，并最终因多次北伐而积劳成疾，病死异乡。

麦当娜

美国女歌星麦当娜就是 2 号性格者，她具有非凡的操控能力，她的音带、像带、音乐会、服装和首饰、书籍都改变着市场和产品，使它们符合她自己理想中的现实。韦伯斯特字典定义天才具有以好的或坏的方式影响别人的才能，麦当娜就是这样一个天才。

猫王

猫王埃尔维斯·普雷斯利是美国著名的摇滚歌星。猫王以他神一般的魔力，将黑人和白人音乐十分自然地融为一体，并以其独特的夸张、刺激的动作和热情奔放的舞蹈相结合，使摇滚乐成为平民大众喜闻乐见的艺术形式。他在演唱风格、表演技巧和舞台作风等各方面都奠定了现代摇滚乐的基础。因此，他当之无愧地被誉为"摇滚乐之王"。

伊丽莎白·泰勒

伊丽莎白·泰勒是以美貌著称的好莱坞著名女星，主演《埃及艳后》等多部电影。她也是典型的 2 号，她曾说："我从危难中存活，是上帝恩赐我的奇迹，我必须把上帝赐我的爱，分享给更多人。"在退出影坛之后，热心于慈善事业，并积极投身于防治艾滋病的公益事业。

杰里·刘易斯

杰里·刘易斯是美国当代著名喜剧演员，主演过《我的朋友依尔玛》《狂笑风暴》《肥佬教授》等影片。刘易斯热心公益事业，自 1952 年以来一直担任美国肌肉萎缩症协会主席，并为肌肉萎缩症患者筹集到了 20 多亿美元，并于 2009 年 2 月 22 日于 82 岁高龄荣获一项奥斯卡特别奖——赫尔肖特人道奖。

第二章
我是哪个层次的2号

2号发展的3种状态

根据对2号性格者发展情况的分析，可以将其划分为三种状态：健康状态，一般状态，不健康状态。在不同的状态下，2号表现出不同的性格特点。

健康状态

处于健康状态的2号是内心平衡的人，懂得关注自己的需求，并懂得为自己的需求而努力，同时他们也能给予他人适当的帮助。对应的是2号发展层级的第一、第二、第三层级。

他们开朗热情、真诚和善，富有同情心，喜欢关注他人的需求，并适时给予满足，设身处地为他人着想，关心照顾他人。

他们总是赞赏和鼓励他人，善于发现他人身上的优点，却常常忽视了自己身上的优点。

他们能够包容他人的缺点和错误，并帮助他人努力规避性格中的缺陷，全心全意地帮助他人发展。

在最佳状态下，他们有一种彻底的无私、谦卑和利他，对自己和他人都可以付出无条件的爱，能让身边的人都感受到他们的热情洋溢和宽厚仁慈。

一般状态

处于一般状态的2号是一个内心充满不满的人，他们会为了讨好他人而放弃自我，压抑自我的需求，容易变成抑郁症患者。对应的是2号发展层级的第四、第五、第六层级。

为了接近他人，他们总是特别热衷于"活跃气氛"，显得过分热心和友善，感情过分外露，也过分充满"善意"。

为了赢得他人对自己的认可，他们会使出许多诱惑手段，比如赞美、安慰、拍马屁等，投其所好，从而获取对方的信任。

他们喜欢高谈阔论，大谈特谈自己的人际关系，将自己包装成爱心大使或慈善家的形象，以期获得他人的赞赏。

为了持续满足自己的被需要、被认可感，他们常常与别人过分亲密，总是借爱的名义介入、干涉、操纵他人的事务，希望成为他人的依靠，并期望自己的付出有所回报。长此以往，他们就会以恩人自居，变得自以为是和自我满足，并希望别人不断地感激自己。

不健康状态

处在不健康状态中的 2 号是一个内心失衡的人，他们感觉不到别人需要自己、认可自己，因此他们感到愤怒，会由一个服务者变成操控者，做出损人利己的行为。对应的是 2 号发展层级的第七、第八、第九层级。

他们害怕失去身边的人，因此会暗中破坏他人的自信心，利用别人的软弱和罪恶感，使别人依赖自己、接受自己的操控。

为了唤起别人对他们的关注，他们会滥用美食和药物去"笼络感情"和博取同情，也会以轻蔑和贬低的口吻对待他人。

他们变得嚣张跋扈，开始向他人索取回报，并认为那是他们理应享有的东西：过去付出的善行应该得到回报，给予金钱回报就是表示感谢的一种方式，特殊的帮助也是理所当然。而且，他们总觉得自己付出了极大的牺牲，而别人都忘恩负义，因此总能为自己的所作所为找到合适的借口。渐渐地，他们因过度压抑愤怒而引发的攻击性行为，容易导致心理疾病及慢性疾病。

第一层级：利他主义的信徒

处于第一层级的 2 号是利他主义的忠实信徒，他们总是无私地、源源不断地为他人奉献关爱，他们在这种无私的奉献中完全忽视了自己的需求，因此他们并不要求对方给予回报。

他们有着根深蒂固的利他主义思想，他们并没有注意到自己的善与好，也不会四处张扬自己的作为。他们心中似乎充满了无尽的善意，也高兴看到他人的好运气。他们的态度是：好事就该做，而不用管是谁去做以及最后谁得到好处。非常健康状态下的 2 号对渔翁得利的情形并不会生气，反正好事已经做了，有人受惠了，这就够了。

他们看重自由，认为自己可以自由选择付出或是不付出。同样，他人也可以自由地选择回应或者不回应。而且，人与人之间的关系也是自由的，他人可以选择依赖自己，也可以选择离开自己，这是他人的自由，他们不能干涉。

他们开始关注自己的真实感受，开始真正关爱自己，开始为了满足自己的需求而努力。而且，他们不再将关爱自己的行为看做自私自利，也不担心因此疏远他人；他们还能客观地看待他人的需求，在尊重他人意愿的基础上有选择地给予满足，也懂得适时接受他人的帮助来促进自身的发展。

该层级类型是所有人格类型中最利他的，他们帮助别人不是出于隐秘的一己之私，而是纯粹以别人的利益为导向，因而在其人际关系中，有一种特别的率真，更易赢得人心。

第二层级：极富同情心的关怀者

处于第二层级的2号是所有人格类型中最具同情心的，尽管他们不如第一层级的2号那样无私地利他，但他们也能够时刻关心他人的需求，饱含同情心，能够设身处地地为他人着想，并尽量满足他人的需求。

他们具有高度的同情心，所以能够站在他人的角度去看、去想、去听，因而会同情人、关怀人。尤其是当听到他人的不幸遭遇时，他们常常具备了和受苦之人一起感受苦楚的能力，会陪着他人一起伤心，并竭尽所能地安慰你，帮助你走出痛苦的心境。

他们慷慨大方，他们的慷慨大方更多地表现在他们的精神上。当然，在经济状况允许的情况下，他们也愿意为他人付出自己所拥有的物质力量。这种精神上的慷慨更多表现为他们对人的慈悲和宽容，他们会对任何事都会作出正面的解释，强调别人身上的优点，而尽量淡化他人身上的缺点。

他们不如第一层级的2号那样重视自由，而是较为看重他人的需求，容易忽视自我的需求。他们把自己看做是对他人怀有善意的人，因此会尽量表现出自己性格中好的一面，而规避不好的一面。这种扬长避短的意识不仅对2号自身的发展有益，也能更好地帮助别人发展。

第三层级：乐于助人的人

处于第三层级的2号在对他人的帮助上比第二层级的2号进了一步，因为此时的2号不仅在精神上慷慨，还能在物质上慷慨。

他们喜欢将自己爱他人的情感表现在行动上，因此他们更愿意给予他人实际性的帮助，当他们发现那些需要帮助、不能照顾自己的人，就会慷慨地给予他们食物、衣服、药品，志愿从事慈善工作，运用自己所有的方法帮助别人。即使不便或困难超出了他们的能力所及，也毫不懈怠。也就是说，从这一层级开始，2号表现出了自我牺牲的倾向。

尽管此时的2号出现了自我牺牲的倾向，但他们仍旧对自己的能力和需要有着清醒的认识。尽管他们乐于以力所能及的方式真诚地帮助别人，但他们也知道自己的精力和情感的限度，他们不会超出这个限度。他们在照顾别人的时候，也在照顾自己；在照看别人健康的时候，也在照看自己的健康；在劝告别人要注意休息和娱乐的时候，他们也要求自己这样做。这样清醒的界限使得2号有足够的精力充分地享受生活。

他们喜欢和他人分享生活中的快乐，愿意和他人分享自己的兴趣爱好，寻求共同的快乐，因此他们常常和他人聚在一起，进行读书、唱歌、表演、烹饪等分享活动。此外，他们在帮助别人的行为中体会到了仁爱的快乐，也乐于和别人分享这种快乐。

第四层级：热情洋溢的朋友

健康状态下的2号突出的是2号性格中好的一面，因此他们真的非常善良；而一般状态下的2号开始凸显性格中不好的一面，他们的性格就有向恶的趋势，他们对他人的赞美和付出有开始索取回报的倾向。

处于第四层级的4号开始将聚集在他人身上的注意力开始转向自己，以自己为焦点。他们的注意力从做好事转到不断确认他人是爱他们、对他们有感情的，他们开始从自己的角度来看待他人的需求。

他们过于看重人与人之间的亲密关系和接近程度，而忽视了影响人际关系的其他因素，他们希望别人看到自己的付出。他们还喜欢谈论彼此之间的关系，并总是认为彼此之间的关系有多么特殊，认为越特殊、亲密的关系越稳定。

他们是自信的，相信自己的某些有价值的东西可与他人分享，那就是他们自己——他们的爱和关注。他们对自己的善意深信不疑，会为自己所做的一切事给出一个让人满意的解释。然而，他们并不像想象中的那么大公无私。他们的自我已经膨胀，虽然他们很努力不让这些显现出来，尤其是不让自己意识到。

他们多信仰宗教，有着十分虔诚的宗教情怀，并会因为他们的宗教信念而想为别人做点好事。因为宗教强化了他们心存善念的自我形象，使他们能够更有依据地界定真诚。而且，宗教也给了他们一套词汇和宝贵的价值系统，使他们可以谈论爱、友情、自我牺牲、善良，以及他们为别人的所作所为和他们对别人的感觉——所有这一切都是他们喜欢的话题。

他们喜欢和人身体接触，接吻、触摸及拥抱等都是他们外向的自然表现，也是他们外露的风格。在人际交往中，当他们想要安慰或赞同他人时，他们经常紧握对方的手或搭对方的肩膀，给对方温暖和力量。

第五层级：占有性的"密友"

处于第五层级的2号开始凸显出自己的占有欲，他们喜欢营造一个以自己为中心的大家庭或共同体，这样，他们便成了他人生活中的重要人物。

他们仍旧以爱为人生的最高价值，他们渴望爱每一个人。但他们过于看重爱的力量，偏执地认为他们的爱才能满足每个人的需要。因此他们总想用一些帮助他人的行为来对别人施加强烈的影响，使别人信赖自己、赞赏自己。而且，他们常常把自己的爱和关怀强加于人，而不管那是否是他人需要的。这种以自我牺牲的爱的名义的行为，常常使2号成为让人讨厌的人。

他们开始变得唠叨，喜欢喋喋不休地谈论着自己的朋友，并且事无巨细。同时，他们也喜欢打探别人的隐私，以便他们更好地了解对方的需求。然而，他们自己却很少暴露自己的隐私，这就形成了一种不对等的沟通，常常使对方为难。

在和他人相处时，他们总喜欢和他人建立牢不可破的关系，然而，世界上没有绝对的朋友，因此2号开始担心受到他们照顾的人爱别人胜过爱他们，而且他们相信，只有别人需要自己，才能稳定彼此的关系。因此，他们越来越多地用各种方式让他们所爱的人需要自己，而且，他们还决不允许将自己的这种行为看做是自私的表现，而认为那是无私的爱。

他们对自己亲密的朋友开始表现出较强的占有欲，嫉妒心也越来越重，对他人的情感变得越来越没有安全感，担心一旦所爱的人走出了自己的视线，就可能会离开他们。因此，他们不会介绍自己的朋友或鼓励自己的朋友相互认识，因为他们担心自己会被甩掉。所以，当别人陷入危机时，他们偷偷地高兴：这给了他们机会去扮演保护者的角色，使他们被需要的愿望得以实现——至少是暂时的满足。

他们表现出的自我牺牲的精神，使得他们把每一个痛苦、不便和需要花费心血的每一个问题都加以夸大，极大地增加了自己的心理负担，因此容易产生轻微失眠、疑病症等心理疾病。

第六层级：自负的"圣人"

处于第六层级的 2 号继续倾向其性格中不好的一面，开始变得自负起来，自觉做了很多好事，为别人做了很有意义的事，他们认为获得别人的感激是理所当然的。因此，当面对他人对自己付出的忽视，他们会变得愤怒，责怪对方忘恩负义，并主动提醒对方重视自己的付出。

他们开始注重自我的形象，努力将自己塑造成一个无私的圣人形象，自负地认为自己是不可或缺的。他们赞扬自己，用看似谦逊的词语来对吹捧自己的种种美德。而当别人忽略他们的美德时，他们就会表现出一定的攻击性。

他们开始渴望他人的回报，需要他人不断地感激：没有终止的感激、关怀及赞扬必须像河流一样向他们流去。他们希望别人能投其所好，这样才能表现出他们的重要性；他们觉得别人应当以现金或其他形式回报他们之前的牺牲，不论那牺牲是真正做到的或只是口头说说的。而且，即便是很久以前的善行，他们也会记得一清二楚，并认为受惠者永远欠他的人情。总之，该层级的 2 号总是高估了以往自己为他人所做善事的价值，却低估了他人为他们所做的一切。

他们从不承认自己的负面情绪，因为他们认为如果承认了这些"负面的"情绪，很快就会被抛弃。事实上，情况可能恰恰相反。当他们不想承认自己日益增长的伤害和愤懑时，他人无疑会感觉到，从而对 2 号发出的混杂信号产生厌烦感。

他们对他人情感上的回应一直怀有极端的渴求，因此他们从来不会去想这些情感是否合理。一旦他人给予他们关怀的暗示，哪怕那种暗示极为微不足道，他们也会急切地想要融入能给予他们某些关注或情感联系的情境中。因此，该层级的 2 号容易在感情中出轨，或是做出背叛朋友的行为。

第七层级：自我欺骗的操控者

处于第七层级的 2 号又向性格中不好的一面迈进了一步，其最明显的影响是：他们开始自我欺骗。

2 号要完成第六层级到第七层级的转变，往往需要一种环境背景，或是受到长期的伤害，抑或是一场重大的人生灾祸，而这些一旦发生，2 号在心理上就会经历一种糟糕的剧烈转变，就会激发起性格中的恶势力，滋生出较强的攻击性。然而，又因为他们要维护"好好先生"的形象，要掩饰自己的攻击性。而掩饰攻击性最好的方式，就是通过操纵他人来攫取他们想要得到的那种爱的回应。但是不管怎么说，即使是操纵别人，所获取的回应也永远无法满足他们。

他们喜欢以"助人者"的形象出现，通过帮助他人来操控他人。而且，他们喜欢让一个人与自己对峙，但又不让对方察觉。他们常常暗地里用一只手在别人柔弱的部分扎上一针，又用另一只手安抚伤处；他们一方面把你弄得很消沉，另一方面却以暧昧的恭维来支持你的自信心；他们一边从不让你忘记你的困难所在，使你觉得未来毫无希望，另一边却又向你保证永远和你站在一起；他们撕开你的旧伤，然后又赶紧跑到你身边把伤口缝合起来。他们成了你最好的朋友，也在不知不觉中成为你最可怕的敌人。

他们对自己的操控行为带给他人的伤害视而不见，无论他们造成多大的破坏，都会通过自我欺骗来解释自己所做的一切"好事"。在他们的心中，他们总是充满善意，爱着所有的人，他们的良知总是明澈的。

他们害怕被抛弃，具有强烈的不安全感，因此常常怀疑别人，对他人感到愤怒，对生活感到挫折，而随着愤怒和挫折继续"积聚"，他们会开始暴饮暴食和用药。这时，他们已经有疑病症的倾向，但是他们对心理治疗有着一种顽固的抵触情绪。而且，他们甚至还会利用自己的心理疾病来作为吸引别人注意的手段。

第八层级：高压性的支配者

到了第八层级，2号对他人的操控欲更加恶化，开始呈现精神疾病的倾向，他们有时甚至是以神经质的方式强制性地要求他人付出爱。他们自认为有绝对的权力向别人索取想要的一切，因为以前他们自我牺牲，现在该别人为他们牺牲了。

他们时刻都希望得到爱，也时刻都害怕失去爱，这种对失去的恐惧常常使得他们歇斯底里，甚至变得极其不理性而且非常难以应付。他们不再维持自己无私的"助人者"形象，而将自己定位为接受者，因此他们往往无比自私，坚持认为他人必须把他们的需求摆在第一位；此前他们的自我需求间接地通过各种服务于他人的方式寻求满足，现在却冲到前头，直接要求别人给予，而且就像是报复一样地要求别人。

他们基本丧失了正常的人生观、价值观，偏执地渴望爱，他们力图借助一切手段来发现爱。而造成这种对爱的偏执态度的原因，多是他们童年时遭受生理或情感的虐待，使得他们在一个缺失爱的环境下长大。然而，这种缺失爱的环境常常使得他们不能理解爱的真意，容易将身体的接触当做爱。

他们不再隐藏自己内心的仇恨和愤怒，并希望通过不停地抱怨及批评来吸引别人的关注。他们会毫不客气、尖锐地抱怨别人是如何糟糕地对待他们，他们的健康如何受到了损害，他们是如何得不到感激……但那是一种错误的关注，因为那不仅得不到对方的爱，反而会引起他人的怨恨和愤怒。但他们已不在乎这点，他们更关注抱怨、批评别人带来的复仇的快感。

第九层级：心身疾病的受害者

到了第九层级，2号已经完全走入了其性格的误区，当他们感觉自己不能得到他人的关爱时，他们会潜意识地试着走旁门左道，甚至因此成为罪犯也在所不惜，这完全是一种病态的行为。

他们希望自己生病，因为这样容易引起他人的关注和关爱，尽管被照顾和被爱并不是一回事，但离他们一直渴望的被爱已经很近了。而且，生病可以使得他们在潜意识里摆脱自己伪善待人的罪恶感，逃脱自己应尽的责任，也在一定意义上使他们避免受到更大的惩罚。而且，他们还认为生病时证明自己付出的一种表现，正是因为他们无私地为他人付出，为他人做出牺牲，才把自己的身体累垮了。

他们常常将自己的负面心理传达给自己的身体，将自己的焦虑转化为生理症状，从而满足他们生病的需求。因此，他们通常是许多神秘疾病患者，包括皮疹、肠胃炎、关节炎以及高血压等——在所有这些疾病中，压力都是主要致病因素。在他人看来，2号的这种行为是一种受虐狂的享受，其实不然，他们并不享受生病所带来的痛苦，他们享受的是病痛带给他们的种种好处，尤其是他人对他们的关爱。

第三章
与2号有效地交流

2号的沟通模式：总是以他人为中心

　　2号是一个非常重视人际关系的人，他在与人相处时能够很好地表现自己。在与2号沟通时，他往往很快聚焦到你的需要上，并在沟通中根据你的反应来调整自己的行为。

　　但是，2号是不擅长谈论自己的。当你在与2号沟通时，总会发现，本来是谈2号自己的事情，结果谈着谈着就谈到你身上来了。如果你和他们说话，整个过程中他们多半是在谈你或别人。即便你试着把2号的思维拉回他们自己，但谈着谈着，他们又不自觉地开始谈论起你或者他人。总之，2号因为不关注自己的需求，因而在谈话中不怎么提及自己。

　　人际交往中，人们常常遇见两类人：善于言辞的人和不善言辞的人。善于言辞的人可以饶有兴趣地与你谈论国际时事、体育新闻、家长里短，却从来不表明自己的态度，而你一旦将话题引入略带私密性的问题时，他就会插科打诨或一言以蔽之。这样的人多有戒备心理。不善言辞的人虽然不太爱讲话，但总希望能向别人表露自己，这样的人反而以很快和别人拉近距离，对于这类人，人们也往往愿意与其深交。根据2号不愿意谈及自己的特点，我们就可将2号归属于不善言辞的人。

　　为什么会出现这样的结果呢？这是因为人之相识，贵在相知；人之相知，贵在知心。人们要想迅速和对方建立信任关系，并与对方成为知心朋友，就必须向对方表露自己的真实感情和想法，甚至可以适当出卖一些自己的小秘密，从而赢得对方的信任，增进彼此的关系亲密。

　　小林是同宿舍中最擅长交际的一个，并且人长得也漂亮。但在同班甚至同宿舍的其他女孩都找到了自己的男朋友，唯独漂亮的、擅长交际的小林仍

89

是独自一人。

为什么呢？她身边的同学都表示，她太神秘，都不了解她。原来，小林一直对自己的私生活讳莫如深，也从不和别人谈论自己，每当别人问起时，她就把话题岔开。

在生活中，我们也常会发现有的人外表看起来不是很擅长社交，知心朋友却比较多，而有的人，虽然很擅长社交，甚至在交际场中如鱼得水，却少有知心朋友。这是为什么呢？如果你仔细观察，会发现第一类人一般都有一个特点，就是为人真诚，渴望情感沟通。他们说的话也许不多，但都是真诚的。他们有困难的时候，不知怎么总能有人来帮助他/她，而且很慷慨。而第二类人习惯于说场面话，做表面功夫，交朋友又多又快，感情却都不是很深。因为他们虽然话多，却很少暴露自己的感情。人们通常能直觉地感到对方对自己是出于需要，还是出于情感而来往，因此，与这一类人交往人们也不会诚心诚意。

也许，你也有过这样的感受：当自己处于明处，对方处于暗处，自己表露情感，对方却讳莫如深，不和你交心时，你会感到不舒服，对这个人也不会产生亲切感和信赖感。而当一个人向你表白内心深处的感受时，你会觉得这个人对自己很信赖，而你也无形中和他会一下子拉近了距离。

心理学家认为，一个人应该至少让一个重要的他人知道和了解真实的自我。这样的人在心理上是健康的，也是实现自我价值所必需的。所以，在与人交往时，你不妨向对方袒露一下自己的内心，吐露一下秘密，这样会一下子赢得对方的心，赢得一生的友谊。

而对于 2 号性格者来说，他们习惯在与人交际时隐藏自己，只谈生意等与自己无关的东西，往往给人以一种难以接近的感觉，也就难以获得他人的信任。因此，2 号在与人沟通时，不妨试着将注意力转移回自己的身上，适当抛出一些自己的个人信息，往往能激起他人的心理共鸣，也就找到了你们的共同话题。一旦有了共同话题，彼此的交流得以加深，彼此的信任感就会迅速增强，彼此的关系就会更稳固。总之，2 号如果懂得适时表现自己，对自己是有益无害的。

观察 2 号的谈话方式

2 号是一种非常重视人际关系的类型，他们在与人相处时能够快速地赢得他人的好感，拉近彼此的关系。单从 2 号的谈话方式上，人们就容易感到一种被呵护的温暖，也容易对 2 号产生一种感激心理，愿意和 2 号交谈。

下面，我们就来介绍一下 2 号常用的谈话方式：

★2 号喜欢关注他人的需求，并尽力满足他人的需求。人们在和 2 号相处时，常常会从 2 号口中听到这样一些词：你坐着，让我来；不要紧，没问题；好，可以；你觉得呢？适当运用这类语言总是让人有一种很舒服的感觉。

★2 号的基本恐惧是不被爱，不被需要，因此他们常常感到没有安全感，就会不断地向他人索取赞美或认同。比如，2 号经常会问孩子："爸爸/妈妈好不好？"也会问爱人："你爱我吗？"

★在和他人聊天时，2 号为了赢得他人的认同，往往对他人的观点表示认同，先满足对方的认同心理，因此他们常说："你说得对啊。""就是啊。"

★在和人相处时，即便被对方惹怒，2 号一般都会否认自己有不好的情绪。比如，如果你问面色不佳的 2 号："你生气了？"2 号会肯定地回答："没有，怎么会呢？"

★当 2 号感到自己被背叛时，性格就会变得暴躁起来，态度也变得强硬，会用命令的口气对他人说话："你，去给我倒杯水。""快去把这份文件打印10 份。"

读懂 2 号的身体语言

当人们和 2 号性格者交往时，只要细心观察，就会发现 2 号性格者具有以下一些身体信号：

★2 号喜欢穿深色服装，款式也讲究简单大方，因为大众化的服装容易得到他人的认同，而且，颜色过于鲜亮或款式过于新潮的服装也容易妨碍 2 号对他人的服务。

★2 号脸上总是洋溢着亲切的笑容，其友善的态度、主动开放的气质，给人一种亲人般的、知心的、一见如故的温馨感觉。

★2 号的眼神中总是流露出一股充满关爱的灵光，而且身体会下意识地向前倾。

★2 号在与人相处的过程中，身体总是有意无意靠近对方，但不会让人觉得压迫或不舒服。2 号人格总是能够找到那个黄金位置，给人一种体贴、关怀的感觉。而且，当 2 号在倾听他人的抱怨时，多会以一种"知心姐姐"的形象来劝慰对方，有时还会采取轻拍对方的肩膀、握住对方的双手、一个得当的爱的拥抱等身体接触的方式来给予对方安慰。这些身体语言往往代表着：我理解你，我感受到了你的感受；没关系，不要怕，我会支持你，陪伴你，帮助你一起渡过难关。

★2号会时刻留意身边人的感受和需要，并非常及时地在对方未开口之前便采取行动给予满足。比如当你觉得椅子不舒服时，2号会主动为你重新换一张椅子，但你觉得屋里空气太闷时，2号会主动提议带你去花园走走，当你不喜欢吃某道菜时，2号会主动介绍你吃另外一道菜……总之，2号仿佛就是他人肚中的蛔虫一般，总是能清楚地知道他人的需要，并及时给予满足。

★2号是感性的，因此他们很容易把喜怒哀乐写在脸上，也正是因为他们的直接情绪表现，容易让其与他人的情绪产生共鸣。

★2号不擅长关注自己，因此他们喜欢用暗示性语言表达自己的情感，而且，因为他们具备敏锐的观察力，能很快觉察到对方暗示性的情感表达，但有时候也可能觉察不到位或暗示不到位造成双方误会。

和2号建立感性关系

2号性格者往往倾向于感性做人，因此，2号在与人的交往中往往带有较浓的感情成分，私人情义的价值超过社会公共规范，使得交往双方彼此信任，彼此的关系也十分稳固。因此，人们在和2号接触时，也要注意和2号建立起感性关系，建立私人间的情谊，这样更容易获得2号的认可，也能优先获得2号的帮助。

其实，人们不仅要在和2号的交往中注重建立感性练习，在和其他人格类型的人接触时也要尽量建立私人情感，从朋友做起，才能使得彼此的关系越发稳固。

小美是一家著名房地产公司的市场部推广经理，她接触的人大都是事业有成甚至小有名气的客户群。按理说，这样的条件和环境，拓宽自己的人际圈，增加成功的几率应该是不费吹灰之力的事情。

但实际与理论总是有差距的。几年下来，小美的名片盒里有大把交换来的名片，手机、笔记本电脑、记事本里都存满了各种客户的联络方式。在各种社交商务场所，她应酬得八面玲珑不亦乐乎。看似热闹，但背后的孤独也许只有自己才知道。除了工作上的联系，她在这座城市里的朋友并不多，甚至找男朋友都是一个难题。遇到事情需要帮忙的时候，抱着几大本名片，却实在想不出会有谁肯帮忙。想要倾诉的时候，却不知道该向谁诉说。每周约会很多人，但没有一个是可以说话的知心朋友。每天都会认识很多新的人，但绝大部分都只是一面之缘，下次有事需要联系的时候跟陌生人没什么两样。

因为那些通过工作认识的朋友都是有利益关系的，抛开这层关系便什么都不是。

如果没有了联系人际的那颗心，所有繁忙的人际留下的也只是喧嚣背后的孤独无依。在腾讯网的一次调查中，15068个受访者中，87.5％的人有类似"熟人越来越多，朋友却越来越少"的感觉。

保持距离，虽能保护自己，却也注定永远寂寞。如果我们不交出真心，又怎能得到真心呢？凭借出色的交际手腕和三寸不烂之舌，可以让很多人成为"认识的人"，但并不一定找到很多"贵人"。

而对于一贯注重感性关系的2号给予者来说，他们每天要帮助的人实在太多，如果你不能和他建立起私人友谊，他可能就感受不到你的回报，你就难以优先获得他的帮助。

对2号直接说出你的需求

人际交往中，免不了要求人办事。作为求人者，大多数人碍于面子，害怕被拒绝，因此往往不敢直接开口求人，不是借第三者传话，就是说话绕圈子，常常听得被求者莫名其妙。如果被求者领悟力高一些，还能从你旁敲侧击的行为中猜出你的意图，如果被求者领悟力差一些，往往就会觉得"丈二和尚摸不着头脑"，觉得你故弄玄虚，反而对你没有好印象。而且，这样拐弯抹角地求人，太耗时间，容易使求人者错过办事的最佳时机。

如果你所求之人是2号性格者，大可不必采取拐弯抹角的求人方式，而应直接对他们说出你的需求。对于喜欢帮助他人的2号来说，被人需要是一件值得高兴的事情，这是证明自己存在价值的时候，他们不仅不会拒绝，反而会全心全意帮你办事，他们的付出甚至远远超过你的需求。

而且，2号性格者善于观察他人，他们往往具有极强的敏锐力，可能比你更清楚如何满足你的这些需求。形象点来说，他们是天生的护士，擅长于按病情的轻重缓急分送救治，当大祸临头时，他们知道如何安排事情的优先顺序，并且总是能保持冷静。

对2号的帮助表示感谢

2号的付出看似无私，其实他们在本质上渴望对方的回报，如果得不到对方的回报，他们就会怀疑自己付出的正确性，甚至会迁怒对方，认为对方是

"忘恩负义"之人。因此，针对2号的这种性格特点，人们要注意培养自己的感恩心，对2号的帮助及时表示感谢，并在自己所能的范围内给予一定的回报，这样才能维系彼此友好的关系。

其实，无论是哪一型的人格，都希望自己的付出有所收获，因此，这就决定了每一个人都应对他人的给予表示感恩。

赵乐乐和吴峰是好朋友，她们俩总是无话不说、无话不谈。于是，赵乐乐很自然地将吴峰当做自己的知己，做事也从来不客气。但是一段时间之后，赵乐乐却发现吴峰在逐渐地疏远自己，她自己也不清楚怎么回事，于是，便把这件事情告诉了自己的母亲。母亲毕竟是过来人，她告诉赵乐乐，是因为赵乐乐把吴峰"太当做朋友"了，所以，做什么事情都无所顾忌，有忙就让她帮。因为熟悉，所以每次吴峰帮完赵乐乐之后，赵乐乐也就没有客气，从来不说一句感谢的话，她认为这样说感谢的客套话就太见外了。但是正是因为这样让吴峰渐渐地疏远了她。

事实上，赵乐乐错就错在将朋友太当自己人，别人为你做事情不是理所应当的，当别人提供帮助的时候，就应当心怀感恩，及时地感谢别人，才会让人帮助你之后心里舒服。否则，别人热情的帮助没有得到肯定，积极性一定会大受挫伤，所以也会逐渐疏远你。

感谢在很多情况下其实是一种对对方心理需求的满足。就不同的人来说，其心理需求是大相径庭的。有的人希望你对他的一举一动本身表示感谢，有的人希望你对他的行为的效果进行感谢，有的人则希望你对他个人进行感谢。因此，感谢就应首先满足对方这种心理需求。

此外，感谢还要针对对方的不同身份特点采取相应的方式。老年人自信自己的经历对青年有一定的作用，青年人在表示感谢时就应感谢对方言行的效果："谢谢你，您的这番话使我明白了许多道理……"这会使老年人感到满足，并感到满意，认为：这个小青年修养人品好啊，孺子可教也。女人常以心地善良、体贴别人为自己独特的人格魅力，因此在感谢时，说"你真好"就比"谢谢你"更好一些，说"幸亏你帮我想到了这点"就比"你想到这点可真不容易呀"要好得多。

及时感谢的力量在人际交往中举足轻重。无论是你对别人说，还是别人对你说，你都会体会到它的重要性。"谢谢"不仅仅是一句客套话、一句礼貌用语，它已经成为沟通人们心灵的润滑剂。

总之，如果你不懂得及时感恩，下次再去找朋友帮忙的时候也许会碰壁，相反，懂得感恩，及时感谢，才能让你与别人之间暖意融融。

适时拒绝2号的帮助

2号性格者在帮助别人时，往往是从自己的立场出发，站在自己的角度来推测他人的需求，因此，他们常常会遭遇"好心办坏事"的尴尬。而作为被帮助者，也往往是有苦难言：一方面他们难以招架2号帮助他人的热心肠，一方面又确实不需要2号的帮助。如何拒绝2号的热心，又不伤害2号的自尊心，实在是一件不容易的事情。

有一个人很喜欢研究生物，很想知道蛹是如何破茧成蝶的。有一次，他在草丛中玩耍时看见一只蛹，便带回家，日日观察。几天以后，蛹出现了一条裂痕，里面的蝴蝶开始挣扎，想破壳而出。艰辛的过程达数小时之久，蝴蝶在蛹里辛苦地拼命挣扎，却无济于事。这个人看着有些不忍，想要帮帮它，便随手拿起剪刀将蛹剪开，蝴蝶破蛹而出。但没想到，蝴蝶挣脱以后，因为翅膀不够有力，变得很臃肿，根本飞不起来，之后，痛苦地死去了。

破茧成蝶的过程虽然非常痛苦与艰辛，但只有付出这种代价才能换来日后的翩翩起舞。外力的帮助，反而让爱变成了害，违背了自然规律，最终让蝴蝶悲惨地死去。自然界中这一微小的现象放大至人生，意义深远。

这对一味地希望帮助他人的2号也是一个警醒，对被2号帮助的人们来说更是一个深刻的教训。因此，当2号提供的帮助与人们自身的发展相违背时，适时拒绝，才能避免"好心办坏事"，让彼此都受害。

为了顾及2号的面子，不伤及2号的自尊心，人们又不应直接拒绝，而要尽量采取婉转拒绝的方式，既要表明对2号提供帮助的感激，更要让2号觉得收回他们的帮助其实是更好的一种帮助。

一般来说，人们拒绝2号的帮助时可采取以下几种委婉的拒绝方式：

巧妙转移法

不好正面拒绝2号的帮助时，人们可以采取迂回的战术，转移话题也好，另有理由也罢，主要是善于利用语气的转折——绝不会答应，而不致撕破脸。比如，先给予对方赞美，然后提出理由，加以拒绝。由于先前对方在心理上已因为你的同情而对你产生好感，所以对于你的拒绝也能以"可以谅解"的态度接受。

幽默回绝法

幽默地拒绝2号的帮助，是希望对方知难而退。钱锺书在拒绝别人时用了一个奇妙的比喻。一次，钱锺书在电话里跟对他的作品非常有兴趣并想拜访他的英国女士说："假如你吃了个鸡蛋觉得不错，又何必认识那个下蛋的母鸡呢?"用下蛋的母鸡比喻自己，不但巧妙生动，而且表现出了钱老和蔼可亲的性格。

肢体表达法

要招架 2 号帮助他人的热情并不容易，因此，人们如果难以直接开口拒绝，那就巧妙使用肢体语言。一般而言，摇头代表否定，别人一看你摇头，就会明白你的意思，之后你就不用再多说了。另外，微笑中断也是一种拒绝的暗示，突然中断笑容，便暗示着无法认同和拒绝。

总之，委婉拒绝 2 号的帮助不仅是一种策略，也是一门艺术，只有做到这点，才能避免自身的损失，也在一定程度上促使 2 号更清醒地看待他人的需求，从而促进他们的自我提升。

第四篇

3号实干型:只许成功,不许失败

3号宣言:我必须是优秀的,我所做的每件事都必须成功。

3号实干者追求成功,重视名利,喜欢出风头,渴望获得鲜花和掌声。他们倾向于把世界看做一次赛跑,在这次比赛中他们要求自己必须有优异的表现,因为他们认为,一个人的价值是以他取得的成就和社会地位来衡量的。因此,他们往往是充满自信、喜欢竞争、喜欢做第一的"工作狂"。

第一章
3号实干型面面观

自测：你是注重实干的3号人格吗

请认真阅读下面20个小题，并评估与自身的情况是否一致，如果某一选项和你的情况一致，那么请在该选项上画钩：

1. 我渴望事业有成就，重视自我形象。

□我很少这样□我有时这样□我常常这样

2. 我精力充沛，热爱工作，努力追求成功以获得地位和赞赏。

□我很少这样□我有时这样□我常常这样

3. 我对自己的能力充满信心。

□我很少这样□我有时这样□我常常这样

4. 我希望我所做的每件事都是成功的。

□我很少这样□我有时这样□我常常这样

5. 我相信这是竞争的世界，我喜欢凭借自己的能力在竞争中建立自己的优势。

□我很少这样□我有时这样□我常常这样

6. 我会坚持自己的目标，为达成目标我可以克服许多困难。

□我很少这样□我有时这样□我常常这样

7. 我做事非常有效率并且注重结果，有时会为了追求效率而走捷径。

□我很少这样□我有时这样□我常常这样

8. 我相信世上无难事，只怕有心人。

□我很少这样□我有时这样□我常常这样

9. 一般来讲，我很注重在众人面前展现出最美好的一面。

□我很少这样□我有时这样□我常常这样

10. 我常常因要做的事情太多太急而忽略自己及家人的感受。

□我很少这样□我有时这样□我常常这样

11. 我能在任何场合中，得到他人的认同。

□我很少这样□我有时这样□我常常这样

12. 我常常为了事业声望、地位、财富而使自己筋疲力尽。

□我很少这样□我有时这样□我常常这样

13. 我通常会避免与人直接对抗。

□我很少这样□我有时这样□我常常这样

14. 别人觉得我是一个很有说服力的人。

□我很少这样□我有时这样□我常常这样

15. 我重视我会做什么而不是我会做错什么。

□我很少这样□我有时这样□我常常这样

16. 我倾向避免说出与情绪有关的事而喜欢和朋友谈论我所做的事情及工作。

□我很少这样□我有时这样□我常常这样

17. 我喜欢别人称赞我的活力和能力。

□我很少这样□我有时这样□我常常这样

18. 我会不断提出新的工作目标，并且同时进行许多事情。

□我很少这样□我有时这样□我常常这样

19. 我会见机行事，并且能迎合别人的期望或情况而改变。

□我很少这样□我有时这样□我常常这样

20. 我是一个受人欣赏、有能力、出众的人。

□我很少这样□我有时这样□我常常这样

评分标准：

我很少这样——0分；我有时这样——1分；我常常这样——2分。

测试结果：

8分以下：实干型倾向不明显，做事情并不是特别重视结果。

8~10分：稍有实干型倾向，做事会以结果为导向，同时也重视过程的体验和感受。

10~12分：比较典型的3号人格，具有执行力和事业心。

12分以上：典型的3号人格，追求事业、声望、地位和财富，认为工作才是一切。

3号性格的特征

在九型人格中，3号是典型的实干主义者。他们有着较强的竞争意识，倾向于把世界看做一次赛跑，在这次比赛中他要求自己必须有优异的表现。他们认为，一个人的价值是以他取得的成就和相应的社会地位来衡量的。因此，他们重视效率，追求成功，很善于表达自己的想法。他们的示范，对周围的人也有激励作用，从而产生成就大事的能量。而且，他们总是关注目标，任何事情都要有明确的目标指引，绝对不做无意义的事情。

3号的主要特征如下：

★充满活力与自信，在与人交往时表现出风趣幽默、处世圆滑、积极进取的一面。

★非常注重自己的外在形象，希望时刻给人绅士、淑女等好印象。

★适应能力强，见什么人说什么话。

★害怕亲密关系，不喜欢依赖别人，不喜欢跟别人太过亲密，怕受到伤害，怕被人发现弱点。

★喜欢竞争，有着强烈的好胜心，不愿接受失败。

★一旦失败，会非常沮丧、意志消沉。

★是个雄心勃勃的野心家，希望引起别人关注、羡慕，成为众人的焦点。

★是典型的工作狂，他们在工作的时候往往能全心投入，忽视个人情感。

★行动能力强、工作效率高。

★靠自己的努力去创造，相信"无功不受禄"，亦相信"天下没有搞不定的事"。

★看重自己的表现和成就，喜欢通过一些具体的行为来衡量自己在他人心目中的地位。

★信奉理性至上的原则，不注重自己的精神需求，也不懂得顾及别人的感受。

★认为经济基础决定精神生活，相信只要有足够的物质基础，就能获得爱情。

★重视名利，是个现实主义者，为维持一些外在假象，甚至可以冷酷无情，不择手段，有时甚至牺牲情感、婚姻、家庭或朋友。

★喜欢炫耀，常常在别人面前夸耀自己的能力、才华、背景、家庭、伴侣，自我膨胀得很厉害，有些更是自恋者。

★基本上是一个受人欣赏、有能力、出众的人。

3号性格的基本分支

3号性格者偏执地认为名利、地位是评判一个人好坏的标准，而为了不被人看不起，他们需要成为好的标准，因此任何能够带来金钱、占有（安全感）、名望，或者增强他们女性/男性形象的环境，都是他们喜欢的。因此，3号总是关注成就，而不是感受，他们在乎的是行动，而不是感觉，这就容易导致3号精神上的空虚，就容易陷入选择的危机：该走哪一条路呢？该去争取成功，还是该去面对自我？这种迷茫心理往往突出表现在他们的情爱关系、人际关系、自我保护的方式上。

情爱关系：性感

3号为了吸引异性的关注，常常倾向于选择一个性感的形象，他们把自身的性感和对他人的吸引力视为一种个人价值，他们会努力在他人眼中表现得魅力十足。也就是说，他们能够把自己打扮成伴侣的梦中情人，具有极强的持久伪装能力。他们喜欢用时尚新潮的外表来吸引异性注意，什么流行穿什么，却常常忽视自己的风格。

我和我丈夫是一次聚会认识的，他是个成功的企业家，人长得高大帅气，脾气也不错，是大多数女人心目中的"白马王子"。而我长相平平，因此一开始他并没注意到我。但我在知道他喜欢知性的女孩子时，我一改以往新潮的着装风格，努力塑造自己的知性形象，渐渐吸引到了他的注意力，并最终步入婚姻。当结婚后，我依旧维持自己的知性形象，但是又渴望重新做回那个狂野的自我，因此我常常感到疲惫。

人际关系：重视声望

3号认为，要吸引他人的关注，首先要使自己有较高的声望。他们非常在乎社会资历、头衔、公共荣誉，以及与社会名流的关系，他们以认识名人为荣，更时刻渴望自己成为名人，因此他们会利用一切方式来帮助自己获得更高的声望，他们会改变自己的个人特征来适应群体的价值特征，并努力成为群体的领导者。

早在大学时，我就喜欢搜集名人的信息，并寻找各种机会来结识名人，我连做梦都希望自己也成为一个名人。毕业后，我成了一名记者，有了更多接触名人的机会，也就更坚定了自己成为名人的信心，更加努力地工作，也使自己成为了行业的佼佼者。

自我保护：安全感

3号认为，金钱和地位能够给他们带来安全感，让他们感到自己被关注、被赞赏。因此，他们喜欢追求对金钱和物质的占有，努力工作，这样能够减少他们在个人生存中的焦虑感。但是即便过上了富裕的生活，他们还是会担心有朝一日会丢掉饭碗，变得一穷二白，所以他们在工作上从不懈怠。

尽管我挣得不少，也有一笔可观的银行存款，但我还是担心钱不够用，因此我总是努力地工作，并利用周末的空暇时间做兼职挣钱，同时我也不断寻找工资更高的工作。

3号性格的闪光点

追求成功的3号性格者有很多优点，以下这些闪光点值得关注：

注重形象

3号注重自己的形象，他们喜欢以自己最体面的一面展示人前，他们一直认为自己是人群中成功的典范，所以会用成功者的形象来显示自己，往往给人以雄心勃勃、意气风发的潇洒形象。

充满激情

3号对于手头的工作和未来的目标总是充满激情，为了达到目标，他们干劲十足，好像有用不完的精力，总是把工作安排得满满的，尽心尽力地工作，不成功不罢休，是个十足的工作狂。

追求成功

3号以追求成功为乐，具有强烈的成果导向和成果意识。他们认为，虽然实现目标的过程和努力十分重要，但更重要的却是成果本身。而且，3号能够为了目标而不懈努力，直到成功为止。

善于激励他人

3号对待工作的激情常常对他们身边的人产生激励作用，他们的成功者形象和成功经验让他人羡慕不已，从而促使他人投入更多的精力到工作中去，也容易促使他人成功。

极强的说服力

3号很善于表达自己的想法，在工作开始前，就备好"怎样完成工作"的方案，并让周围人理解、接受。

勤奋好学

3号具有强烈的上进心，为了追求成功或者维持成功，他们总是坚持不懈地探索新的目标，争做行业先锋人物。

喜欢竞争

3号把胜利作为自己的第一需要，所以处处表现出竞争性。他们喜欢竞争、迎接竞争、参与竞争，甚至是挑起竞争，只因为他们希望通过竞争的方式来证明自己的价值。

擅长交际

3号是天生的交际能手，他们开朗健谈、机智幽默，常常给人留下深刻的印象。他们自己也喜欢接近那些能帮助他事业发展的人，并懂得利用所拥有的人脉资历来寻求更多的发展机会。

天生的领导者

3号具有天生的指挥欲和领导欲，他们忽视个人感受，只重视他人的价值，并懂得利用他人的价值来为自己的目标服务，突出自己的成功。当在领导岗位上时，他们能够纵观全局，知人善任，合理地委派工作，营造最高效的团队。

注重效率

3号注重效率，他们认为速度胜于一切，他们总是能专注于手边的任务，在工作上特别投入，而且精明敏捷，致力于完成工作所需的步骤，绝不拖泥带水。

3号性格的局限点

追求成功的3号性格也有一些缺点，对以下这些局限点应该警醒：

忽视感情

由于3号注重成就，因此他会透支自己的精力、身体甚至人际、家庭关系等，他人会产生被3号忽略的感觉。

自我欺骗

3号是形象多变的，他们喜欢根据所处的环境来改变自己的角色，维持自己受人赞赏和羡慕的成功者形象。在这样不断变换形象的过程中，3号常常忽略了真正的自己。

独自承受负担

3号有着天生的优越感，认为别人不及自己优秀，因此他们总喜欢亲力亲为，重要的事自己做，不善于求助和利用团队的力量。

不择手段地成功

为了获得成功、声望、财富等，他们往往会走捷径，甚至破坏规则，采取一切手段，只要达到目标就行。许多时候，他们甚至会为了追逐成功而牺牲自己的情感、婚姻、家庭和朋友。

不能面对失败

3 号害怕失败，因此他们喜欢做必胜的事情，而不愿意冒险去做成功几率较低的事情。当 3 号遇到一些经过努力但仍然没有得到解决的问题、困难时，他会非常烦躁和沮丧。

过于追求名望

3 号认为地位是评判一个人成功的重要标准，因此他们十分看重荣誉、头衔，并努力获取更多的荣誉和头衔来升高自己的地位。

典型的工作狂

3 号认为工作是实现成功的重要方式，因此他们全心全意投入到工作中，每天从早忙到晚，无视家庭和个人健康，一味地追求工作所带来的金钱、成就感、荣誉，将自己变成了一个彻头彻尾的工作狂。

唯才是用

在 3 号的眼里，人只有两种：有价值与无价值，他们坚信："不管白猫黑猫，抓到老鼠就是好猫。"因此，只要下属工作能力强，3 号就会忽略这个人的品德等其他方面，选择重用他；相反，如果一个下属工作能力较差，3 号又缺乏深入了解其内心世界的耐心，就会干脆地放弃他，甚至是找能者代替。这时的 3 号容易给人自私、不近人情的恶劣印象。

急功近利

3 号过于关注结果，就容易忽视过程，因此他们做事情总是急功近利，而且会为了摆脱眼前的状况，不顾未来的利益，看似当时得利，实则导致了最终的失败。

自恋自大

3 号自视极高，总是把自己看成举足轻重的关键人物，当确实获得一定成就后，他们就容易自信心膨胀，出现自恋、自负的倾向，这就容易使他们看不到自己的缺点。

3 号的高层心境：希望

3 号性格者的高层心境是希望，他们把希望寄托在自己的努力上，认为自己努力工作，一定会获得成功。

3 号认为，工作是体现自身价值的重要方式，因此他们习惯了去适应不同工作的不同要求，并总能够从匆忙的活动中感到活力。当他们不遗余力地推动一个项目时，他们已经忘记了自己，注意力都集中在了工作之中。尽管3号也会记得忙碌的工作带给他们的疲惫和精神消耗，但他们更关注自己在与某项具体工作的节奏和步伐一致时，所产生的良好感觉：好像自己是被悬浮在无尽的能量之中，所有困难都能迎刃而解；虽然你是在紧迫中全力以赴地工作，但是却感觉时间仿佛放慢了脚步；你的烦恼和担忧都没有了，你不需要反思或质疑，就能自然而然地发现需要解决的问题。

当3号在实现目标的过程中懂得重视自己的心理感受时，更能使每一步工作都必然通向正确的结果。从而自己更充满希望，对成功有着更坚定的信心，也就不再惧怕失败。

3号的高层德行：诚实

3号性格者的高层德行是平静，拥有此种德行的3号，不会挖空心思扮演别人心目中的角色，而是选择诚实地面对自己的内心世界，关注自己的心理感受。

一般的3号常常自我欺骗，将自己塑造成公众最喜欢的形象，他们常常会把这种表面的自我误认为是真正健康的自我。而诚实的3号不再会为了维持自己的"良好形象"而在欺骗他人的行为中迷失自我。相反，他会坦然接受真实的自己，并相信自己能够获得他人的爱。另外，他还能区分"我是谁"和"我做的事"。

一般的3号不关注自己的感受，因为他们认为自己的心理十分健康。在他们眼里，只有那些失败者，那些无所事事、跟不上时代节奏的人，才会情绪沮丧。而他们是正在走向成功或者已经成功的人，就不应该有低沉、郁闷的情绪，因此他们总是充满活力，并努力把自己打造成乐观的成功人士。这就容易导致3号片面地重视自己情感世界中的正面情绪，对负面情绪一无所知。但是诚实的3号敢于面对自己的负面情绪，并懂得通过自身的努力来化解这些负面情绪，也就不会出现物质丰富、精神空虚的迷茫心理。

只要3号能够诚实地面对自己的感受，不仅看到自己性格中积极乐观的一面，也要看到自己性格中消极悲观的一面，才能获得真正的成功：物质、精神上的双丰收。

3号的注意力

3号性格者的注意力都集中在成功上，为了获得成功，他们努力工作，不惜改变自我形象来讨好大众，努力获取金钱、声望、地位等成功的象征。

在旁人看来，3 号是拥有高度注意力的人。但 3 号自己并不这样认为，他们认为自己需要同时关注许多事情，让自己总是处于活动的状态，因此他们喜欢同时忙碌多件事情。从心理学的角度来说，3 号这种注意力的支配方式叫"多相性思维"。

工作中，我喜欢同时做两个项目，当我在一个项目中感到疲惫时，我会暂时放下这个项目，去做另外一个项目。同样，当做另一个项目疲惫时，我又会回来做这一个项目。这样交叉进行两个项目让我很充实，很有成就感。

正是因为 3 号的这种多相性思维，使得 3 号无法将内在注意力集中在手中的具体事情上，他们更关注接下来要做的事情。他们基本上没有思考和反省的时间，也没有时间去分析哪些事情应该优先处理，更没有时间去关注自己对工作的个人感受。这就好像是一辆开上了一条高速公路的汽车，为了寻找到那个叫成功的出口，迫使自己不断地高速前行，却常常因过于过多的磨损而损害自身。

3 号对环境中任何有利于他现有目标的事物都高度敏感，并将周围的人分成两种——他的障碍和他的助手，他们能主动找出助手，自动忽略障碍。如果障碍一直存在，他们会迅速激发"集合思维"，从以往的经验中寻找解决方法。

当 3 号被迫要将注意力集中在一个重要项目上时，他们会动用所有的精神力量，向实现目标的方向前进。他们会让自己表现出完成该项工作所需要的所有个性特征，将自己变得和周围人一样，或者变成某种环境中的佼佼者。

3 号的直觉类型

每个人的直觉都来源于他们关注的东西，因此 3 号性格者的直觉来源于他们对于成功的密切关注，因此他们对于影响成功的因素具有敏锐的感知能力，习惯将身边的人、事分成两种：有价值的和无价值的，并努力去追求那些有价值的能带给他们成功的人、事，而忽略那些无价值的人、事。

3 号之所以会产生这样的功利主义思想，根源在于他们缺乏关注和安全的童年时期。童年时期的 3 号常常受到父母的忽视，而他们发现通过成功形象和表现能吸引父母及周围人的关注，当受到关注之后，他们对于玩具、零食等方面的需求也能得到很好的满足。而外在环境是多变的，要想在多变的环境里保持不变的成功想象是困难的，这就极好地锻炼了 3 号对于环境的观察能力，使得他们能够迅速辨别哪些是有利于自身发展的事物，哪些是阻碍自身发展的事物。

当3号成年以后，这种对环境的敏锐观察常常使3号受益许多，极大地给予他们安全感和成就感。尤其对于从事商业销售的3号来说，效果十分突出。

我是我们公司的金牌销售员，我热爱我的销售工作，并从中得到极大的满足感和成就感。面对顾客，我总能轻易地判断出顾客的喜好，并迅速地判断出这种喜好对我有利与否，如果有利，我则会伪装自己也有这种喜好，和顾客拉近关系，再渐渐引导顾客给予我期望的结果。

3号发出的4种信号

3号性格者常常以自己独有的特点向周围世界辐射自己的信号，通过这些信号我们可以更好地去了解3号性格者的特点，这些信号有以下4种：

积极的信号

无论是对待生活还是工作，3号都秉持一种积极乐观的态度，他们对未来充满信心，认为"我们一定会成功"，因此努力工作，努力生活，并用自己积极乐观的精神影响身边其他的人，激发其他人的正面情绪，从而带动一个团队的发展。从这个方面来看，3号可以成为非常敬业的领导者：他们有坚定的信念，敢于承担责任，愿意把大部分任务都揽到自己身上。

消极的信号

3号因为将注意力集中在人、事的价值上，而且他们只关注那些对他们有价值的人、事，因此容易忽略身边人的心理感受。因此，作为3号的朋友、伴侣，时常会感到孤独，因为3号将大部分时间和精力都投入到了工作中，他们没有时间也不懂得给予对方精神上的安慰和帮助。总之，3号经常为了工作而牺牲友情、爱情。

混合的信号

为了追逐成功，3号让自己处于一直忙碌的状态，因为他们害怕一旦自己停止忙碌，就会导致失败，那是他们无法承受的结果。他们认为快乐就是他人的认可，以及实质性的财富和社会奖励。由此可见，3号往往将物质和精神混为一谈，狭隘地认为物质决定精神，只要物质丰富，精神就不会贫乏。在这种思想误导下，3号经常成为物质丰富、精神空虚的所谓成功者。

内在的信号

3号注重目标，因此他们的眼里经常只看到结果，而不关注过程。3号也注重效率，因此他们喜欢做了再说，认为细节问题不必预先计划，完全可以在做的过程中解决。然而，一旦 3 号上了路，他们往往集中精力高速前进，就很难再顾及到细节问题，因此常常因细节导致失败。

总之，他们内心中总关注着自己成功之后的感觉，这往往加剧了他们对成功的向往，使得他们信心暴涨、耐心骤降。当 3 号内心被完成的目标和最终的结果所占据的时候，3 号需要提醒自己减速前行，并问问自己："这个目标到底是服务于我，还是服务于我的形象？"从而作出最有利于自身发展的决定。

3 号在安全和压力下的反应

为了顺应成长环境、社会文化等因素，3 号性格者在安全状态或压力状态的情况下，有可能出现一些可以预测的不同表现：

安全状态

处于压力状态下，3 号常常会呈现 6 号怀疑型的一些特征。

3 号喜欢紧张忙碌的生活，因此他们喜欢刺激和竞争的环境。而当他们进入一个安定和平的环境中时，他们往往感到无所适从，甚至觉得痛苦万分。其实，安定和平的环境更有利于 3 号找到真正适合他们的工作节奏，但 3 号往往忽略了这点。

由此可见，3 号大多是被迫进入安定和平环境的，比如他们的家人、伴侣因为情感无法得到满足而向 3 号提出了坚决的要求，3 号两相权衡利益后，最终选择答应家人、伴侣的要求。当然，3 号也有可能突然反省，意识到情感生活的重要性，从而主动进入安定和平的环境，但这种情况较少。

无论 3 号主动还是被动进入安全状态，都能够促使他们关注自己真实的情感，这让 3 号能够体会他人的感觉，并忠贞于自己的情感。但这种安全状态也可能产生负面作用，就是使 3 号产生不安全感，怀疑自己及他人情感的真实性，就会向 6 号性格转化。而当产生这些怀疑时，3 号就突然变得不那么肯定，不那么自信了。

3 号在安全状态下的怀疑思维能够帮助 3 号调整他们的过度自信，抛下他们的面具，帮助他们学习重新考虑、思考和等待，并学会如何去爱，更能放弃以前急功近利的心理，用心去感受他人真挚的情感。

压力状态

处于压力状态下，3 号常常会呈现 9 号调停型的一些特征。

3 号渴望成功，并认为只有不断地工作才能获得成功，因此他们将自己放置在一个高压的环境中，时刻承受着来自工作的压力。如果失业、生病、重要的情感关系滑坡，更会让他们感到危险。

当3号感到压力、危险时，首先会加强他们的防范心理，将注意力集中到他们手头的任务上，借此来压制内心的焦虑感。如果焦虑感还在提升，3号会开始自我安慰："我做得很好，我一直在努力。"而随着压力逐渐变强，自我安慰已经不起作用，3号为了避免自己失败，就会朝着任何一个能够让他们保持动力的方向前进，他们的性格也会向9号转化，找不到前进的方向，只得将精力更多地投入到身边的琐碎事务上去，比如看电视、打游戏、做家务。但是，这样并不能消除3号内心的焦虑，反而加深他心里的脆弱感，使他们开始抱怨命运。

在压力状态下，3号因为找不到正常生活的节奏，因此不得不把自己的希望寄托在他人身上，就使得3号开始看到真挚情感的重要性。这种因为自己而被爱，而不是因为自己的所作所为才被爱的感觉，将成为他们对抗压力的强心剂。

3号适合或不适合的环境

3号性格者因为其独特的性格特点也决定了其有一些环境能够很好地适应，而另外一些环境则比较难以适应：

适合的环境

3号性格者注重效率，因此他们适合在有竞争、有进取、易出工作成果、易表现自我价值的环境。在这样的环境里，3号因为感到竞争的压力，会激发自身的潜力，全身心地投入其中，并努力使自己成为其中的佼佼者甚至领导者。由此来看，那些快步调、交易谈判不断取得进展、企业化、注重形象、具竞争性、结果可以计数、努力及成功会受到奖励的环境会令3号喜欢。

3号关注成功，而且他们认为工作是获得成功的重要方式，只要在工作上拥有出色的业绩，就能获得他人的鲜花、掌声及周边个人赞许、羡慕的目光，从而给予3号成功的满足感。而销售工作十分符合3号的这些要求，因此3号从事销售工作容易成功。

3号对环境具有较强的感知力，能轻易找出那些对自己有利的人或事，因此他们往往充满弹性，擅长说服别人，在具有挑战性和说服别人的工作中尤其能发挥这种天赋的才能。而演讲、国际贸易、公关业务及广告行业等领域能够提供他们发挥这种天赋的空间，更易促使他们成功。

不适合的环境

3 号渴望成功，因此那些难以为 3 号提供名望、地位等成功因素的工作不适合 3 号，那些平静、没有生气、不注重实干的企业也不被 3 号接受，那些损害 3 号渴望的成功者形象的工作也不被 3 号喜欢。3 号也不喜欢那些需要通过不断反省和尝试才能完成的创造性工作，小说家、严谨的艺术家也不是 3 号的选择。而且，即便 3 号为生计所迫进入这些企业，也最终会因为发展受限而离开。

对 3 号有利或不利的做法

3 号性格者需要学习一些对自己有利的做法，避免一些对自己不利的做法：

有利的做法

当遭遇疾病的困扰或者失败的打击时，3 号往往无法保持正常工作节奏，被迫停止工作，开始关注自身的情感，寻找到那些对自己有利的做法：

★放缓自己的工作节奏，给自己的情感和真实思想留下时间，思考驱使自己不停工作的动机。

★关注自己是否有成为工作狂的倾向或者已经成为工作狂，就要适当将自己的注意力从工作中转移到家庭、友情中。

★学会将工作和生活分开来看，为了工作，你需要在公众面前表现出职业形象，但在生活中，则要还原成真正的自己。

★关注自己及他人的真挚感情，学会被感动、被影响，可以为了别人而大喜大悲。

★试着通过身体的感觉来发现自己的感受。比如，在你无法确定自己的情绪时，你首先说出自己的身体感觉，如"我的脸发热"，等等。这些身体上的感觉能够帮助你找到自己的真实感受。

★客观看到自己的能力，不要让对个人成功的幻想取代了自己的真实能力。

★不要过于突出自我价值，不要把自己看做离不开的关键人物，而把周围的人都看做没有能力的懒汉。

★适当收敛自己喜欢欺骗的倾向和表演欲，揭开面具，真诚地待人会更好。

★遇到障碍时，不要选择忽视、逃避，而要正视这些障碍，并利用"集合思维"能力从以往的经验中寻找解决办法。

★注意到自己总是希望成为最完美的心理病人。总是在心理医生面前表现出典型症状，把治疗当成工作，把冥想变成任务。比如："我今天静坐了多少分钟？"

不利的做法

为了避免自己成为自恋狂和工作狂，2号要避免以下做法：

★感觉不到真正的自我，常常困惑地问自己："我的感觉正确吗？""哪个感觉是真的？"

★在冥想的过程中，担心真正的自我根本不存在。

★不喜欢讨论感情问题，更不喜欢关注自己对感情的感觉，认为在感情里，"怎么做"比"怎么感觉"更重要。

★为自己打造虚幻的形象，并且相信这些特质是自己天生具有的。

★活在自己幻想的世界里，即使这样并不能带给自己成功，也甘愿继续麻醉自己。

★做事情总是急于求成，常常因过于追求速度而忽略细节、质量。

★在接受心理治疗时，倾向于选择十分能干而吸引人的心理医师。看重的是心理医师的价值，而不是去发现自己的价值。

★不能接受他人对自己的建议和批评，固执地认为自己的一切行为都是正确的，将自己美化成一个圣人，而圣人是不应该受到任何批评的。

著名的3号性格者

刘邦

汉高祖刘邦有驾驭全局、举重若轻的雄才大略，又有审时度势、因时而动的精确的判断能力，能屈能伸，擅长趋利避害，甚至可以为了自己的利益忽略妻儿、父亲的生命安全。由此可见，刘邦是一个典型的3号性格者，有着浓厚的功利主义思想。

沃纳·埃哈德

沃纳·埃哈德是著名的意识推销员，他在从事销售的过程中开始研究心理学，并创立埃哈德研讨培训组织，在企业界很受欢迎。

罗纳德·里根

罗纳德·里根是美国第40任总统，他推行的经济政策为供应经济学，被人称为里根经济学，将所得税降低了25％、减少通货膨胀、降低利率、扩大军费开支、增加政府赤字和国债，以暂时解决社会福利的问题，排除了税赋规则的漏洞，继续对商业行为撤销管制，使美国经济在历经1981～1982年的急剧衰退后，于1982年开始了非常茁壮的经济成长，并使得美国的20世纪80年代成为"里根时代"。

沃尔特·迪斯尼

沃尔特·迪斯尼生于美国芝加哥的一个农民家庭，他从小的愿望就是成为一位著名的艺术家。即便他为生计所迫而去卖报、参军，也坚持着他的理想。当战争结束后，他回到堪萨斯市，并于1922年成立了自己的动画创作室，在1925年7月，他和哥哥罗伊建立了赫伯龙制片厂，也就是"迪斯尼兄弟公司"，后为"沃尔特·迪斯尼公司"，并在洛杉矶开办了第一个迪斯尼公园，一步步将"迪斯尼"拓展为今天的动画王国。

第二章
我是哪个层次的 3 号

实干型发展的 3 种状态

根据对 3 号性格者发展情况的分析，可以将其划分为三种状态：健康状态，一般状态，不健康状态。在不同的状态下，3 号表现出不同的性格特点。

健康状态

处于健康状态的 3 号是内心平衡的人，他们有着极强的自尊心和自信心，相信自己和自己的价值，并努力实现自己的价值。对应的是 3 号发展层级的第一、第二、第三层级。

他们拥有充沛的精力，充满活力，适应性强，懂得适时调整自己，使自己总是以富有魅力的形象出现，这容易吸引人们的注意，并受到人们欢迎。

他们注重现实利益，喜欢为自己制定现实可行的明确目标，也能够充分认识并激发自身的潜力，竭尽所能地为实现目标、实现自我价值而努力，往往能取得令人羡慕的辉煌成绩。

他们积极乐观、尽心尽责的生活工作态度，以及他们所取得的辉煌成绩，对他人有着较大的影响力，常常能以正面方式激励他人向他们学习，促使更多人追寻自我进步。

在最佳状态下，他们不再忽视真挚的情感，而是开始注重内心的感受，追求真实，也更能照顾别人的感受；也能够承认自己的局限性，过力所能及的生活，更能坦然面对失败，不因失败而沮丧、一蹶不振。总之，这时的 3 号能客观地看待自己及环境，又能调动自己的主观积极性，往往能走向真正的成功。

一般状态

处于一般状态下的 3 号是内心充满不满的人，他们开始过于关注自己的声望和地位，狭隘地将其认为是成功的表现。对应的是 3 号发展层级的第四、第五、第六层级。

他们为了成功，一直努力工作，并且能很好地完成工作，取得不错的成绩。当拥有了这些成绩之后，他们开始有优越感，而且为了保持这些成绩或者是取得更好的成绩，他们往往好胜心强。

他们看重自己的声望和地位，努力想要获得更多的荣誉、头衔，极力想要往上爬，热切希望有所成就，排他，渴望成为人人羡慕的"胜利者"。

他们十分看重自己的形象，喜欢以自恋、趾高气扬、自吹自擂、爱出风头、有诱惑性的方式，来推销自己，使自己给别人留下高人一等的印象，并喜欢以自大和鄙视来抑制对他人及他人的成功的嫉妒。

不健康状态

处于不健康状态的 3 号是一个内心失衡的人，他们害怕被人看低，因此喜欢不恰当地表现自己，歪曲所取得的实际成就，以吸引他人的注意。对应的是 3 号发展层级的第七、第八、第九层级。

他们不关注自己日益混乱的感情，并用若无其事的外表来掩盖内心的混乱，自我欺骗：我很好。但这样忽视内心情感的后果，往往是加剧内心情感的混乱，导致严重的抑郁症疾病。

为了维持成功的假象，他们会做很多不道德的事，比如制造虚假的简历或者剽窃抄袭他人的劳动成果，用撒谎、诡计来掩盖自己的错误，以使自己获取成功。渐渐地，3 号就会变成一个机会主义者，总想着利用别人，垂涎别人的成功，并且为了成功可以不择手段，伤害亲人、朋友也在所不惜。

他们开始有较强的报复心，对他人充满了嫉妒，总是不断报复、打击那些了解他们真面目的人，残忍地毁掉一切会让别人知道他们缺点和失败的东西，并且会毁掉那些他们得不到的东西，甚至有谋杀的病态倾向。

第一层级：真诚的人

处于第一层级的 3 号追求真诚，他们开始关注自己内心深处真挚的情感，也能顾及他人的心理感受，更客观地看待自己追求成功的行为，认为自我的发展才是成功，而不再追求别人的肯定，也不会被别人赞赏、羡慕的欲望所刺激。

他们的注意力集中在以内心为导向与自我成长上，他们真实地表达自己的情感，但并不感情用事，也不情感外露，而是以一种孩子般的天真和热情寻找自己和他人的真理。这样真诚的态度使得他们具有强大的影响力，能够感染和激励他人追寻更高的目标。

他们能够自我接纳，以同情之心看待自我，完全地爱自己。他们通过自我接纳，能够抛开满是浮夸幻想的世界，不再受诱惑而接受有关自身的任何形式的虚妄，从而认识到真正的自我，既能认识到自身拥有的许多天赋和才能，也能大方地承认自己的弱点和局限性。

他们懂得仁慈和慷慨的真正意义：仁慈和慷慨不是为了给他人留下正面的印象，而是以开放的心态去真正关心他人的幸福和成功。他们真心希望对他人好，并誓以用实际行动去保护比他们不幸的人为自己的人生目标。他们不再关注"事事占先"和与众不同。他们开始把自己看做是人类大家庭的一分子，并决心在其中承担自己的一份责任，谦恭地利用自己可能具有的才干和地位去做有价值的事。他们会因为他人投注于自己身上的爱而感动和快乐。

第二层级：自信的人

处于第二层级的 3 号追求自信，当他们遭遇健康问题或人生阻碍时，他们会放下以内心为导向的行为方式，开始更为明显地朝向自身之外寻找他人重视的东西。凭借他们敏锐的观察力，他们总是善于判断什么样的特质能得到对他们而言非常重要的人的尊重，他们调节自己以便成为具有那些特质的人。虽然他们仍是真诚的人，但已经开始从尊重自己的内心转向寻找他人的认可。

他们开始害怕失败，害怕自己毫无价值，为了消除内心的这种恐惧感，他们迫切希望他人的尊重和赞赏，给他们价值感。这主要是因为他们想起了自己不被注意和尊重的童年时期，那种被忽视的感觉让他们觉得难受，他们需要利用其他事物来转移自己对童年生活的关注。而他们也总能轻易地找到转移注意力的办法：了解他人的期望，并在这个过程中锻炼出了自己较强的适应能力。

他们具有极强的社交能力，每当走进一个房间，他们立即就能感觉到其中的氛围，并有效和敏感地随机应变。也就是说他们能轻易吸引他人的注意，并很快融入他人的话题中，还常常使自己成为掌控话题的重要人物。这种能力使其他人很自在，使 3 号的到来常常得到友善的欢迎。而当 3 号笼罩于别人赞赏的关注之中时，他们就会积极地发出光芒。他人的肯定使他们觉得自己还活着，能感觉出自己的好。

他们擅长激发自己的潜能，致力于维持一种"能干"的姿态，认为他们能实现目标，并把事情做好。这种潜在的感觉和可能性会通过一种根深蒂固的务实精神和使他们有能力实现许多目标的坚定性而得到锻炼。早在孩童时期，他们就十分出色，不是体育明星，就是学习成绩优秀或校园戏剧中的主角，成年后也能拥有较好的事业。

他们努力表现出自信积极的人生态度，对他人具有较强的吸引力。他们会通过塑造迷人的外表、展现自己一切正面特质的方式来吸引他人，让他人对他们产生兴趣，进而鼓励他们给予自己更多的互动和肯定。

第三层级：杰出人物

处于第三层级的 3 号追求杰出，他们努力相信自己的价值，总希望拥有良好的自我感觉，开始害怕他人会拒绝他们或对他们感到失望，因此他们必须做一些建设性的事情来增强自己的自尊，投入了大量的时间和精力来发展自己，把自己造就为杰出人物。

他们开始有成功的野心，喜欢用各种方式来提升自己在学术、体育、文化、职业及智慧等方面的成就，但他们并不对金钱、名声或社会名望感兴趣，只是想提升自己的内涵，这也确实让他们拥有一些非常不错的特质，使他们成为所在领域的"明星"，受到他人的赞赏和羡慕。

他们热爱工作，并在工作中表现出较强的竞争力：他们能够专注于自己的工作目标，喜欢自始至终琢磨自己负责的项目；能承受逆境，因为他们确信只要努力工作就能达成为自己设定的目标；能以高亢的热情和勤奋激励团队的士气；常常作为组织的发言人，向公众传达组织的意见。

他们是有启发性的交谈者，能够激励别人发展他们自己；激励他人勇挑重担、进行投资或从事有价值的事业。也就是说，他人在 3 号身上可以看到自己可能会喜欢的东西，3 号就会鼓励他人自己去尝试这些喜欢的东西，帮助他人发展自己的潜能；假如他们是一流舞者，他们会教你如何跳舞；假如他们是健美先生，也会教你如何强身健体；若他们是家畜市场的屠夫，他们也乐于帮助你进入这个行业。

他们是富有幽默感的，他们敢于自嘲，能够对自己的不足和些微的自负一笑而过，而这既可以让人轻松也能增添他们的魅力，更加引起人们的赞赏和羡慕。

第四层级：好胜的强者

处于第四层级的 4 号开始表现出好胜心，他们开始希望自己与众不同，认为只有独特的自己才容易吸引他人的注意力，而要展示出自己的独特，就必须要将自己和他人进行比较。

他们开始喜欢竞争，并渴望在竞争中获胜，从而向自己和同行证明：自己是非凡的优秀人物。为了不被他人比下去，他们为此比他人更努力地工作，寻找各种代表着成功和成就的象征：社交能力、加薪、受欢迎的演讲、签订合约、拥有同他们的老师或领导一样的显要位置。总之，超越他人可以强化他们的自尊，使他们不致产生太深的无价值感，暂时感觉自己更可爱、更值得关注以及被羡慕。

他们开始追逐名利，并将职业成就看做他们衡量自己作为人的价值的主要砝码，因此他们不断地谋划着自己的升迁，想要尽可能快地向上推进，并愿意为此付出巨大的牺牲：牺牲健康、牺牲婚姻、牺牲家庭、牺牲朋友……总之，一个有声望的头衔或职业能够极好地强化3号的成就感。

他们不再真诚，而是注重社交技巧，开始抛弃真实的自我表达，开始掩盖他们的动机，喜欢在人际交往中出风头，以吸引那些对他们来说有价值的人，来帮助他们提升自己的事业，增加自己的社会魅力。

第五层级：实用主义者

处于第五层级的5号变成了一个以貌取人的实用主义者，他们更注重塑造具有吸引力的外在形象，并以此来掩盖他们内心的基本恐惧，隐藏他们真实的情感和自我表达。

他们在追求成功时，关注形式重于实质，更多地关注提升自我形象，他们希望给他人一个可爱的印象，而不管他们投射出来的形象是否反映了真实的自己。因此，他们把旺盛的精力倾注于塑造更加亮丽的外表上，以帮助自己赢取渴望的成功。正是由于他们过于关注形象，使得他们在根本上缺乏真诚的自尊。

他们开始将自己看做一件商品，而不是一个人，而商品需要通过他人购买的形式来证明自身的价值，3号也认为自己需要他人的认同来证明自我的价值。因此，对于3号来说，让别人接受自己成为了第一要务，他们时刻都在做一个规划：怎样让自己成为十分成功和十分有吸引力的人？他们觉得仿佛每个人的眼睛都在看着自己，他们必须时刻准备着留给他人好的观感、印象和感受。这样过度寻求他人认同的态度，使得他们忽视自己的内心世界，也就无法表达自己真正的情感、作出正确的回应。

他们开始变得不那么自信，害怕真正的亲密关系，担心别人发现他们内心的空虚，看到他们那个脆弱的自我。因此他们强迫自己产生情感上的疏离，促使自己将精力都投入到工作中去，全力以赴地追求专业目标，常常带来事业上的成功，这更使 3 号认同情感疏离的方式。总之，在他们看来，他们的情感逐渐成为一个陌生和不熟悉的领域——威胁着要毁灭他们的焦点和他们强有力的形象。

无论是在工作还是生活中，他们都更倾向于使用技巧和规则来帮助自己成功。他们对各种行业术语驾轻就熟，为了实现目的不惜应用各种语言符号，不论是参选总统、卖牙刷还是自吹自擂，他们总是能说得头头是道，让自己看起来像个专家。

第六层级：自恋的推销者

处于第六层级的 3 号开始有自恋的倾向，他们总是认为自己是聪明的、能干的、优秀的、美好的、成功的，他们会用许多代表成功的词来定义自己，并希望别人也能这样看。

他们想要逃避性格中的缺点：那越来越匮乏，且持续引起羞耻感和痛苦的内在自我，更不希望别人看到他们性格中的这些缺点，破坏他们在他人面前苦心经营的完美形象，因此他们常常过度地自我推销，向别人反复突出那些他们身上美好的一面，从而得到别人的羡慕及嫉妒，以此来增强自己的自信心。

他们为了抵消越来越强的恐惧感：害怕自己变得毫无价值，开始塑造华而不实的外表来包装自己，并无休无止地替自己做广告，吹嘘自己的才华，卖弄着自己的教养、地位、身材、智慧、阅历、配偶、性能力、才智——所有他们认为能赢取羡慕的东西，用听起来很重要的名头宣传自己的成就，或是让别人了解他们将要取得的巨大成功，使自己听起来很了不起，似乎自己永远比别人做得好，而且比实际的样子更好。然而，他们这种浮夸的表演常常引起他人的反感。

他们的竞争意识进一步加强，喜欢将别人看做是通向成功的威胁和障碍，因此常常给别人制造难题，阻碍别人的进步，以防别人超过自己。而且，他们看不起那些地位、声望不及自己的人，更看不起那些曾经在某次竞争中输给他们的对手。在这种心理下，3 号容易和他人发生冲突，并有越演越烈的趋势。

当他们取得一定成绩后，极容易骄傲自满，沉迷于自恋的短期满足，开始虚度光阴，沉迷于性吸引和性魅力，以致逐渐无法关注现实的、长远的目标和成就，也就阻碍了自己的发展。

第七层级：投机分子

处于第七层级的3号开始变得不诚实，他们固执地认为失败是一件丢脸的事情，因此当他们以常规的方式无法取得成功时，他们就可能采取某些极端的方式，只要这些方式能帮助他们获得成功，他们并不觉得有什么不对。

他们视生存为人生第一要务，但因为他们不关注自我，使得自己的性格往9号偏移，容易导致自己找不到人生的目标，对在何时该做何事没有任何方向。此时，他们的实用主义已经降格为一种没有原则的权宜之计，他们所做的任何事几乎都是为了让他人相信自己仍是特别的人，而实际上他们可能并无特别之处，他们就可能为了突出自己的特别而歪曲自己的真实处境：钻牛角尖、隐瞒自己的简历、剽窃他人的成果、把他人的成果据为己有，或是编造从未有过的成就以使自己看起来更加出名。总之，为了生存，为了成功，他们不惜一切代价。

他们开始倾向投机主义，为人处世都喜欢投机取巧，擅长在不同的环境中转变身份，赢取他人的认同，为自己获取利益，但他们常常是总想占尽先机却又搬起石头砸了自己脚的机会主义者。

他们喜欢以价值来评判他人，选择和那些对自己有价值的人建立关系，并不假思索地利用对方为自己获取价值，一旦对方没有了价值，他们会毫不犹豫地放弃对方。因此，他们的朋友寥寥无几，而且常常是和他同样是投机分子。

第八层级：恶意欺骗的人

到了第八层级，3号发现自我欺骗已不再能麻醉自己，不再能抑制他们心中对失败日益强烈的恐惧感，而他们又不愿向别人承认他们的失败，他们只好动用非常规手段——恶意欺骗来继续伪装成功者。

他们开始变得神经质，时刻都在怀疑自己的形象是否有魅力，是否对他人有足够的吸引力，当他们发现他人不够关注自己时，他们会谎话连篇，强迫对方重新关注自己，即便这些谎话可能会对他人造成伤害也在所不惜。这时的3号，已经变成了一个病态的说谎者，他们的语言和行为中都只有他们想要的成功，而没有事实的真相。

无休止的谎言给他们带给不断激增的压力，但他们竭力压抑这种压力，努力给人以镇定和有自制力的良好形象。但这往往越发加剧他们内心世界的崩塌，使他们变得极度危险，犯下种种罪行：他们变得无情无义，完全有可能出卖朋友、愚弄他人或毁灭证据，以掩盖自己的恶行；他们阴谋破坏别人的工作，伤害爱他们的人，因为看到别人毁灭是他们获得优越感的唯一方法。而随着一项罪行的增加，他们会越发恐惧被人发现他们的真面目，恐惧因这些罪行而受到惩罚，为了逃避惩罚，他们可能犯下更多的罪行，最终使自己变成十足的恶棍和疯子。

第九层级：报复心强烈的变态狂

到了第九层级，3 号已经陷入了严重病态，产生强烈的自卑心理，认为其他人都比自己优秀，又同时带有强烈的好胜心，不希望别人比自己优秀，这两种心理综合的结果，就是使得他们对他人怀有疯狂的怨恨心理，当他人在竞争中击败他们时，他们更会产生疯狂的报复心。

他们的优越感不复存在。因此他们在面对他人的优越时，常常是不可遏制的、基本上属于潜意识的冲动中体现为想在人际关系上挫败、智取或击败他人。尽管这些毁灭何人或何事的行为，总会让他们想起一直以来都在力图避开的那些不幸往事，可他们已没有能力控制自己这种偏执性强迫症的行为。也就是说，此时的 3 号已经没有任何能力移情于任何人，所以也就没有什么东西可以约束他们对他人的严重伤害。

他们喜欢竞争，更喜欢制造和他人的敌对关系。因为他们总是极端嫉妒他人，总是觉得他人拥有自己所需要的东西。在他们眼里，所有人都是对自己破碎的自尊的一种威胁，都是他们恶意报复的对象，即便这个人或许只是一个心态正常的普通人，并无任何优越之处。如果别人不反抗还好，一旦反抗，就会促使 3 号彻底堕入罪恶的深渊，后果的严重性往往无法想象。

一旦 3 号丧失最后的一点正常心智，他们就会无所畏惧，完全陷入病态的精神世界，他们可能随心所欲地制造罪行：袭击、纵火、绑架、杀人，而且，公众的谴责和臭名远扬给了他们所渴望的关注：被害怕和被蔑视恰好证明自己仍是个"人物"。从精神病学的角度来说，一个人犯罪乃是因为他一直想通过毁灭他人来重获优越感，这其实就是对该层次的 3 号的行为最精准的评判。

3号的沟通模式：直奔主题

3号追求成功，注重效率，他们时常觉得"人生苦短"，要抓紧时间努力工作，才能获得自己想要的荣誉、声望、金钱、地位等成功者的必备元素，因此他们总是急匆匆地走在前进的路上，难有停歇的时间。为了保证自己的高效率，让自己尽快达到成功的目标，他们习惯快速沟通和办事的方式，喜欢直奔主题，绝不拖沓冗长。

古典小说《镜花缘》中，林之洋、唐敖、多九公三人到了白民国，在一家酒店吃饭，酒保把醋错当成酒给他们送来了。林之洋素日以酒为命，举起杯来，一饮而尽。那酒方才下咽，不觉紧皱双眉，口水直流，捧着下巴喊道："酒保，错了！把醋拿来了！"

这时旁边一个驼背的老儒赶忙劝他道："先生听者：今以酒醋论之，酒价贱之，醋价贵之。因何贱之？为甚贵之？真所分之，在其味之。酒味淡之，故而贱之；醋味厚之，所以贵之。人皆买之，谁不知之。他今错之，必无心之。先生得之，乐何如之！第既饮之，不该言之。不独言之，而谓误之。他若闻之，岂无语之？苟如语之，价必增之。先生增之，乃自讨之；你自增之，谁来管之。但你饮之，即我饮之；饮既类之，增应同之。向你讨之，必我讨之；你既增之，我安免之？苟亦增之，岂非累之？既要累之，你替与之。你不与之，他安肯之？既不肯之，必寻我之。我纵辨之，他岂听之？他不听之，势必闹之。倘闹急之，我惟跑之；跑之，跑之，看你怎么了之！"

唐敖、多九公二人听了，只有发笑。林之洋道："你这几个'之'字，尽是一派酸文，句句犯俺名字，把俺名字也弄酸了。随你讲去，俺也不懂。"

其实老儒啰啰唆唆说了一大堆，其实就一句话的意思：醋比酒贵。唐敖、多九公是不是3号我们暂不判断，总之在3号的眼里，这样如此啰唆地叙述这么简单的意思，是对时间的一种浪费，不仅得不到他们的好感，反而容易激起他们的愤怒。

因此，人们在与3号沟通交流，要直中要害，直奔主题。先了解对方最关心项目里面的什么部分，再重点分析，切忌什么都说，太繁琐会让他们注意力分散。虽然在谈话时，3号有时候看起来挺有耐心的样子，就算你说再多繁琐的东西，他们看起来也专心致志。但那是为了给你面子而且要保有专业的形象，他们的内心可能早就远离你的话题了，所以跟3号谈话要懂得把握节奏和突出重点。如果你还是怕他们知道得不够全面而继续讲下去的话，也许他们就会开始变得烦躁，就可能对你发脾气了。

观察3号的谈话方式

3号注重效率，因此他们说话时喜欢直奔主题，直截了当地说出自己的观点，提出自己的意见，绝不拖泥带水，给人以干脆利落的感觉。

下面，我们就来介绍一下3号常用的谈话方式：

★3号注重效率，因此他们说话常常语速较快，这是为了在单位时间内表达更多的信息，以便在下一刻能做更多的事情。

★3号说话时喜欢用简单的字词、句子，不仅能直达中心思想和目标，还给人一种有力量的感觉。他们常说的字词有：目的、目标、成果、价值、意义、抓紧、浪费时间、做事情、行动、赞扬、认同、能力、水平、第一、最好、竞争、面子、形象等。

★3号声音洪亮，喜欢使用抑扬顿挫的语调说话，能有效调动听众的情绪，获得他人的高度赞同，甚至在许多时候，人们会因为自己跟不上3号的讲话节奏以致错过精彩而引以为憾。

★3号注重思维的逻辑性，以及行动的快速性，他们在说话时也非常有逻辑、有效率，同时只关注重点。

★3号不喜欢谈论哲学话题，那些冗长的分析和感性的认知让他们感到无聊。同样，他们也不喜欢和他人进行长时间的谈话。

★3号喜欢为自己塑造积极乐观、能干的形象，因此他们通常会避免显示自己消极一面的话题或一些自己所知甚少的话题。

★3号不喜欢和能力差、没有自信的人谈话，当他们认为对方没有能力或不自信时会变得不耐烦，而且不太相信那些没有能力或不自信的人所提供的信息。

★3号在说话时喜欢配合相应的身体语言，讲到高兴处，常常眉飞色舞、手舞足蹈，使人们能够通过3号的声音以及神态，看到3号所描述的画面，有一种身临其境的感觉。

读懂3号的身体语言

当人们和3号性格者交往时，只要细心观察，就会发现3号性格者具有以下一些身体信号：

★3号十分注重形象，他们多保持适中的身材，以满足当下审美对身材的要求。

★3号十分注重自己的着装，既要达到光鲜亮丽、夺人眼目的效果，但又要避免出现哗众取宠的情况。一般来说，3号男性喜欢给人一种洒脱的感觉；3号女性喜欢给人一种干练的感觉。而且，他们喜欢针对环境来着装，以使自己更好地融入到环境中，但又不失自己的独特风格，轻易抓住他人的眼球，获得他人的好感。

★3号在与人交流时，常常眼神专注且充满自信，时时流露出自己内在的实力和魅力，其以充满"杀伤力"的眼神投向身边的人，让人有一种渴望与其接触但又怕被刺伤的"欲罢不能"的感觉。

★3号喜欢塑造挺拔的形象，因此努力让自己"站如松，坐如钟"，但他们的肢体语言非常丰富，大多数情况下很难安静坐好，但是其刻意控制自己体态的做法，会给人一种"表演"的感觉。

★3号注重肢体语言的表现力，因此他们在谈话时常常搭配相应的肢体动作，尤其在手势方面更加懂得与眼神所传递的信息配合，给人一种活力四射的感觉。比如，3号在向他人表示友好时，总是摊开双手给人一种开放态度的亲切感。

★3号态度圆滑，擅长根据不同的场合及公众的要求做出相应的改变，以恰当的言语沟通方式迅速融入所置身的公众场合。

对3号，不相争多合作

3号性格者的好胜心和比较心都特别强，事事都要求自己比他人强，事事都要求别人的认同和赞美，这也成为他们的上进心和追求成功的原动力。当看到别人成功时，他们的第一个反应就是："总有一天我会比你成功。"当他们面对和自己实力相当的人时，会不由自主地产生好胜心：我一定要做得比你好，我一定要比你强。"

因此，当你遇到 3 号时，如果你喜欢他们，欣赏他们的勤奋和拼劲，就不妨降低自己的竞争心，尽量配合他们，帮助他们达成目标。而且，当你与他们站在同一阵线时，3 号也乐于保护你，与你分享他们的成就。

李婷和刘彤同在一家电力公司工作，在工作中她们不相上下。

李婷是电力局李局长的宝贝闺女，领导因此比较关照李婷。刘彤并没有因为自己没有这样的关系而表现消极。在工作中，她经常与李婷相互协作，完成工作中的难点，相互配合非常默契。李婷也愿意同刘彤编在一组，相互促进。在完成 11 万伏高压输电线路安装的过程中，她们两人晚上看图纸，安排工序，白天干活，比预定工期提前 1/3，因此受到表彰。

曾经有朋友劝刘彤，李婷本来就有关系，现在你帮她的忙相当于断了自己的升迁之路。刘彤对朋友说："首先我佩服的是李婷的能力和人品，李婷是李局长的女儿，但她不靠父亲，而靠自己的实力，全局很少人能够进行 11 万伏的带电作业，她就是一个；第二，如果自己没有水平，即使领导不看重她，自己也不会有什么出息。我现在也是向她学习本事；第三，一旦李婷升迁，自己与她配合默契，工作起来也顺手。"

通过相互之间的配合，两人取得了很大的成绩，并且上级领导通过李婷也认识了刘彤，认为两个人的能力同样突出，并授予她们"优秀班组"称号。在李婷提为安装队队长之后，刘彤理所当然地成为副队长。李婷心里也明白，没有刘彤的帮助，仅靠自己也不会有这么突出的成绩。在不久之后，李婷将刘彤调到另一部门担任正职。这样，刘彤的路子也宽广起来。而且，两个人在两个部门相互协调，工作就更加好干了。

刘彤之所以甘愿配合李婷，不仅是因为她喜欢李婷的人品，她更佩服李婷的实力，她也深知和这样极富魅力和竞争力的人争斗，自己占不到什么便宜，因此她甘居配角，尽力配合李婷这个主角的工作，提高了团队的业绩，更获得了李婷的保护，从而为自己争取到了更大的发展空间。

人们在面对 3 号那样极富竞争力的对手时，与其对抗，弄得两败俱伤，不如适当服软，甘当配角，积极配合 3 号的行动，帮助 3 号获得更大的成功，也就为自己赢得了 3 号的保护，为自己赢得了更好的发展。

对3号多建议少批评

在3号的眼里，人只有两种：有价值的人和没有价值的人。而为了追求成功，他们会主动接近那些对他们有价值的人，而自动忽略那些对他们没有价值的人。为了讨好那些有价值的人，他们会努力将自己塑造成对方心目中理想的形象，从心理上强迫对方臣服自己，而为了保持这种优越性，他们常常会根据他人的想象来改变自己的形象。由此可知，当3号面对他人对自己的批评时，他的第一反应往往是：哦，原来他心目中的成功者是那样的，那好，我就变成那样吧。他们就会根据他人的观点来迅速调整自己的形象，而不会去深思这些批评背后关于个人发展的东西。简单点说，就是批评只会是3号更好地伪装自己。

而当人们给予3号建议时，则是在帮助3号进入他们的感情世界，帮3号从他们的主管情感上来思索发展的问题，着手建立3号自己对于成功的标准，而不再以他人的成功想象为标准。也就是说，他人的建议更能帮3号看到自己的需求。

人们常说"一个建议胜过十个批评"，就是要求人们在面对他人的缺点时多建议少批评。因为每一个建议中都包含着智慧，包含着汗水，包含着建议者的思索，包含着建议者的支持，包含着建议者的良苦用心；而抱怨与批评却简单得多，只要把自己看不惯的，不喜欢的一股脑发泄出来，自己痛快了，却让别人不痛快了。对于渴望用成功形象来吸引他人注意，获得他人赞赏，满足自身优越感的3号来说，他人的批评往往是否认他们成功的表现。而为了维持自己的优越感，3号会选择忽视或者反击那些批评，从而引发和他人之间的冲突，对双方都不是好事。

因此，人们在面对强势的3号时，不妨多建议，少批评，尽量在不破坏其优越感的情况下给出客观意见，引导3号认识自己的内心世界，从而帮助他们获得更好的成功，也容易为自己争取到3号的保护和帮助。

给予3号客观的回应

3号性格者追求成功，他们喜欢在人前塑造一个极富吸引力的成功者形象，因此他们时刻关注大众对于成功这个概念的理解。如果人们觉得成功者是有庄严肃穆的，3号的男性就会喜欢以西装加领带的严肃形象出现；如果人们觉得成功者是时尚的，3号的形象中就会出现许多时下的流行元素；如果人们觉得成功者是个性的，3号就会表现出特立独行……总之，大众认为成功者应该是什么样子的，3号就会以什么样子出现，从而彰显自己成功者的身份，满足自己的优越感。

由此可见，3号十分注重和他人的交流，并尽量从他人的信息中挖掘出对自己有价值的东西。如果他们发现对方给出的信息是客观的，对他们有价值，他们就会深入接触对方；如果他们发现对方给出的信息多是主观的，对他们毫无价值，或是极大地伤害了他们的利益，他们就会选择忽视对方，或是直接地反抗对方。而且，因为3号是擅长交际的高手，往往有着极强影响力，因此他们很容易帮助一个人成功或是毁掉一个人的成功。也就是说，得罪3号不是一件好事。

托斯康是一座边远的小城。有一天，城里来了一个外乡人。这个人为了提高自己的身份和声望，真真假假地讲了些老家的逸闻趣事。在他的嘴里，他的老家充满奇迹，和这里的单调、荒凉相比，真像天堂一样美妙。

客人很健谈，在他的身边聚集了不少人。不一会儿，本地一位受人尊敬的市民也来了。他伫立在人群中听这位外乡人夸夸其谈。最后，他很有礼貌地插了一句："你说的那个地方那么遥远，如果你真是出生在那里，我们也用不着怀疑了，相信你讲的都是实情。"

愚鲁的外乡人听了这几句话非常得意，他双手叉在腰间，傲然四顾，摆出一副自命不凡的架势。

这位市民是非常聪明的，他接着又说："老兄，你说的那个城市里的稀罕事，我们亲眼见识过，我们相信。不过你也应该明白，在我们这个偏远的小城，我们还从来没有见识过像你这样丑陋的人。"

当你口中说出的不是客观的话时，你说出的就将是谎言，你也就成为他人眼中的骗子，可能骗得了一些善良无知的人，却骗不了那些聪明人。

当你在能干聪明的3号性格者前信口雌黄，说出源源不断的谎言时，你很容易被3号的慧眼一眼看穿，你的丑恶行径也将被揭露，受到众人的谴责，极大地损害了自身的发展。

第五篇

4号浪漫型：迷恋缺失的美好

4号宣言：我是独一无二的。

4号浪漫主义者喜欢标新立异，渴望与众不同。他们对自己和他人的情绪十分敏感，也十分在意。因此，他们身上具有很多艺术家的特质，往往情感丰富，习惯忠于自己的感受，凭感觉做事，追求心灵刺激，情绪变化无常，散发出独特的魅力。但他们也喜欢关注负面情绪，活在过去，迷恋缺失的美好，沉溺于痛苦中。

第一章
4 号浪漫型面面观

自测：你是崇尚浪漫的 4 号人格吗

请认真阅读下面 20 个小题，并评估与自身的情况是否一致，如果某一选项和你的情况一致，那么请在该选项上画钩。

1. 我时常觉得自己和别人不同，我是不平凡和独特的。
□我很少这样□我有时这样□我常常这样

2. 我是一个有品位、有个性和喜欢我行我素的人。
□我很少这样□我有时这样□我常常这样

3. 我感情丰富，思想浪漫有创意，拥有敏锐的感觉和审美眼光。
□我很少这样□我有时这样□我常常这样

4. 我会把焦点放在关系和感觉上，找到理想的伴侣对我来说意义重大。
□我很少这样□我有时这样□我常常这样

5. 我喜欢和我的伴侣保持一定的距离，因为一旦双方亲密就会看到他的不完美。
□我很少这样□我有时这样□我常常这样

6. 当我不开心的时候，我喜欢独自一人来处理这不开心的情绪。
□我很少这样□我有时这样□我常常这样

7. 被他人误解对我来讲是一件特别痛苦的事。
□我很少这样□我有时这样□我常常这样

8. 我的创造力、热情和丰富的感情对他人很有吸引力。
□我很少这样□我有时这样□我常常这样

9. 我对别人的痛苦具有深层同情，愿意支持、帮助在痛苦中的人。
□我很少这样□我有时这样□我常常这样

10. 我会深深地被美丽的东西所吸引，不管是人，还是物品。
□我很少这样□我有时这样□我常常这样

11. 和不熟的人交往时，我会表现得沉默和冷漠。
□我很少这样□我有时这样□我常常这样

12. 对不合我品味的人，我会表现出拒人于千里之外的态度。
□我很少这样□我有时这样□我常常这样

13. 当遭到拒绝、挫折时，我会变得沉默、害羞，不愿意轻易地向他人表达感受。
□我很少这样□我有时这样□我常常这样

14. 我有时会感到忧郁，为遗失的美好而惆怅。
□我很少这样□我有时这样□我常常这样

15. 我时常会难为情。
□我很少这样□我有时这样□我常常这样

16. 我心中有很多梦想和理想，但有时我很难实现它们。
□我很少这样□我有时这样□我常常这样

17. 我比一般人感受更深，对快乐不屑一顾。
□我很少这样□我有时这样□我常常这样

18. 我特别容易被哀愁、悲剧所触动。
□我很少这样□我有时这样□我常常这样

19. 我总是觉得过去比现在好，经常喜欢缅怀逝去的事物。
□我很少这样□我有时这样□我常常这样

20. 我是一个直觉敏感、有创造力的人。
□我很少这样□我有时这样□我常常这样

评分标准：

我很少这样——0分；我有时这样——1分；我常常这样——2分。

测试结果：

8分以下：悲情浪漫倾向不明显，情绪自控能力比较强，不会多愁善感。

8～10分：稍有自我倾向，比较重视个人的感觉和体验，对美有一定的执著，但不会被情绪所累，有适度的理性。

10～12分：比较典型的4号人格，情绪感知的能力很强，做事情喜欢跟着感觉走。

12分以上：典型的4号人格，品味独特，比别人更容易哀愁和伤感，时常沉浸在悲伤的情绪之中。

4号性格的特征

在九型人格中，4号是典型的浪漫主义者，他们是天生的艺术家。他们容易被真诚、美、不寻常及怪异的事物吸引，会翻开表面以寻找深层的意义，他们对关心的事物表现出无懈可击的品位，他们任凭情感的喜恶去做决定，最好的事物总是最能轻易满足他们。在别人眼中他们可能像强烈及浮夸的悲剧演员，或是爱管闲事而刻薄的评论家。然而在他们最佳的状况时，4号是一个兼顾创意和美感的人，过着热情的生活，并表现得优雅，具有极佳的品位。

4号的主要特征如下：

★内向、被动、多愁善感，感情丰富，表现浪漫。

★关注自己的感情世界，不断追寻自我，探索心灵的意义，追求的目标是深入的感情而不是纯粹的快乐。

★重视精神胜于物质，凡事追求深层的意义。

★被生活中真实和激烈的事物深深吸引，比如生死、灾难、遗弃等。

★带有忧郁感，被生命中的负面经历所吸引，特别易被人生哀愁、悲剧所触动。

★总觉得别人不理解自己，认为被他人误解是一件特别痛苦的事。

★敏感于他人对自己的态度，经常不被人理解，常眼神略带忧伤。

★害怕被遗弃，内心总是潜藏着一种被遗弃的感觉。

★能够感同身受，对别人的痛苦具有深层且天赋的同情心，会立刻抛开自己的烦恼，去支持和帮助在痛苦中的人。

★依靠情绪、礼貌、华丽的外表和高雅的品位等外在表现来支撑自己的自尊。

★追寻真实，但总感觉现实不是真的，相信当个人被真爱包围时，真正的自我将出现。

★常说一些抽象、幻梦的比喻，让别人听不太懂其隐喻。

★好幻想，惯于从现实逃到自己的幻想中。

★被遥不可及的事物深深吸引，把一个不存在的恋人理想化。

★对已经拥有的，只看到缺点；对那些遥不可及的，却能看到优点。这种变化的关注点加强了被抛弃的感觉和缺失的感觉。

★对人若即若离、捉摸不定、我行我素却又依赖支持者。

★一旦爱上一个人，会表现得特别缠绵热烈，会刻意用各种方法引起伴侣的关怀，或利用离离合合的手段，借以掌握关系中的主导权。

★对不合自己心意的人，会表现出拒人于千里之外的态度，和不熟的人交往时，会表现沉默和冷淡。

★不愿意接受"普通情感的平淡"，需要通过缺失、想象和戏剧性的行动来重新加固个人的情感。

★拥有过人的创造力，希望创造出独一无二、与众不同的形象和作品，在个人生活及工作上喜欢用各种方式表达创意。

★不开心时，喜欢独处，独自承担寂寞和痛苦。

4 号性格的基本分支

4 号喜欢关注自己的感情世界，尤其喜欢关注自己的爱与失。在他们看来，只有当两颗心相遇时，产生了爱，他们才会感到自己是完整的；相反，他们则是残缺的，他们会因为自己的残缺而感到痛苦，这种痛苦主要表现为忧郁。但 4 号并不以忧郁为苦，反而认为这种因缺失而产生的忧郁具有强大的吸引力，促使他们用情感填补内心的空缺，并与他人建立联系，总之，他们在快乐和悲伤中探寻世界。

4 号过于关注自己的情感，使得他们对情感中的快乐和悲伤有着强烈的独占心理，因此当他们看到别人在享受他们渴望的快乐时，嫉妒之心就会油然而生，如同插在心口的一把尖刀。这种嫉妒心理会推动着 4 号去寻找他们认为可以让人快乐的事物，比如金钱、独特生活方式、公众认可等。然而，当他们真正获得了这些东西时，他们又会拒绝，因为他们又发现了新的快乐。4号不断产生的嫉妒心促使他无止境地追求快乐。这种矛盾心理往往突出表现在他们的情爱关系、人际关系、自我保护的方式上。

情爱关系：竞争

4 号性格者喜欢表现自己的独特，他们希望自己在伴侣眼中是独特的、不可取代的，这其实就是一种比较心、好胜心的体现。为了凸显自己的独特，他们不得不让自己随时都处于竞争状态，要把自己的对手赶走。因此，在 4 号的恋爱关系中，常常会出现两个女人争夺一个男人，或者两个男人追求同一个女人的情况。总之，竞争让他们充满能量和活力，并能保证让他们远离忧郁和沮丧。

人际关系：羞愧

人际交往中，4 号常常会遇到比自己优秀的人，这就激发了他们内心中的缺失心理，他们就只会关注别人具有而自己没有的优点，这就容易使得他们产生一种羞愧感，变得没有自信。这种缺乏自信的表现，通常是基于过去曾经发生的遗失，而在幻想的催化下，自己的缺失仿佛被他人获得，生活的乐趣也因此被他人享受了。这时，羞愧的 4 号就会陷入深深的自责中，认为自己一无是处。因为他们深信：一个有价值的人是不会被他人抛弃的。

自我保护：无畏

当 4 号感到自己没有价值时，他们一方面会变得忧郁，在希望和失望中挣扎不休，一方面又会铤而走险，努力去体现自己的价值。这时的他们，心中只有一个念头：生存就是要不顾一切地获得让自己满意的事物。也就是说，为了追逐一个梦想，可以忽略基本的生存需要，可以通过极度冒险的方式来实现梦想的生活。如果在实现梦想后，4 号心中又产生了不满，他们还可能摧毁一切，重新再来。总之，这种类似在悬崖边上跳舞的冒险生活反而会让他们感到解脱，为平淡的人生注入意义和活力，嫉妒心也会在奢华的生活、有意义的对话和优雅的环境中消失殆尽。

4 号性格的闪光点

九型人格认为，4 号性格的人有着许多的闪光点，下面我们就来具体介绍：

富有同情心

4 号天生富有同情心，他们对于苦难有一种与生俱来的熟悉感，他们特别适合与那些处于危难或悲伤中的人一起工作，因为他们身上有一种独特的毅力，愿意帮助他人走出激烈的情感创伤，而且愿意长时间地陪伴在朋友身边，帮助朋友疗伤。总之，他们不仅会锦上添花，更会雪中送炭。

极高的敏感度

4 号因为注重对自身情感的剖析，因此他们具有很好的敏感度，能轻易发现每一件事物内在的生命力，因此他们善于发现商机，掌握信息，往往能在别人未出手之前就出手，从而大获其利。

甜蜜的忧郁

4 号喜欢体验生活中悲伤的一面，他们并不将忧郁视为消极影响，而是将其看做生活中的调味剂，认为忧郁的感觉有着不可抗拒的魅力。对 4 号来说，体会忧郁才能探索人性的奥秘。他们能够通过体验忧郁来逃避由失落感和苦恼而产生的压力，唤醒自己的想象力，感受情感的细微变化，从而与远方的某种事物建立了联系，让他们的生活得到升华。

痛苦的创造力

4 号享受痛苦的感觉，认为这是一种创造力的表现。他们喜欢在痛苦中创造，就好像一个艺术家宁可忍饥挨饿，也不愿出卖自己的作品来换取舒适的生活，因为痛苦让他们感到生命的本质，调动他们内心的张力，而艺术创造则把这种感悟表现出来，使之具有更直接的意义。

不断涌现的灵感

4号喜欢沉浸在自己的感觉世界里，经常一不留神就会灵魂出窍，开始天马行空的想象。这种想象使得他们灵感不断，能够去把一些不相关联的事情联系起来，创造出新鲜独特的东西。一般来说，4号习惯以直觉和创造性带领工作，并以个人风格和深度来丰富他，他们的一切都是凭借感觉自然形成。

唯美的品位

4号对感情世界的关注，就使得他们具有良好的审美眼光，讲究品位，容易被美的事物吸引，并爱用美的事物来表达自己的感情，同时他们也善于美化环境，无论是对自己的着装，还是房间的布置，他们都着重突出高尚的趣味和优雅的姿态，并兼具浓烈的个人风格。

追求无止境

4号具有较强的缺失感，他们总是看到别人身上的优点，总是不断地不断追求新事物来寻找快乐，填补内心的缺失。哪怕他们已经功成名就，他们的注意力仍旧朝向生活中失落的、不完美的部分，始终不满足现状，于是他们便无止境地追求。

4号性格的局限点

九型人格认为，4号性格不仅有许多闪光点，也有许多局限点：

过于专注自己的内心

对于4号性格者来说，深刻的情感是他们精神的支柱，他们非常注重自己的体会，宁可去感受一件消极的事情，也不愿意什么感觉也没有。他们常常把自己和自己的感觉画上了等号，当他们感觉不好时，他们就会否定自己的价值，让自己变得不切实际，不事生产，甚至走向自我毁灭的道路。

自我沉醉

4号喜欢将自己从现实中脱离出来，沉迷于自己的想象中。因为他们想要了解自己，认为不了解自己就不知道自己生存在世界上的目的，就无法去发展创造力；但是他们又害怕了解自己。他们害怕了解自己后，发现自己并不独特，就容易自我憎恨、自我折磨，所以在面对自己时，他们非常胆小，容易逃离到幻想的世界去。

易受负面情绪影响

4号过于关注情感中负面的事物，比如悲伤、失败等，他们容易受负面情绪影响，在做事时给予自己失败等负面暗示，从而让自己活在负面期待的世界里，容易导致4号的失败。而一旦失败，4号就开始否定自己的价值，开始封闭自己的内心，陷入无止境的自责之中。

害怕被遗弃

4号心里潜在这样一种感觉：如果自己毫无价值，就要面临被遗弃或者已经被遗弃的命运。因此，他们往往把第一次被遗弃感投射到所有关系中，只要交往过程中哪怕碰到极小的难题，或者自己预见到会被拒绝，就会立即推开对方。

容易质疑自己

4号追求自我的独特，因此他们早在童年时期就不被周围人认同，被贴上"任性"、"无纪律"等负面评价标签。当他们面对的否定多了，他们对自我的评价也不高，会不信任自己，同时又觉得别人并不了解自己，这种累积的怨愤一旦发泄出来，便不可收拾，造成4号的质疑心理。

自我封闭

4号害怕被遗弃，因此他们常常生活在别人舍他而去的惶恐中。因此，当他们遇见糟糕的事情时，痛苦会比别人久，生命被哀伤掩盖，复原的过程非常缓慢。为了避免这种没完没了的担忧，4号不得不封闭自己，尽量维持一种自给自足的生活状态，减少对他人的期待，也就能减少被遗弃的机会。这常常使得4号生活在封闭的自我世界里，难以客观地看待自己和世界。

情绪化

4号关注感情，又厌恶平庸和单一，因此他们喜欢感情的起伏，而且总是表现得比实际夸张许多，这常常导致他们情绪的低落或兴奋，沉湎于大起大落的情感。这常常给人以不成熟、办事不牢靠的感觉。

自我摧毁

4号带有强烈的悲观情绪，因此他们总是喜欢破坏现有的成就，极端地把小问题放大，将他人身上的任何小毛病视为不能容忍的刺激，这些都容易导致4号的愤怒情绪，从而做出自我破坏、自我摧毁的行为。

4号的高层心境：本原联系

4号性格者的高层心境是本原联系，处于此种心境中的4号性格者能够通过关注内心的真实情感，尤其是那些负面、悲观的黑暗情绪，找到本体的联系，从而填补内心的缺失感。

　　和其他人格相比，4号具有较强的悲观情绪，其他人格都是通过抛弃悲伤的方式来寻回本体，而4号恰恰相反，他们要通过深度认知悲伤的方式来寻回本体。这是因为早在4号的童年时期，他们就拥有了强烈的缺失感，当他们成人后，这种缺失变成了一种潜意识，认为自己失去了获得幸福的重要元素。就好像原来美味的牛奶已经找不到了，取而代之的不过是奶粉冲泡的饮料。来自物质生活的奖励并不能帮4号重新建立起与本体的联系，即便他们成为拥有无数财富和巨大权力的国王，也不能消减他们内心的缺失感。总之，4号无法从现实生活中获得满足感，因此，他们不得不寻找现实背后的世界。

　　在4号看来，生活中不只是存在一个现实世界，还应该存在另一个潜在的世界与现实世界并存，而且，这个世界必须靠心灵去感知。当4号情感生活特别和谐的时候，当悲剧激发了他们潜在感觉的时候，当他们被爱包围或被爱抛弃的时候，他们就能感受到这个世界的存在。4号说，在这样的时刻，他们就能与自己失去的东西建立起联系，就能感觉到一股外在力量的支持，感到自己充满了自信和活力，能够面对生活中的一切挫折。

　　正因为4号对现实之外的那个世界的执著，4号总是格外关注自己的情感。在他们看来，无论是情感的光明面还是黑暗面，都是通向那个世界的道路，因此他们总是顽固地把守着情感的黑暗面。他们宁愿保持自己的独特性，哪怕是痛苦的，也不愿成为一个快乐的普通人。也正是4号对于情感的这份坚持，使得他们更容易寻找到本体。而且，他们这种坚持自我的态度，也提醒了我们其他人要去寻找与高层意识的联系。

4号的高层德行：泰然

　　4号性格者的高层德行是泰然，拥有此种德行的4号不再嫉妒他人的成就，不再羡慕他人，不再自责，在他人与自我之间寻找到了一种平衡，能够泰然地面对一切，自在地生活。

　　4号天生拥有极强的嫉妒心，他们总是被那些自己得不到的事物强烈吸引，因此他们可以花大量时间和精力去追寻某一诱人的事物，却在到手后发现这些东西并不是自己想要的，自己的感觉完全是错误的。但当4号进入了高层德行后，尽管他们也会被某个得不到的人、事所吸引，但他们能够很快明白这个人、事并不适合自己，于是他们在拒绝和占有间徘徊，就好像跳恰恰舞一样：你退一步，我进一步。你要是进一步，我就退一步。这就是一种平衡的状态。

在 4 号看来，平衡是帮助他们消除嫉妒、解决矛盾的办法。平衡可以化解他们对得不到的东西的占有欲，对现实的厌烦感。平衡就是认识到自己所真正拥有的一切。和所有高层的触动一样，平衡更多的是一种表达，而不是一种思维，或者一种仅仅存在于内心的想法。平衡需要把注意力放在眼前，从拥有的一切中感受到满足。

而如何修成泰然的德行，就需要 4 号注意加强自己的自我观察能力，及时感受到注意力的变化，并根据这些变化及时作出相应的调整。一般来说，当 4 号在注意力变得虚无缥缈时，要及时发现，重新回到现实之中，并感受到眼前的满足，他们就体会到了泰然的境界。总之，只要学会将自己的想象与现实融合，更多地注重现实生活中的快乐，就能泰然地生活。

4 号的注意力

4 号性格者的注意力总是在远方，而不是在他们当前的生活中。他们关注过去、关注未来，就是不关注现在；他们关注远在他乡的人，就是不关注身边的人。总之，4 号总在关注那些遗失的事物，比如聚餐中没有出席的朋友。因为对缺失物品和人的关注让他们总是能够注意到遗失的美好。

4 号总是认为"距离产生美"，他们认为，当一个人或事处于一定距离之外时，这些人或事的优点会变得格外突出，并把 4 号的注意力从现实中吸引过来。但如果这个人或事就在 4 号眼皮底下，这些人或事身上不那么有趣的方面就会逐渐显露出来，4 号的注意力就会转移到其他缺失的事物上。如果 4 号被强迫把目光转到一件正在发生的事情上，他们会很失望。因为他们看到的都是不好的。就好像被一记重拳打中了脸部，到处都令人失望。原本亲密的爱人会突然失去了光彩，只剩下一堆搭配不当的特征。也就是说，4 号总是感觉与不在身边的朋友有一种密切的联系，距离感反而让对方的优点变得更加突出。在他们的亲密关系中，总是小别胜新婚，两个人一定不能长期粘在一起。

从心理学的角度来分析，4 号这种对距离感的推崇，是因为他们总是运用自己的想象力去关注遗失的美好和眼前的缺陷，这让他们对眼前的一切毫无兴趣，却拼命追求那些遥远的东西。这其实就是典型的注意力转移的行为，这常常使得 4 号忽略了眼前的真实和美好，使得 4 号真实的反应已经被夸大的情感所取代，就阻碍了 4 号寻找自己的本体。

在注意力训练中，4 号需要把自己的注意力稳定在一个中立的方向，抛弃漫无边际的想象，学会感受眼前的真实感，才能让自己真实的感觉呈现出来，帮助自己寻找本体，获得更好的发展。

4号的直觉类型

每个人的直觉都来源于他们关注的东西，因此4号的直觉来源于他们对于遥远对象的密切关注，并渴望与其建立情感联系，这种习惯往往能给4号带来一些令人吃惊的附带作用。也就是说，尽管4号与朋友相隔千里，他们也能真切体会到对方的感觉，就好像身处同一屋内。而且，他们还相信自己的情绪能够根据远方对象的感受而改变。

早在4号童年时期，他们就常常因为父母不在身边而感到恐惧，恐惧自己已经被父母抛弃。为了消减内心的这种恐惧感，他们开始试着想象父母就在自己身边，开始学着感受父母的感受，这让他们觉得父母还是爱自己的。当他们建立了这种内在情感联系后，他们就不会再担心会失去他们深爱的人，不会再害怕被他人所抛弃，也不会再憎恨他人对自己的忽视，反而能站在对方的立场上考虑问题。

当他们成年后，步入社会或职场，这种从小培养起来的感知能力，让他们能够体会那些重要人物的感觉，能够与对方保持联系，而不至于被抛弃。然而，那些觉得自己能够感知他人情感的4号，需要学会区分哪些是真实的情感联系，哪些是因为害怕抛弃而产生的情感假设，才能更准确地抓住他人的需求。

但是这种不自觉的感知他人的直觉也让4号感到困扰，尤其是当他们想要快乐而身边的人又充满悲伤时，他们总是轻而易举地被他人的痛苦和感伤击中。他们可能因此抑郁一整天，却不知道自己表现出的情感原来并非自己真实的情感。一旦他们与他人建立了情感联系，他们很难区分产生这种情感的根源到底是在他人身上，还是在自己身上。总之，只要4号身边的人不快乐，4号也难以快乐。

4号发出的4种信号

4号性格者常常以自己独有的特点向周围世界辐射自己的信号，通过这些信号我们可以更好地去了解4号性格者的特点，这些信号有以下4种：

积极的信号

4号是天生的艺术家，他们把自己的生活看成是一种艺术，他们通过艺术的手法来表现生活。而艺术是需要激情的，因此他们不断发掘自己内心深处的感知，追求灵感的不断涌现。而且，他们也会要求身边的人关注自身的感觉，想要带领他人进入情感的最深层面，让他人让你被丰富的情感所包围。总之，4

号对情感的关注使得人们更关注自我的内心，更容易寻找到自己的本体。

消极的信号

4号关注情感的黑暗面，常常让自己沉湎在忧郁的情绪中，这时他们的态度就容易忽冷忽热，他们的讽刺、拒绝让对方受到伤害。4号的伴侣必须能够在这种不断重复的危机中迅速恢复自己的心情，否则就会陷入悲观情绪的危机中。

混合的信号

4号因为同时关注情感的光明面和黑暗面，因此他们的情感常常很矛盾：爱与恨可以同时出现。当这种情况发生时，4号变得难以捉摸。他们喜欢情感关系中符合理想的那一部分，同时拒绝其他不符合的内容。也就是说，他们在把一段情感理想化的同时，又非常害怕遭到抛弃。因此他们总是给人若即若离的感觉，容易让对方收到混合的信息。他们这种不负责任的行为常常破坏彼此的亲密感和信任感。

内在的信号

4号内心存在强烈的缺失感，因此他们总是渴望获得他们失去的东西，嫉妒由此而生。他们总是会想："如果我的生活能够有所不同，如果我丈夫的表现能够有所改变，如果我的身体能够更好一点……我就会快乐起来。"总之，4号永远在关注他人的快乐，而看不到自己的快乐，因此他们总是不满足，这种不满足感就会迫使他们忙碌追求不适合自己的东西。这时，只要4号能够转移自己的注意力，多关注自己所拥有的，学会珍惜当下的幸福，嫉妒就会消失。

总之，4号过于关注自身情感的性格特征常常使得他们忽略了现实生活的真实，容易导致他们形成片面、狭隘的世界观、人生观、价值观，沉湎于自己想象出来的虚幻世界，但又不能完全脱离现实，在这种幻想和现实的不断转换中，4号极容易精神崩溃。

4号在安全和压力下的反应

为了顺应成长环境、社会文化等因素，4号性格者在安全状态或压力状态的情况下，有可能出现一些可以预测的不同表现：

安全状态

处于安全状态下，4号常常会呈现1号完美型的一些特征。

4号因为追求独特，所以他们一直让自己处于竞争的状态中，力求以独特取胜。当他们感到自己独特时，就会进入安全状态，就会开始放松自己，好像从自己长期关注的问题上解脱出来了。他们的目光不再局限于生活中的缺失，因为他们开始看见了半杯水，而不是空了一半的杯子。他们不再感到悲伤，也不再觉得生活压抑，工作变得既有意义，又实际可行了。

在这样的环境里，他们拥有了极大的安全感，也就拥有了极大的满足感。而当他们对生活中的一切都感到满意时，他们就不再用自己的短处和他人的长处作比较了，他们欣赏别人的长处，同时也开始欣赏自己的优点。

他们不再自我陶醉，而是积极地与他人合作，当他们看到一份情感或者一份工作的优点，会愿意为此做出承诺，投入其中。总之，他们将注意力从自己身上转移到他人和四周环境上，从精神世界走向了物质世界。而他们对于感情的深度关注使得他们具有敏锐的直觉，极大地激发了他们的创造力，使他们形成一个独特的自我。

在最佳状态下，4号会向1号性格转化，这种转移通常发生在目标即将实现时。这时的4号的心思会变得仔细而清楚，他们会把精益求精的态度坚持到最后一步。

压力状态

处于压力状态下，4号常常会呈现2号给予型的一些特征。

当4号追求的独特性不被他人认同时，4号会感到痛苦，感到压力，但他们又不想为了吸引他人而去迎合他人的品位，因此他们往往会孤芳自赏，希望通过自己的独特性让他人明白自己的价值。

但同时，他们会越发关注他人所拥有而自己所没有的事物，心理的缺失感迅速增强，压力感倍增，悲伤感和被抛弃的感觉在加深，会促使4号的防卫心理变得更强。如果4号自身不能享受这份痛苦，他们就容易表现出2号的性格特征，误以为对方的爱能使自己摆脱空虚和孤独，想操纵他人，使他人对自己抱有好感。因而，他们不断地帮助他人，为他人付出，从他人对他们付出的认可中，找到自己与众不同的价值。为了达到此目的，有时甚至表现得像个谄媚王，向别人大献殷勤，以此引起他人的注意，希望他人对自己另眼相待。

此时的4号会否定自己的要求，表现得很虚假，且过分依赖外界的人和事。别人有什么或没有什么就变得无关紧要了。

4号适合或不适合的环境

4号性格者因为其独特的性格特点也决定了其有一些环境能够很好地适应，而另外一些环境则比较难以适应：

适合的环境

4号追求独特，具有敏锐的直觉和发散思维，因此他们擅长提供个性化意见或开发特别的产品。因此，他们适合那些能够容许大量创意自由发挥和突出个人风格的工作环境，比如画家、室内装潢设计时、古董商等。

4号注重情感，追求感官上的享受，他们是天生的艺术家，因此他们喜欢那些能够呈现感官美感的工作，比如舞蹈演员、民谣女歌手、杂志模特等。

4号喜欢深入探索内心世界，寻找内心的高层境界。因此，他们总是对宗教、仪式和艺术充满兴趣，还常常精通玄学，能够成为思想深邃的哲学家，也可以成为悲伤心理顾问、女权主义者和动物权利保护者。

不适合的环境

4号不能忍受平庸的生活，因此他们排斥那些无法展现他们才华的、刻板枯燥的工作，比如打字员、文员、校对员等。总之，普通而沉闷的办公室不会是4号理想的工作环境。

4号具有较强的比较心，又容易因比较而看到别人的长处，从而产生伤感情绪，因此他们并不适合直接为那些比他们更富有、更有才华的人做服务工作。

对 4 号有利或不利的做法

4号性格者需要学习一些对自己有利的做法，避免一些对自己不利的做法：

有利的做法

4号喜欢关注自己的内心世界，因此他们常常做心理治疗或冥想练习，以便从抑郁中走出来，或者让自己起伏不定的情绪能够稳定下来。通过以下一些方式，4号能够更好地找回本体。

★敢于面对自己的缺失，认识到每个人都是有缺失的，自己并不比其他人缺失得更多。

★享受生活中的悲伤和痛苦，但更要享受生活中的乐观和快乐。

★看到他人的优点，也要看到自己的长处，更不要拿自己的短处去和别人的长处竞争。

★感到不快乐时，就多做做健身运动，能够帮助自己保持良好的心情。

★把注意力放在眼前，当注意力转移时，提醒自己。不要仅仅关注眼前的负面因素。

★为自己能够感知他人的痛苦感到骄傲，但是要学会自如运用你的注意力。

★注意到当强烈的情感变化发生时，尤其是当你感到"一切又会变得很糟糕"时，要学会把注意力转移到其他事物上，让自己从这种专注中解脱出来。

★养成善始善终的习惯，把被破坏或者被遗弃的工作当成未完成的工作做完。

★让他人知道，过度亲近会遭到你的攻击，请他们不要误会。告诉他人在你生气的时候不要离去，这样你就会确信，即便他们受到攻击，也不会抛弃你。

★培养多样的兴趣，结交各种朋友，把自己的注意力从抑郁的情绪中转移出来。

不利的做法

4号总是在幻想和现实中间徘徊，他们常常分不清自己真实感情和强烈情绪之间的区别。为了避免这种矛盾心理，4号需要避免以下一些做法：

★在表达感情或为自己的立场辩护时，常常表现得很极端。

★渴望奢华的生活，不屑于平淡的生活，对生活百般挑剔。

★厌烦平淡的普通情感，希望通过遗失、幻想或艺术来重新巩固自己的情感。

★不喜欢被分类，不喜欢别人把自己的问题看成普通问题，认为他人没有理解情况的独特性和严重性。

★强烈的自我批评。对自己的形象产生错误的判断，觉得毫无优点。总是觉得自己太胖，常常出现厌食或易饿的症状。

★把自己和他人比较，嫉妒他人的优点。比如："她比我漂亮"或者"他的衣服比我好"。

★渴望得到帮助，但又认为别人难以理解自己的想法，从而产生"我走了，他们就知道我受的苦了"的自我毁灭心理。

★总是带着遗憾。"现在改变已经太晚了"或者"要是我选择了不同的做法，那该多好呀"。

★对摆在眼前的问题想尽各种解决方法，尝试各种解决途径，但就是不愿意采取实质行动，推动事情发展。

★希望得到解决问题的灵丹妙药。在冥想的过程中，希望"被带到其他地方"。

★寻求他人的建议，然后拒绝采用。不愿放弃受害者的形象。

★当认为是别人的错误导致了自己的痛苦时，就会怀恨在心，而且会言语尖锐，讽刺他人。

著名的4号性格者

李清照

李清照，号易安居士，是我国宋代著名的婉约派女词人，她独创了"易安体"风格，擅长用白描的手法来表现对周围事物的敏锐感触，刻画细腻、微妙的心理活动，表达丰富多样的感情体验，塑造鲜明、生动的艺术形象。在她的词作中，真挚的感情和完美的形式水乳交融，浑然一体。她将"语尽而意不尽，意尽而情不尽"的婉约风格发展到了顶峰，以致赢得了婉约派词人"宗主"的地位。同时，她词作中的笔力横放、铺叙浑成的豪放风格，又使她在宋代词坛上独树一帜。

徐志摩

徐志摩是我国现代著名的诗人、散文家。他的诗歌具有形象性、可感性，这得力于他丰富的想象力。他的想象和比喻不仅与众不同，而且，他能把看来比较抽象的事理，化为生动、可感、可见的具体形象，像《毒药》《白旗》《婴儿》是三首内含哲理的散文诗，他也使出了艺术想象的本领，依仗这种特别的感受力去描绘事物。

三毛

三毛是我国著名女作家陈平的笔名，她一生"流浪"过 54 个国家，特别崇敬爱情。她说："爱到底是什么东西，为什么那么辛酸那么苦痛，只要还能握住它，到死还是不肯放弃，到死也是甘心。"她和荷西的爱情故事更是打动了无数读者，然而，荷西的意外丧生，使她的爱情残缺。多年以后，她终究忍受不住这天人永隔的相思之苦，选择追寻荷西而去。正如她自己写道："假如我选择自己结束生命这条路，你们也要想得明白，因为这对于我，将是一种幸福。"

约翰·济慈

约翰·济慈是英国著名的诗人，也是 19 世纪浪漫派的主要成员。他的诗作被认为完美地体现了西方浪漫主义诗歌的特色，并被推崇为欧洲浪漫主义运动的杰出代表。

马莎·格雷厄姆

马莎·格雷厄姆是美国著名的现代舞蹈艺术家，她的舞蹈致力于研究虚幻主题和人类潜意识的表达。她创建了一个新的舞蹈派别，通过肢体语言来表达人的内心世界。

奥森·威尔斯

奥森·威尔斯是美国著名的电影导演、编剧和演员。1938 年的万圣节，奥森·威尔斯根据英国著名小说家 H. G. Welles 同名小说改编的 CBS 广播剧在美国播出，引起巨大恐慌，威尔斯革命性的艺术技巧令人们信以为真，以为火星人真的登陆了地球。据说当时此剧的听众都纷纷跑到街上，拿湿毛巾挡着头，以保护自己免受"火星毒气"伤害。随后，新闻媒体还对这一事件做了报道，更令此事变得"真假莫辨"。自此，奥森·威尔斯可谓一夜成名。

4号发展的3种状态

根据对4号性格者发展情况的分析，可以将其划分为三种状态：健康状态，一般状态，不健康状态。在不同的状态下，4号表现出不同的性格特点。

健康状态

处于健康状态的4号是内心平衡的人，他们喜欢自省，善于表达自己的情感，能够通过探索感情世界来激发自身的创造力。对应的是4号发展层级的第一、第二、第三层级。

他们注重观察自我的内心世界，这使得他们有较强的自我意识，喜欢内省，不断寻找自我，关注内心的感觉与冲动，对自己和他人都很敏感、直观。

他们具有较强的同情心，能够感受他人的痛苦和悲伤，并愿意花时间倾听别人，帮助别人走出情绪误区。

他们擅长表现自己，很有个性，非常自我，因为他们在表达自我时，能够忠于自己，诚实地表达感情，给人以真诚可信的印象。

他们对人际关系和内在生活富有激情，希望体会所有的感觉而不加评判，是心理上的"深海潜水者"。

在最佳状态下，他们拥有非凡的创造力，能够用充满创见的艺术方式来阐释个人及宇宙，能够把所有的经验转变成有价值的东西，有救赎的力量和自我创造的力量。

一般状态

处于一般状态的4号是一个内心充满不满的人，他们会因为过分关注自身情感而忽视与他人的交流，容易陷入一种自怜自艾的悲观情绪中。对应的是4号发展层级的第四、第五、第六层级。

他们天生就是艺术家，他们对生活怀有一种艺术的、浪漫的取向，能创造舒适的审美环境去培育和延续个人情感，还能通过幻想、激情和想象来美化现实。

他们关注个人情感，自我意识较强，能把一切都内在化和个人化，因此他们容易自我陶醉、多愁善感、羞涩。

他们较为情绪化，时而快乐，时而忧郁，常让人猜不透他们的心思，显得"难以接近"，而且他们暴躁的脾气更会让身边的人有种"如履薄冰"的感觉。

为了保持感性，他们有意与外界保持距离，认为所有的事情都是自己的事情，在感情上变得极端敏感和脆弱，认为自己是个"局外人"。

他们开始沉湎于空想之中，容易陷入一种自我放纵中，慢慢地变得不切实际、不事生产且矫揉造作，总在等待一个解救者，却不知道自己才是最好的拯救者。

不健康状态

处在不健康状态中的4号是一个内心失衡的人，他们的想法越来越脱离现实，他们甚至不允许自己的生活中存在任何与自己的幻想不符的人或者事物。对应的是4号发展层级的第七、第八、第九层级。

他们对失败、挫折的心理承受能力较差，因此当梦想破灭时，他们会变得自闭、郁闷、沮丧，疏离自我和他人，封闭和情感麻痹，越加沉湎于自己想象的那个世界。

他们的脾气变得十分暴躁，任何一点小事都容易激发他们的怒火，使得他们开始自我轻视、自我责难，或是迁怒于他人，责怪他人没有给予自己足够的支持，并对想要帮助他的人敬而远之。

为了抑制自己的愤怒，他们选择把自己与他人隔离开来，给自己更多的思考时间，然而，他们常常因为过于悲观而陷入抑郁之中，产生了自我抑制以及感情麻痹。

他们常常因为极度的疲劳、精神上的困惑、感情"障碍"以及无法发挥自己的能力而感到深深的绝望，觉得自己没有价值，人生也没有意义。这时，他们会因为这些错误的认知而备受折磨，也因为自己的失败以及无法满足的欲望而痛苦万分，就会开始自虐，而且极有可能沉湎于酒精、药物、毒品的麻醉之中，以逃避内心汹涌的自我仇恨。

当4号完全陷入绝望的心理境地时，他们就会精神崩溃，做出极端的行为，比如犯罪或者自杀。

第一层级：灵感不断的创造者

处于第一层级是富有灵感的创造者，他们最能从潜意识中找到动力，激发自己的创造潜力，随着不断涌现的灵感，他们往往能制造出新鲜独特的产品。

他们关注自己的感情世界，他们学会了倾听自己内心的声音，同时能以开放的心灵从环境中获得启示。更难得的是，这种能力并非通过后天培养形成，而是他们的先天优势。他们能够在没有自我意识的情况下行动，如果他们有天分且受过训练，就能在值得称道的艺术作品中赋予他们的潜意识冲动以一种客观的形式。

他们关注自我，但超越了自我意识。也就是说，他们获得了根本意义上的创造自由，能带给世界全新的东西。尽管灵感来无影去无踪，但 4 号总能保持源源不断的灵感，这是因为 4 号在超越自我意识的基础上开启了通向灵感的道路，从而使自己能够从历数不尽的源头中汲取灵感，通过潜意识过滤新的经验素材。一旦拥有了这种能力，4 号就能把所有的经验甚至是痛苦的经验转变成美的东西。

他们能够真实地面对现实世界，并积极乐观地拥抱生活。他们不再执着于生命的缺失，也不会局限于已有的经验，而是让自己学着对生活说"是"，向生活更多地敞开自己、展示自己，这样他们就能时刻体验到更新的自己，他们真正的认同便可以逐渐地、无声无息地被揭示出来。而从心理学角度来说，能够不停地更新自我，这正是创造力的最高形式，是一种"灵魂更新"，是一个人心理发展的高级阶段。

他们追求独特，却并不轻视平凡，他们能以普遍的方式表达个人的东西，能赋予个人的东西以意义，使其在他人那里激起回响，而当他们创造时，这种意义又是他们所意想不到的。也就是说，他们超脱了形式主义的创新，激发了灵魂深处的创新意识，从而使得他们能够将有关自我和他人的许多知识都能变成一种灵感，这灵感是自发、完整和突然出现的，超越了意识的控制。也就是说，当他们享受平凡时，反而不平凡。

第二层级：自省的人

处于第二层级的 4 号天生有着自省的意识，他们能够在探索自己内心情感的过程中时刻保持清醒，将现实与想象区分开来，但又将两者融合到一起，创造出新奇的事物。

创造是一个过程，而不是一个结果。因此当人们从受到灵感激发的创造性时刻清醒过来，去进行反思或享受其创造力的时候，他们就会失去维系创造力所必需的那种潜意识。由此可见，受到灵感激发的创造力只能在创造行为中通过不断地超越自我意识来维系。这需要不断地、每时每刻地更新自我。这个层级的4号因为开始担心他们无法在持续的情感与想法的转变中找到自己，无法定位自己的身份，因此他们开始自我反省，而不是任由自己的经验放任自流。

他们喜欢探索内心深处的感知，时常问自己：我是谁？我的生活目标是什么？为了获得这些答案，4号不得不将注意力转向自己的内心情感和情感反应。这既给4号带来了直觉的天赋和丰富的内心生活，但也给他们带来了一个问题：如何在多变的情感中创造出一种稳定的身份？而随着对这个问题的深入研究，4号就容易陷入情感的旋涡之中，使得他们不再拥有自己的情感，而是被自己的情感所拥有了。

4号在自省自己的情感时，会使得自己自发地远离自己的环境，因为在他们看来，对情感的自省可以使4号把他们感觉到的自己与其他一切事物之间的距离作为更清晰地了解自己的有效工具，在一定程度上帮助自己去彰显自己，尽管这收效甚微。

他们凭借直觉来感知自己，了解他人是如何思考、感受和看待世界的，因此他们常常是敏感的，他们不仅对自己很敏感，对他人也很敏感。而且，敏感能帮助4号更好地感受直觉，因为直觉不是那种无用的、杂耍式的心灵感应术，而是借助潜意识来感知现实的一种手段。它就像在一个漂流到意识岸边的瓶子里接收到信息一般。

第三层级：坦诚的人

处于第三层级的4号十分擅长表达自己的感受，他们是所有人格类型中最直接、最坦诚地向别人袒露自己最私人部分的类型。他们不会给自己戴上面具，也不会隐藏自己的怀疑和软弱，不管其情感或冲动是多么的不体面，他们也不会欺骗自己。

他们喜欢利用直觉来感受与自己有关的一切事物，并愿意将这种感知传递给他人。他们认为，对于自己是何种人这个问题而言，这些东西的出现并非偶然，而是反映了自己的人格真相。如果他不把自己好的方面和坏的方面、怀疑的东西和确定的东西全部向别人说清楚，他们会觉得对别人不够诚实坦白，别人也就无法真正了解他们。

由于他们全身心投入到探索自身情感世界的活动中，所以他们能够怀着赞赏和同情之心倾听他人的话语。

这个阶段的4号人物，诚实胜过一切，即便情感的坦诚很可能会激怒他人，有时会让他人陷入窘态，他们也会毫不犹豫地选择诚实。在他们看来，诚实是他们的人性典范，是每个人都看重的信息，因为每个人都是独立的个体。

他们能够正确认识自己，因此他们能够坦然接受自己性格中的黑暗面，也愿意经受痛苦的磨炼，接受他人情感的考验，不会轻易因为他人的"揭露"而心理不平衡。他们很有幽默感，因为他们能根据生活中的诸多问题来看待人类行为中的荒谬和不合理。他们对人性有一种双重观点：他们可以同时看到恶魔和天使、卑贱和高贵存于人类之中，尤其是存于自身之中。但他们并不认为这不协调，更不因此而矛盾、痛苦。

他们能够看到自己的独特性和唯一性，但他们也知道自己在生活中是只身一人，是一个独立的意识个体。从这个观点看，健康状态下的4号不仅是个人主义者，而且是存在主义者，总把自己的存在看做是个体性的。

第四层级：唯美主义者

处于第四层级的4号有着丰富的想象力，并有着独特的审美意识，能够将自己的想象与现实很好地融合起来，制造出独特的美感。

处于这个阶段的4号的直觉能力大大下降，他们已经不能长久地维持自己的情感、印象和灵感这些作为其同一性之基础的东西，他们的灵感不再源源不断，而是偶然涌现，这让他们产生强烈的危机感。为了缓解这种危机感，他们开始用想象力来激发情感，支撑某些他们认为可表达真实的自己的情绪。长此以往，就容易使4号陷入对想象的执迷中。

他们的创造力更多突出个体性，他们自己具有艺术家气质，是与众不同的，因此他们寻求各种方法进行自我表达，但因为忽略了普遍性，所以他们的作品很少是自发性的，也很少有连贯性。而且，他们的精力大部分用于创造一种模式，他们认为自己能从中获得灵感，所以其作品是偶然的。总之，他们的创造力大多数只会停留于想象领域。

对于没有能力创造艺术作品的4号来说，他们会努力渲染自己的艺术氛围，力图让环境变得更加美观，例如，把家装饰得有品位一些、收藏艺术品，或是注重衣装。也就是说，4号对美都有一种强烈的爱好，因为审美对象可以激发他们的情感、强化他们的自我。总之，当他们置身于一种神秘的和浪漫的氛围时，他们感到最为自在。

他们过度沉迷于想象力的美感中，从而逐渐将注意力从现实中转开，用自己的幻想来修正世界。他们想把自己寄托于强烈的情感、抒情式的渴念和暴风雨般的激情，以此来提升自我感觉，让自我的感觉保持鲜活。因此，4号总是将注意力驻足于自然、上帝、自我或理想化的他人，再不就是这些东西的结合，并在这些东西上找寻预兆和意义，或是执迷于死亡和万物的消逝，从而使自己完全堕入一个想象的虚幻空间，忽略现实世界的真实，也就陷入了主观主义的误区。

第五层级：浪漫的梦想家

处于第五层级的4号在偏离现实的道路上更进一步，他们越发重视想象力的美化作用，他们也越来越沉迷于培植有关自身与他人的情绪和浪漫幻想，他们已经开始出现唯心主义的倾向。

他们开始将自己从现实生活中抽离，更多地投入到想象的世界中去，他们变得自我封闭起来，因为他们开始认为，与世界尤其是与他人太多的互动导致自己创造的脆弱的自我形象走向了解体，他们担心他人会因此耻笑自己或用别的各种方式使他们变得与想象中构想的自我形象全然不同。然而，在想象的世界里，不存在这些问题。

他们开始变得缄默、害羞、忧郁，且极端的个人化，有着痛苦的自我意识。因为注重情感的4号比其他人格的感受更为精细和复杂，他们想要别人了解自认为真实的自己，但又担心自己会受到羞辱或嘲笑。因此他们开始回避与人交往，不愿冒出现情感问题的风险同别人交谈。但是另一方面，他们也在不断寻找同伴——有着亲切的心灵的个体，同时排除那些不会分享他们感受的个体。当4号发现某个人可以理解自己的时候，他们会尽情倾诉自己的内心，同他促膝长谈，彼此交流，以激发更多的灵感和创造力。

他们开始内化所有的经验，因而任何一件事似乎都与其他事相关联。所有新的经验都会影响到他们，把相关联的意义汇集在一起，直到每件事都被赋予过多的意义，充满了任意的连接。但是因为此时的4号已经开始失去与其情感的联系，因而觉得自身内部一切永久的东西都是混乱、模糊的，没有稳定感。

他们喜欢自我冥想，因为他们的情感很容易受实际的或幻想中的小事影响，所以他们又极其情绪化。他们在做任何事前总是先反省自己的情感，看自己有什么感觉，等待心情平复后再采取决定，然而他们根本不知道他们的心情何时会平复，所以事情最终或是毫无进展，或是得非所愿，根本没有从中得到快乐。

第六层级：自我放纵的人

处于第六层级的4号开始有自我放纵的倾向，当他们遭遇现实生活中的痛苦时，他们不仅不会主动寻找解决的方法，反而会退缩到自己营造的那个想象世界里寻求心理安慰，尽管这种心理安慰只是暂时的。

4号一边沉醉于想象世界的美好中，一边又为现实生活中的痛苦而困扰，夹杂在这种痛苦和欢乐之中，4号常常觉得自己很受伤，无法自我肯定。当他们发现这两种情绪无法很好地融合时，他们就会为自己找借口：我是独特的，我的需求就该以不寻常的方式来满足。于是他们以放纵欲望、为所欲为来补偿自己。他们觉得自己是规范的例外，是期望的例外，完全放任自流。结果他们变得完全地不受约束，在情绪与物质的享受上彻底地放纵自己。

4号不愿意接受生活的平庸，他们瞧不起普通人的生活，他们不愿意做按部就班的工作，不愿意做饭或打扫卫生，不愿意让自己卷入任何形式的社交或群体事务。而且，他还时常利用自己独特的审美感觉来抨击他人的平庸，侮辱和蔑视那些无法欣赏他们所欣赏的东西的人，这常常给人以自高自大的恶劣印象。

他们具有极强的个人主义思想，觉得自己与众不同，因此不愿和他人按相同的方式生活，完全无视社会习俗规范的约束。他们没有任何社会责任感，不为任何事着想，还拒绝所有的义务和责任；当他们受事情或他人所迫时，就会变得非常暴躁。他们或是以自己的方式、进度来做事，或是干脆什么都不做，并为这种自由感到骄傲。也就是说，他们已经完全偏离了大众轨道。但这种自我放纵并不能满足真正的需求，只能满足短暂的欲望，只会使4号在错误的道路上走得更远。

但当他们发现这种自我放纵并不能为自己带来金钱、地位等成功因素时，他们就会通过感官的满足来压抑过分敏感的自我所带来的不愉快。

第七层级：脱离现实的抑郁者

处于第七层级的4号因为长期的自我疏离而开始产生抑郁症症状，他们性格中的悲观情绪开始被放大，他们感到自己的价值在逐渐丧失，这让他们产生了莫大的恐慌感，而这种恐慌感则进一步加重了他们的抑郁心理。

一般状态下的4号因为长期沉湎于自己的想象中，因此对于现实中的痛苦和挫折的心理承受能力大大降低，一旦他们的想象与现实生活发生冲突，他们就会感到自己的梦想被破坏，他们会突然觉得和自己隔绝或分离了。他们已经完成的和没有完成的事情现在都回到了原点，他们突然"螺旋式地进入"自己的某些核心之中，使他们既感到震惊，又想保护自己免于再失去其他的东西，但他们又发现自己"有心无力"，因此常常陷入长时间的痛苦折磨中，滋生抑郁心理。

这时的4号对自己所做的任何事情都感到生气，他们认为自己浪费了宝贵的时间，失去了宝贵的机会，并在几乎每个方面，如个人、社交和职业方面，都落在了人后，这让他们深感羞愧。他们嫉妒别人，任何一个看起来快乐、有建树、有成就的人都是他们嫉妒的对象，尤其是当那些成就是4号无法达成时，他们更感到深沉的悲哀，更痛恨自己，感觉自己就像斗败的公鸡，没有做出任何有价值的事情，并害怕自己永远也不会做出什么有价值的事情。

为了不再做让自己生气的事情，4号开始在潜意识里压抑自己，让自己不能再有任何有意义的欲望，因为他们不想再受到伤害，尤其是因为对自己有渴望和期待而受伤害，可结果却突然封闭了所有感情，好像生命突然脱离了肉身一样。所有曾经在创造性的作品中发现的自我实现，曾经有过的梦想与希望，突然间全都消失了。他们转眼间变得精疲力竭、冷漠，与自己和他人隔绝开来，沉浸在情绪的麻痹中，几乎无法正常生活。这时的4号连自我放纵也难以做到了，因为他们根本无法让自己专注于任何事情。

这时的他们会变得极端暴躁，容易产生敌对情绪，开始觉得所有的人都在和自己作对。他们对家庭、朋友、世界和自己都满怀愤恨，认为自己的问题肯定比任何人都糟糕，从而陷入深深的绝望中。

第八层级：自责的人

处于第八层级的4号抑郁的症状愈发严重，他们开始害怕会因为自己的抑郁及能力尽失而步入灭亡。因此，他们对自己的失望最终转化为消磨生命的自我憎恨，从而期望通过对自己的精神折磨来拯救自己。

他们陷入深深的自责之中，时刻都在谴责自己，他们开始以绝对的自我鄙视来对抗自己，只关注自己不好的一面，对每一件事都进行严厉的自我批评：以前犯的错、浪费的时间、不值得被人爱、没有体现作为人的价值。当他们被这些强迫症式的负面想法紧紧抓住，他们的人生也倾向于负面发展状态，只会使 4 号在自责的痛苦中越陷越深。

他们丧失了自尊，完全没有自信，也不再期望自己能获得成功，也就是说，他们对人生的追求已降到了最低——生存。在他们看来，他们的世界是黑色的，是完全没有希望的，这让他们感到心烦意乱，却不能把自己从蚕食性的自责与无助感中摇醒。他们可能独坐几小时，内心几近窒息，饱受痛苦的挣扎。他们会突然潸然泪下，不由自主地哽咽起来，然后又陷入更寂静、更深的痛苦之中。

既然他们已经对生活不抱任何幻想，他们已觉得自己丧失了价值，为了逃离这无止境的痛苦，他们往往会选择毁灭自己，利用各种方式来破坏自己残存的一点点机会，比如对朋友和支持者施以非理性的指责，使他们都远离自己。尽管他们在内心深处渴望有人来拯救自己，但他们又不相信有这样的人存在，即便存在，也不会愿意来拯救他们。此时，他们的幻想已成为一种病态，一种对死亡的迷恋，如果有人能结束他们的生命，他们不仅不会怨恨，反而可能会感激对方。

第九层级：自我毁灭的人

处于第九层级的 4 号已经完全丧失了生活的信心，他们开始用各种方式来毁灭自己。对于他们来说，死亡并非痛苦，而是最好的解脱。

他们已经完全陷入负面情绪的泥潭中，他们比任何时候都更憎恨自我，世界上的每件事情——正面的、美丽的、好的、值得为它而活的事情——对他们而言都变成了一种谴责，他们无法忍受余生还要以此种方式度过。他们必须做些事来逃避这种残酷的负面的自我意识。而他们在尝试心理治疗失败后，就会觉得自己被人生打败了，就会选择毁灭自己来逃脱这些痛苦的折磨。

他们开始将自身悲惨的命运怪罪于他人，怪罪于整个社会，他们希望通过自己的死来表达他们对社会的谴责，谴责他人不了解他们的需要、不给予他们足够帮助、不知道回应和化解他们的谴责，总之，他们要把自己所承受的痛苦都加上别人身上，以获得报复的快感。

在这种报复心理的影响下，他们也可能做出伤害他人的犯罪举动。总之，此时的 4 号已经陷入无所畏惧的疯狂状态，极易做出伤人伤己的毁灭性行为。

第三章
与 4 号有效地交流

4 号的沟通模式：以我的情绪为主

在人际交往中，4 号更关注自己的需求，他们以自己的情绪为主导，跟着自己的感觉来说话，而不去考虑环境、倾听者的性格等个性特征，因此常常使得听他们说话的人经常听不懂，闹出"牛头不对马嘴"的笑话来。

《福布斯》杂志上曾登过一篇名为《良好人际关系的一剂药方》的文章，其中有几点值得借鉴：语言中最重要的 5 个字是："我以你为荣！"语言中最重要的 4 个字是："您怎么看？"语言中最重要的 3 个字是："麻烦您！"语言中最重要的 2 个字是："谢谢！"语言中最重要的 1 个字是："你！"那么，语言中最不重要的一个字是什么呢？是"我"。

许多人在说话中总是"我"字挂帅。美国汽车大王亨利·福特曾说："无聊的人是把拳头往自己嘴巴里塞的人，也是'我'字的专卖者。"商务交谈时，如果你在说话中，不管听者的情绪或反应，只是一个劲地强调"我"如何如何，那么必然会引起对方的厌烦与反感。谈话如同驾驶汽车，应该随时注意交通标志，也就是说，要随时注意听者的态度与反应。如果"红灯"已经亮了仍然往前开，闯祸就是必然的了。

一旦 4 号因为过于表达自我情绪而遭遇人际僵局，受到人们的嘲笑和抱怨，他们便会感到自己的独特不被理解，感到很受伤，他们会选择保持沉默，不再与人进行交流，以避免类似的伤害。因为 4 号认为，语言很苍白，他们希望别人能够不需要语言就读懂他们。这样才有意思，如果什么都说出来，那就没意思了。所以，4 号很多时候都推崇潜意识的沟通方式。但大多数人难以理解 4 号的这种沟通方式。因此，4 号常常被迫封闭自己。长此以往，他们就容易陷入抑郁症的旋涡中。

　　为了避免自己陷入抑郁症的旋涡，4号需要明白：并不是所有的人都具备极强的感应力，你要告诉他们你的感觉，而不是让他们去猜；同时，在讨论时要提防自己陷入情绪化的回应里。如果有必要，告诉人们你可能会过度情绪化，或是分散注意力，并请他们帮助你保持稳定。如果你觉得自己沉迷于情绪而不可自拔时，邀请人们帮助你开朗起来。

　　而人们在和4号的沟通中也需要理解4号的感性沟通方式，重视4号的感觉，也要让4号知道你的感觉、想法，并要根据4号的感觉做出相应的回应，以便给4号被关注的感觉，并帮助他们抒发情绪，走出情绪低谷。总之，人们不要老是以理性来要求他们、评断他们，听听他们的直觉，因为那可能会开启你不同的视野。

观察4号的谈话方式

　　4号内心充满忧郁感，因此他们在语言表达上比较温和，给人以娓娓道来的舒缓感和独特的美感。

　　下面，我们就来介绍一下4号常用的谈话方式：

　　★4号语调柔和，讲起话来抑扬顿挫，很容易带动人们的情绪，进入一个想象中的美丽画面。

　　★4号喜欢用柔美、哀戚的词汇。

　　★4号的语气总是透露出一股忧郁的气息，传递一种内心有深刻感悟的意蕴。

　　★4号的话题往往围绕自己展开，总在描述自己的感觉，尤其是那些悲伤、痛苦的感觉。

　　★4号最常用的词汇是：我、我的、我觉得、没感觉……

　　★他们说话时较少配合其他身体动作，但是有着丰富而快速的眼神变化。

　　★4号喜欢用形容词来表达自己的情绪，比如："今天的天真蓝啊!""水真绿啊!"

读懂4号的身体语言

　　当人们和4号性格者交往时，只要细心观察，就会发现4号性格者具有以下一些身体信号：

　　★4号身材适中或偏瘦，常常给人以单薄飘忽的感觉。

　　★4号站立、坐卧均以舒服为原则，不会刻意要求自己保持某种体态，因此常常做出不合礼仪规范的举动。

★4号注重自己的服装打扮，他们喜欢具有独特气质、显现高雅的服装，以使自己既张扬又简约表现气质，常常希望给人一种"众里寻他千百度，蓦然回首，那人却在灯火阑珊处"的冷艳感觉。

★4号说话时，他们的眼神会随着他们的情绪变化而变化，时而忧郁，时而极强，时而悲伤……

★4号喜欢突出自己的艺术感，因此他们尽量保持优雅迷人的形象。

★4号不喜欢被人关注，当感到有人关注自己时，他们常常自动整理身形来掩饰自己的不自然。

★4号不喜欢使用过多的身体语言，大多数情况下只是安静地坐在那里，倾听或冥想。

★当4号受到强烈的情感刺激时，他们也不会以突出的形体动作表达内心的情感，哪怕内心已经百感交集，外表依然波澜不惊，只是偶尔也会暗自啜泣。

★初见陌生人时，4号往往表现得很冷漠、神秘又高傲的样子。

★4号总是一脸不快乐、忧郁的样子，充满痛苦又内向害羞。

★4号在情绪、情感的体验上太过敏感，以致身边一草一木的变化都牵动他们的心，因此他们总是因为环境（包括人）的一点变化而产生一份情绪，体悟一次情感，因此他们的形体、情感夸张和变化快。

理解 4 号的忧郁

4号喜欢体验生活中悲伤的一面，他们并不将忧郁看做痛苦，而认为忧郁是生活中的调味剂，忧郁的感觉具有不可抗拒的魅力。因此他们从不回避忧郁或黯淡的情感，而是将其看做一种自然的心理状态，坦然地接受和理解。对于他们来说，体会忧郁才能探索人性的奥秘，因此他们常常通过体验忧郁来逃避由失落感和苦恼而产生的压力。

我们之所以害怕忧郁，是因为我们将它与痛苦等同起来，其实这是错误地理解了忧郁。要知道，忧郁意识曾经是人类诗性文化的源头，是造就艺术伟人所不可或缺的精神养分。俄国文学家契诃夫曾表示："我的忧伤是一个人在观察真正的美的时候所产生的一种特殊的感觉。"有"幽默大师"之誉的俄国作家左琴科写道："我一回想起我的青年时代就感到惊讶，我那时怎么会那么忧伤。一切到了我手里就黯然失色，忧郁寸步不离地跟踪着我。自当了作家之后我的生活发生了巨变，然而忧郁却一如既往。不仅如此，它光顾我的次数越来越频繁了。"从这个意义上来说，艺术之道也就在于如何将忧郁体验成功地转化成审美的形式。事实表明，忧郁美向来是那些不同凡响之作的共同特征，置身于这些艺术杰作之中，我们到处都能感受到里尔克所说的那种"美得令人耳目一新的忧愁"。

忧郁意识是一种更为成熟的生命体验。在忧郁体验里我们意识到痛苦、不幸等那些负面现象所具有的正面意义。忧郁意识的深刻之处就在于：它所悲哀的并非是一般意义上的生命流逝，而是生命必须（应该）这样流逝。因为它清楚地意识到只有这样，生命才能真正拥有其价值实现其意义，故而它在为生命流逝而悲之际也为其终于完成自身的历史使命而喜。所以雪莱说道："最甜美的诗歌就是那些诉说最忧伤的思想的，最美妙的曲调总不免带有一些忧郁。"

对于4号来说，忧郁感来自童年的缺失，是一种不幸的抑郁。这种感觉让人相信，他们始终处于苦乐参半的状态之中，他们所追求的，是他们所得不到的。4号性格者说，与普通人所说的快乐相比，他们更愿意接受这种强烈的忧郁。这种伤心的感觉能够唤起他们的想象力，让他们觉得和远方的某种事物建立了联系。对于感到被抛弃的4号来说，忧郁是一种情绪，这种情绪能够让他们的生活得到升华，让他们感受到情感的细微变化。

既然人人都有忧郁，忧郁是人生中必不可少的修行，是自我发展中必须经历的阶段，那么我们就应该理解4号的忧郁，并像他们一样学着体验忧郁，进一步体验性格中那些黯淡悲伤的情绪，从而更客观、全面地认识自己，找到自己发展的道路。

和 4 号一起珍惜当下

4号因为内心有着强烈的缺失感，因此他们总是将注意力放在自己所缺失的部分上，总在寻找能够弥补自身缺失的美好事物，然而，现实往往不遂人愿，当4号在现实生活中寻找不到自己想要的美好事物时，内心的负面情绪就被激发，他们开始感到忧郁，直至抑郁，这时他们就会将注意力完全沉浸在自己的想象中，因为在想象中他们能够得到那些美好，他们的缺失也能得到弥补。总之，当4号在现实生活中遭遇挫折时，他们会利用丰富的想象来弥补。

当4号沉浸在自己的想象中时，他们的注意力总是停留在失去的美好方面，或是未来可望而不可即、遥远的目标上。他们是关注"遗失的美好"的一类人，总是有意无意地把注意力放在遗失的美好上。这时，他们就忘却了他们所处的现实生活。然而，想象终究不能替代现实，现实生活中的问题终究要在现实生活中解决，4号必须回到现实生活中，找到切实可循的解决办法，他的痛苦才会消失。也就说，只有4号开始懂得珍惜当下，他们才能真正体验生活的快乐。

一位哲学家途经荒漠，看到很久以前的一座城池的废墟，哲学家想在此休息一下，就顺手搬过来一个石雕坐下来。望着被历史淘汰下来的城垣，想象曾经发生过的故事，不由得感叹了一声。

忽然，有人说："先生，你感叹什么呀？"

他四下里望了望，却没有人，正在他疑惑的时候。那声音又响起来，端详那个石雕，原来那是一尊"双面神"的神像。

哲学家好奇地问："你为什么有两副面孔呢？"

双面神回答说："有了两副面孔，我才能一面察看过去，牢牢地汲取曾经的教训；另一面又可以瞻望未来，去憧憬无限的美好的蓝图啊。"

哲学家说："过去只是现在的逝去，再也无法留住，而未来又是现在的延续，是你现在无法得到的。你不把现在放在眼里，即使你能对过去了如指掌，对未来洞察先知，又有什么意义呢？"

双面神听了哲学家的话，不由得痛哭起来，他说："先生啊，听了你的话，我至今才明白，我落得如此下场的根源。"

哲学家问："为什么？"

双面神说："很久以前，我驻守这座城池时，自诩能够一面察看过去，一面又能瞻望未来，却唯独没有好好地把握住现在，结果，这座城池被敌人攻陷了，美丽的辉煌都成了过眼云烟。我也被人们唾弃而弃于废墟中了。"

沉湎过去和未来就会迷失现在的一切，包括自己本身。世界上有三种人：第一种人只会回忆过去，在回忆的过程中体验感伤；第二种人只会空想未来，在空想的过程中不务正事；只有第三种人注重现在，脚踏实地，慢慢积累，一步一步踏踏实实地走向未来。

当面对喜欢沉浸在自己情绪里的4号时，人们需要帮助他们珍惜当下的生活，体验真实生活中的欢欣悲喜，才能将他们从哀悼失去的悲伤情绪中解脱出来，才能促使他们去关注那些更积极的事情。紧紧地盯着现在时，才有可能比较全面地考虑问题，才能获得快乐。

第六篇

5号观察型：自我保护，离群索居

5号宣言：世界是复杂而危险的，我必须学会保护自己。

5号观察者关注自己的私密空间，喜欢安静、独立。他们总是带着距离体验生命，他们超脱于生活，着意控制自己的情绪，不被事务和人际关系羁绊。相对于行动而言，他们更喜欢观察，喜欢理性地思考，对知识和资讯尤为热爱。这使得他们难以意识到自己内心的情绪，也无法向他们表达内心的感受，常常成为孤独的观察者。

自测：你是冷眼旁观的 5 号人格吗

请认真阅读下面 20 个小题，并评估与自身的情况是否一致，如果某一选项和你的情况一致，那么请在该选项上画钩。

1. 我喜欢分析、追求知识，为的是要了解这个未知的世界。
□我很少这样□我有时这样□我常常这样

2. 我喜欢独自制订计划并解决问题。
□我很少这样□我有时这样□我常常这样

3. 我喜欢一个人分析、思考、找寻生命的意义。
□我很少这样□我有时这样□我常常这样

4. 我不喜欢过度计划的生活。
□我很少这样□我有时这样□我常常这样

5. 我不擅长对他人说好听的话。
□我很少这样□我有时这样□我常常这样

6. 当别人企图控制我的生活时，我会很愤怒。
□我很少这样□我有时这样□我常常这样

7. 通常我不喜欢社交活动。
□我很少这样□我有时这样□我常常这样

8. 在一群人之中我会感觉不自在。
□我很少这样□我有时这样□我常常这样

9. 我很少思想混乱、情绪激动。
□我很少这样□我有时这样□我常常这样

10. 我很少求助于他人，以免欠人情。

□我很少这样□我有时这样□我常常这样

11. 很多人感觉我是冷漠的人。

□我很少这样□我有时这样□我常常这样

12. 当我专注地分析思考时，我会忘记日常琐事。

□我很少这样□我有时这样□我常常这样

13. 我认为解决问题最好的方法是冷静思考，理智分析。

□我很少这样□我有时这样□我常常这样

14. 我对时间及金钱很吝啬。

□我很少这样□我有时这样□我常常这样

15. 当发生问题时，我总是倾向于自己解决。

□我很少这样□我有时这样□我常常这样

16. 我觉得很难表达心中的感受。

□我很少这样□我有时这样□我常常这样

17. 我觉得自己不善于做主张。

□我很少这样□我有时这样□我常常这样

18. 我喜欢别人欣赏我的学问和知识。

□我很少这样□我有时这样□我常常这样

19. 有时我会希望自己有更加好的社交技巧。

□我很少这样□我有时这样□我常常这样

20. 我是一个理解力强、重分析、好奇心强、有洞察力的人。

□我很少这样□我有时这样□我常常这样

评分标准

我很少这样——0分；我有时这样——1分；我常常这样——2分。

测试结果

8分以下：思考型倾向不明显，理性力量相对来说不强。

8~10分：稍有思考型倾向，遇事会借助思考的力量，但并不沉溺于思维的游戏，不会独坐书斋，冥思苦想。

10~12分：比较典型的5号人格，有相当强的探索性和求知欲，看重理性和分析。

12分以上：典型的5号人格，以逻辑思维理解整个世界，爱惜时间、喜欢独处，对客观的事物兴趣浓厚。

5号性格的特征

5号十分注重他们的内心世界，他们希望自己成为一个思想者。因此他们喜欢安静、独立，关心自己的私人空间，喜欢独处。在他们看来，精神上的思考比行动更为重要，因为他们认为世界是复杂的，它会侵犯5号的隐私，因此5号只需要躲在自己的私人空间里，就可以认识外部世界，也可以保护自己，回归自我。总之，5号常常给人以"冷眼旁观"的感觉。

5号的主要特征如下：

★安静，不喜言辞，欠缺活力，反应缓慢。

★百分百用脑做人，刻意表现深度。

★注重个人的私密性，不喜欢他人窥探自己的隐私，当感到威胁时，会选择撤退或系紧安全带。

★当别人企图控制他们的生活时，会很愤怒。

★害怕与人相处，不喜欢娱乐活动，宁可埋首工作及书堆，感觉比较安全。在人际关系上显得比较木讷和保持理性的状态。

★社交活动大都是被动的，总是由别人主动。

★重视精神享受，不重视物质享受。

★认为世界是理性的，害怕用心去感觉。

★希望能够预测到将要发生的事情。

★是一个理解力强、重分析、好奇心强、有洞察力的人。

★习惯情感延迟，在他人面前控制感觉，等到自己一个人的时候，才表露情感。

★分不清精神上的不依赖和拒绝痛苦的情感封闭。

★过度强调自我控制，把注意力从感觉上挪开。

★把生活划分成不同的区域。把不同的事情放在不同的盒子里，给每个盒子一个时间限制。

★对那些解释人类行为的特殊知识和分析系统感兴趣。希望找到一张解释情感的地图。

★喜欢从一个旁观者的角度来关注自己和自己的生活，这将导致与自己生活中的事件和情感隔离。

★喜欢独自一人工作，相信自己的能力，也很少寻求他人的意见和协助。

★虽然有时退缩及不愿意支持别人，但在别人要求时，会帮别人仔细分析，且条理分明。

★贪求或积攒时间、空间、知识，对时间及金钱很吝啬。

★关注探究，思考代替行动，基本生活技能较弱。

★自我满足和简单化。

5号性格的基本分支

5号性格者注重个人的隐私与独立，为了保护自己的私人空间不受打扰，他们喜欢独处，很少外出，只与外界保持有限的联系。他们与心灵做伴，从中获得无穷尽的快乐。但是，即便是隐居的生活，也需要一定的物质必需品和情感必需品做支持。因此，当5号感到缺少了某样必需的东西，他们就会想方设法把这样东西弄到手。这时的他们，表现出强烈的贪婪特征。而这种贪婪将影响5号对情爱关系、人际关系和自我保护的态度。

情爱关系：私密

大多数时候，5号为了保护秘密，宁愿忍受分离的痛苦。因为长时间忍受寂寞，使得他们内心极度渴望那些短暂、激烈而极具意义的相遇，他们渴望寻找到知己：那些极少数能够分享他们的秘密的人。也就是说，5号喜欢的是私人顾问、个人空间、秘密爱情。因为在和这些人的交往中，5号能够通过与对方交换隐私来获得一种私密的联系，更能通过非言语的亲密性接触，从而使自己感觉到一种秘密的联系。

人际关系：图腾

一个部落的图腾象征着自然力量的神圣和人类力量的有限。它们是包含了远古信息的符号，还是能够把大众联系在一起的神秘焦点。5号性格者希望与具有共同特征的人保持联系，这种共同特征就像一个部落中共同信奉图腾一样，他们希望为这个圈子里的人提供建议，也希望从中获得建议。这种对图腾的信奉也可以发展成对特定知识的探寻，比如对科学公式或其他深奥理论的研究。

自我保护：城堡

5号十分注重自己的私密性，他们渴望建立一个私密的空间里，他们能在此休息、思考，周围都是他们熟悉的物品。在这个地方，他们感到安全，他们能够躲避来自外界的侵犯，并在这个充满记忆和象征性物品的天堂里整理自己的思绪。为了维持这个独立空间，5号会收集所有他们需要的东西来保证他们的自由，并尽量克制自己的欲望，过节俭的生活。他们能从节制中获得快乐，他们喜欢做一件事情耗费的资源越少越好，因为这样他们就不必担心要去请求他人。

5号性格的闪光点

九型人格认为，5号性格的人有着许多的闪光点，下面我们就来具体介绍：

精神重于物质

5号对物质要求不高，他们不注重衣着，认为这些都是身外之物，与生命本身没有什么关系。而且，他们认为过强的物质欲望容易加深内心的空虚，只愿意利用金钱来保护个人隐私、获得良好环境和自由支配的时间，而不愿利用金钱去获得其他物质享受。

敏锐的知觉力

5号具有敏锐的知觉，并能够一边运用知觉，一边提出正确的问题。他们总能透过事物的表面，看到核心的问题及潜在的危险，并且能够整合已存在的知识，找出看似无关的想象与问题的关联，从而很好地预测未来的发展。

极强的专注力

5号喜欢思考，他们总能够集中注意力，全神贯注于引起他们注意的事物上，并能看清事物的真相。

极强的分析力

5号精通心智的分析，他们喜欢对世事进行系统的剖析。他们总能够冷静地去观察和思考事物，并研究问题，从而做出最公平的认知。

理性

5号喜欢克制自己的感情，因此他们不太讲究自身感受，身体语言不丰富，为人冷静，事事都会以理性角度来分析。他们喜欢把不同的人、事分门别类，凡事喜欢刨根问底，喜欢用逻辑分析、理性思考来解决人生的所有问题。

以事实为导向

5号喜欢以事实为导向，总是把他们的心思集中在外在世界，"客观"是他们追求的目标，总是以冷静沉着、抽离的态度来窥探这个世界，从而发现别人不曾怀疑的问题。

善做准备工作

5号认为准备不足或意外是非常可怕的，因此他们喜欢在做某件事前，设法收集所有相关信息，并预演一番，以便能及时应变。他们在表态或作出结论之前，已经进行了翔实的调查和周密的思索，甚至在思索中把每一个小细节都分别切割，一个个地单体分析后，再将其串联起来分析，感到万无一失后才公布于众。

擅长规划

5号能够与人和事保持适当的距离，这样使得他们不会为琐事困扰，一下子就能抓住问题的本质。他们理性，不会冲动，总是尽可能地搜集所有问题的资料，注意研究，最后确定解决方案，建立真正细致的拓展蓝图。

善于学习

5号喜欢学习，为拥有知识而兴奋。他们以兴趣为导向，对自己感兴趣的东西，不管这个东西能否产生实际的效用，他们都会一头扎进去，没日没夜地研究、探讨这个问题，直到找到他想要的原理或真相。

5号性格的局限点

九型人格认为，5号性格不仅有许多闪光点，也有许多局限点：

过于看重知识

5号渴望知识，他们总是将注意力集中在对知识的追求上，成天埋首于书籍资料中。他们认为，有了知识就不会焦虑，就知道怎样去面对环境。但是，拥有再多的知识如果不能转化为行动的能量，那也只能是一种空泛的理论。

行动力较弱

5号的思想很活跃，行动却比一般人迟钝。他们很少有实际行动，而且容易在行动的过程中中途放弃，工作上也时常犹豫不决，导致自己错失机会。总之，他们是"思想上的巨人，行动上的侏儒"。然而，有行动才能有结果，只有将心中的构想付诸实践，才能真正实现构想的价值。

思考过度

5号习惯与自己的情感保持距离，因此他们总能冷静地考虑问题。即使他们处在困难或混乱的局面当中，他们也不会感到慌乱，依然可以清晰地思考，对事物准确地作出判断，但是，由于他们总是过度思考，常常导致他们延误了行动的先机。

抽离自己

5号有着强烈的距离感，他们看人看事时都刻意保持一定的距离。他们总是将人际关系保持在一种抽离的状态，很少公开谈论自己的事，也不喜欢与人深交，更不喜欢陷入复杂的人际关系。总之，他们习惯在人群中抽离自己或抽离自己的情感，以扮演好"旁观者"这个角色。

忽略感觉

5号崇尚理想，拒绝感性，因此他们害怕自己有太多情绪感受，认为这绝非做人做事的依据。因此他们不喜欢亲密的感觉，害怕情感的介入会打扰自己的情绪及思想世界，因此他们总在尽力控制自己，使自己的情绪冷漠、僵化。

害怕冲突

5号不喜欢与人亲近，也就不喜欢处理人际关系。当他们与他人发生冲突时，常常会自动退缩回自己的内心世界，对他人的怒火不予理睬，这往往越加激发他人的愤怒情绪，导致情况的恶化。

吝啬

5号为了维护自己的私密性，他们尽量减少与他人的来往，因此他们尽量克制自己的欲望，以使自己达到自给自足的状态。同样，他们不求人，也不希望被求，因此他们不愿意为他人花费自己的时间和精力，更不愿意和他人分享自己的空间和资讯，容易给人一种吝啬的感觉。

贪婪

5号希望了解天下大事，以更好地掌控自己的私密空间，因此对时间、精力、资讯等个人资源表现出极大的贪婪特征，这种贪婪可以帮助他们获得独立生存的资源，也使得他们越发表现出一种自我中心的倾向。

5号的高层心境：全知

5号性格者的高层心境是全知，处于此种心境中的5号性格者拥有丰富的知识，能够深刻而全面地认识世界。

对于习惯从身体退缩到内心的5号来说，只有丰富的知识能安抚一个害怕去感觉的人，让他不再害怕呢；只有丰富的知识才能满足一个人的预知感，让其能够保护自己免遭潜在的侵犯。因此他们对于知识总有无休止的渴求，他们非常喜欢附属，并坚信世间的一切都可以通过书籍得到，甚至使那些人与人之间的情感、情绪的交流，他们也会先通过观察，然后再去书中得到与自己观察相对应的解释，并把这种解释当做是解读某一类情绪、情感的真相，以便自己在下次遇到类似事件以及由此带来的情绪、情感时调用。

和"九型人格"体系中所有其他高层能力一样，5号全知的能力也是通过非思考状态下的心境得到的。全知并不是说要了解一个给定事物的所有知识，或者是建构一个完美的体系来安排所有事情。全知更像是让内心的观察者发挥作用，让自我的意识与过去、现在和未来的所有可能联系在一起。也就是说，当5号无惧任何意外和冲突，都能下意识地作出正确的决定：说正确的话，做正确事，快速化解意外和冲突，他们就进入了全知的高层心境。

5号的高层德行：无执

5号性格者的高层德行是无执，拥有此种德行的5号不再贪婪，不再吝啬，真正进入了一种无所求、无所依的生活状态。

一般的5号的"舍"是一种错误的"舍"，他们是讨厌让自己感觉到欲望，而表现得无欲无求，他们的"舍"并不是因为内心的满足感。当然，他们也能找到正确的理由来教训我们，因为我们大多数人都渴望得到比足够更多的东西，都花费了大量精力来追求地位和物质财富。这种强迫性的不参与、不联系和不受控制往往会让5号性格者相信自己高人一等，以为自己可以无欲无求，但实际上他们并没有因为已经拥有的而感到满足。也就是说，一般的5号看似无欲无求，实则陷入了对自我隐私的渴望之中。

真正的"舍"，也就是无执，并不是这样的，它需要你能感觉到自己所有的感情，需要你能够接受所有表现出来的现象，然后才放手，脱离一切。当5号拥有无执的高层德行后，他们就能够脱离对自我隐私的渴望和欲望，他们对知识的依赖感日益减少。他们开始明白一个道理：当获得了我们需要的东西时，我们就可以放手，因为我们知道，如果需要的话，我们还能够重新获得它。也就是说，当人们完全放开自己，不为外物所扰的时候，才是真正收获幸福的时候。

5号的注意力

5号性格者的注意力不在自身的感觉上，也不在外界人、事身上，而在于如何制造自己与外界的人、事的距离感上。

他们喜欢隔离，却不会完全撤退到自己的私人空间，或者在自己身边树立起情感的围墙，而是把自己的感情排斥在外，站在自身之外的某个位置来观察一切。这种注意力的支配习惯在面临压力、亲密关系，或者毫无准备的情况时表现得尤为明显。5号可以把自己的注意力全部集中在身体之外的某个点上，通过这种方式让自己消失。

我喜欢做瑜伽，因为我能够把自己完全封闭起来，好像根本感觉不到自己的身体。我常常能将自己的思想从我的身体中分出来，就好像灵魂出窍一样，我能够看着自己做出每一个动作，但是没有任何身体的感觉。我真害怕有一天我的灵魂跑出去回不来了，但只要我一静下来做瑜伽，就容易出现这种抽离的情况。

从心理学角度来讲，这种从自身感觉中抽离出来的习惯，不仅能在自我和强烈的情感体验之间树立一道障碍，还能带来另一种奇妙的体验，这种体验被那些练习冥想的人称为"注意目标和内在观察者的分离"。

产生这种思想和身体分离的原因，是因为5号习惯把注意力与对他们产生威胁的目标分开，通过无视危险来消除内心的恐惧感，这与冥想者有意把观察的自我与自己沉思的目标分开是不一样的。这其中一个最大的区别在于，5号是被固定在一个远离自我的地方，他们被强迫去以一个旁观者的身份来看待令他们害怕的事情，让自己不去注意到眼前的事物给他们带来的真实感觉。如果5号无法摆脱那些让他们恐惧的事物，他们就失去了让心智和情感分离的防御能力，他们就会变得异常脆弱，很容易受到他人和自身欲望的影响。而冥想者则能够从内在去观察，能够与自己关注的对象融为一体。

在注意力练习中，5号应该要让自己远离被侵犯的感觉，忘记那种恐惧感，而不是紧紧抓住那种感觉不放，这时他们就能够真正远离外界干扰，从而敢于面对自己真实的情绪，感到一种强大的控制感，并因此而感到愉悦。

5号的直觉类型

每个人的直觉都来源于他们关注的东西，因此5号性格者的直觉来源于他们对于距离感的密切关注。也就是说，当5号被冥想所吸引时，他们往往会选择分离性的练习，比如使用印度最古老的自我观察技巧——内观的方法，通过观察自身来净化身心。这种方法强调的都是通过把心腾空，释放思想和其他干扰，来培养内心的观察力。

但5号选择这种分离性练习的初衷并不是他们想要观察内心世界，而是他们不希望介入任何事情，不想让自己感受到来自现实生活的欲望和担忧。也就是说，他们想通过这种方式来保护自己，而不是净化自己。

但要注意是，没有掌握分离奥妙的5号把冥想看做一种能够让他们对所有情感产生免疫的方法，而真正成熟的5号则会通过这种分离的心境来了解自己的感情，帮助他们更客观地看待世界，从而使自己获得更好的发展。

我从小就喜欢爬山，而且以前我把爬山当做一种逃离方式，让双脚尽可能地带我远离生活。不管生活中遭遇到怎样痛苦的事情，只要我穿梭在山间小道中，我就可以忘掉一切。这时，我的思想被抛到了脑后，我自由地面对一切，我的身体好像在自发地向前移动。距离是我需要的。每周一次的爬山，是我生活中最高兴的事情。

渐渐地，我开始在爬山的过程中来关注我自己的情感，整理我的情绪。我常常一边爬山，一边在脑海中清除那些堵塞情感的障碍，当我逐渐变得清醒时，我就会关注我的问题，让情感自由地表达出来。我把这一过程称做：带着问题爬山。我通过这种方式对自己了解得更多了。

5 号发出的 4 种信号

5号性格者常常以自己独有的特点向周围世界辐射自己的信号，通过这些信号我们可以更好地去了解5号性格者的特点，这些信号有以下4种：

积极的信号

5号追求独立，喜欢无拘无束的生活方式，因此他们对于亲密关系十分敏感，从不轻易陷入亲密关系中。但一旦陷入亲密关系中，他们自身丰富的知识与对现实深刻的分析则能为人们带来极大的快乐：他们博学，而且喜欢深思，是内心世界的遨游者；他们对自己的品位很敏感：节俭而唯美，他们擅长在简约房间里塑造精美的小细节，比如一个精致靠垫、一盘刀功精细的凉拌黄瓜丝；他们能在危机中保持镇定和冷静；他们是可以让他人放心倾诉的对象。

消极的信号

5号喜欢营造距离感，因此常常给人以态度冷淡的感觉。在和5号相处的过程中，人们常常感觉自己与5号没有联系，被完全忽视了，这是因为5号要保护隐私的需求好像是在对他人发出拒绝的信号。因此，人们必须事事主动，这容易让人们感到负担。此外，5号的自我控制让人感觉他们是在储藏自己的时间、空间和能量，他们只和自己接触。他们给伴侣的感觉也是神秘而且高高在上的——聪明而傲慢，好像他们凌驾于所有情感之上，无须为自己做任何解释。这样的5号常常引起他人的反感，容易导致他人的疏离。

混合的信号

当5号感到自身的私密受到威胁时，他们就会转向自己的内心时，他们会清楚地向外界传达"别过来"的信息，就好像把"禁止打扰"的指示牌挂在脸上一样。这时的他们往往抽离了自己的情感。但是当他们在扮演一个合适的社会角色，或者面对压力时，他们似乎又表达着自己的情感，这就使得人们难以分辨他们对感情的态度：5号是可以亲近的吗？其实，大多数时候，5号都习惯站在第三方的位置来观看自己与他人的亲密关系。

内在的信号

5号习惯以兴趣为导向，当他们对你不感兴趣时，他们的能量会迅速从现实中撤走。他们把自己收回，这种表现十分明显，让你觉得尽管你们还在面对面谈话，但却好像是相隔十万八千里。如果你想唤回他们的活力，他们只会把能量向其他地方转移，直到你感到自己已经筋疲力尽。

总之，5号不喜欢在人际交往中投入过多的感情。当他们面对爆发的情感，5号往往不知所措。在没有准备好时，他们的大脑是一片空白，情感的浮现让思考变得困难，这让他们失去了稳定的基础。他们急需回到一个人的状态，找到一个安静的地方让自己冷静下来。比如，5号在遇到突然性的提问、身体接触或拜访时，会主动退缩到他们自己的空间里。他们只有知道要发生什么时，才会放松下来。也就是说，如果能够减少情感关系中的不确定因素，就能减少5号的紧张。

5号在安全和压力下的反应

为了顺应成长环境、社会文化等因素，5号性格者在安全状态或压力状态的情况下，有可能出现一些可以预测的不同表现：

安全状态

5号注重个人的私密感，因此他们喜欢将自己的家或办公室设置得像封闭的城堡一样，这往往让他们感觉安全。而且，他们会对自己的空间特别在意，甚至会对家庭事务进行过于苛刻的控制。当他们在家里的时候，5号可能会表现得像8号一样。当他们在感到安全的办公室里时，他们也会想要去控制一切。在这样安全的环境里，5号放松了基本的防御措施，渐渐表现出8号性格者的强势特征。

这时的5号感到能够全身心地投入到自己的生活中去，能够很好地丰富自己的生活，他们会变得外向、热情。他们也会表达自己的怒火，会在冲突中坚守观点。他们开始喜欢身体的快感，比如运动，甚至偶尔的打架等。这种感觉常常被形容为焕发活力，突然觉醒。他们和8号一样急于行动，乐于助人。他们用行动代替后退。同时，他们也会变得像8号一样暴躁，容易为小事而动怒。

压力状态

当事情没有办法按逻辑分析时，或是决策没有足够的数据支持时，或是在不理解命令的情况下被迫执行命令时，5号就容易进入压力状态。

这时的5号往往表现出7号的性格特征，他们给自己带上一个能够被社会接受的外套，并主动与他人接触，但是他们这样做并非心甘情愿。尽管表现出外向和快乐可以掩盖他们内心不平常的紧张感，但这样也使得5号面临太多选择，要做太多事情时，就无法再用已知信息去进行预测和准备，他们最初的防御体系就消失了，他们根本没有时间思考。

对于视思考如命的5号来说，没有思考，就没有进步的可能，因此压力状态下的5号越发坚定了要远离他人的感觉。

5号适合或不适合的环境

5号性格者因为其独特的性格特点也决定了其有一些环境能够很好地适应，而另外一些环境则比较难以适应：

适合的环境

5号追求知识，他们对于物理世界中的物件和现象比较感兴趣，所以5号更愿意花大量的时间来独自分析和研究外部世界的事物和现象，因此他们往往能成为某一领域的专家、学者。而且，他们研究的领域往往是晦涩难懂，但却非常重要的。比如，他们会是为心理提供服务的心理学家、九型人格大师等。

他们擅长从事那些需要大量知识的工作，因为他们往往学富五车，会是那些古老语言的活字典。

他们也可以成为那些喜欢在夜间工作的电脑程序员，或者是那些在股票交易所幕后控制股票市场的人。

不适合的环境

5号追求自由，因此他们不适合有太多权威的监管和控制的工作环境。

5号喜欢在人际关系中营造距离感，因此他们不喜欢需要公开竞争或者直接接触的工作，比如销售人员、公共政策讨论者、要时刻面带微笑的政党候选人，都不适合5号。

对5号有利或不利的做法

5号性格者需要学习一些对自己有利的做法，避免一些对自己不利的做法：

有利的做法

5号性格者追求个人的私密性，努力塑造一个独立的形象。然而也正是因为他们追求独立的特点，使得他们常常在人际交往中刻意保持距离感，也就使得他们常常感到孤独，其典型症状是：对社会关系感到困难，因为失去了某个他们依赖的人或物而感到痛苦，或者害怕自由受到限制。这时，他们就会接受心理治疗或者冥想训练。

★认识到自己总是离不开三个词的陪伴：秘密、优越和分离。

★当他人期待自己回应时，不要有刻意保留的欲望，而要大胆回应对方。

★学会容忍自己的感情，而不是逃避自己的感情，多用语言、表情和肢体动作去表达自己内心的真实感受，不要总是憋在心里。

★不要让情感被理性分析所取代，不要让精神建构替代了真实经验。

★认识到接触情感并不等于受到伤害，试着去接触身边的人和事，做个参与者有时候比做个旁观者更有趣。

★愿意当场表现自己的情感，可以通过格式塔心理学、身体练习或者艺术工作来表现。但是同时要注意，不要在不成熟的情况下，让自己的情感一泻千里。允许延迟的情感反应与直觉发生联系。

★与他人在一起时，自己能感受到什么，把这种感受与自己独处时的感受进行对比，找到两种感受的差异。

★与人交往时，要敢于大胆释放自己的情感，而不要留到独处时再去回味。

★学会容忍他人的需要和情感。

★追求知识的同时，也不忘关注现实生活中的经验与体会，保持两者的平衡。

★学会接受突发情况，学会去冒险，去求助，去让私下的梦想变成现实。

★对最简单的物质生活提出质疑。

★学会从自己的特殊研究中受益。

★学会坚持完成重要的项目，并且把他们公之于众，让自己的成果被他人看见。

不利的做法

在转变的过程中，如果 5 号性格者能够意识到自身的下列现象，可能会对他们很有帮助。

★让自己离开身体，退缩到内心。

★喜欢一切私密，无论是痛苦还是欢乐，都不愿意与他人分享。

★不愿意表达自己的情感，在与人交往时常常把暴露自我的话从对话中过滤掉。

★相信自己高人一等，不受感情控制。

★害怕欲望而麻痹自己。让自己无法走出去，也无法退回来。

★希望储藏时间和精力，总是在节省，而不是在付出。

★不愿给予他人帮助，这样让他们感觉被他人的需求所利用。

★过于追求独立导致自负，不愿依赖他人。

★不愿意做出承诺。

★幻想不切实际的生活，而不愿意面对现实，更不愿行动。

★幻想天上掉馅饼，可以不费力气就得到认可。

★拒绝爱情，认为恋爱就意味着被伤害。

★无法分清楚什么是精神上的舍弃，什么是对情感痛苦的逃避。

著名的5号性格者

阿尔伯特·爱因斯坦

阿尔伯特·爱因斯坦是德裔美国物理学家（拥有瑞士国籍），他是现代物理学的开创者和奠基人，相对论——"质能关系"的提出者。他从小就有着极强的好奇心、求知欲、研究心，并且耐得住寂寞。早在上中学时，他就常常一个人静静地思考一些科学，特别是物理学方面的奥秘，正如他所说："我对生活的最大愿望和期盼就是能够安安静静地坐在一个角落里干我的事儿，而不希望人们注意我。"

彼得·德鲁克

彼得·德鲁克对世人有卓越贡献及深远影响，被尊为"大师中的大师"。德鲁克以他建立于广泛实践基础之上的30余部著作，奠定了其现代管理学开创者的地位。无论是英特尔公司创始人安迪·格鲁夫，微软董事长比尔·盖茨，还是通用电气公司前CEO杰克·韦尔奇，他们在管理思想和管理实践方面都受到了德鲁克的启发和影响。

沃伦·巴菲特

沃伦·巴菲特是世界上最杰出的投资家之一，被誉为"股神"，他倡导的价值投资理论风靡全世界。他认为，投资者最大的敌人不是股票市场，而是他自己，即使投资者具有数学、财务、会计方面的高超能力，如果不能掌握自己的情绪，仍难以从投资行为中获利。由此来看，巴菲特是一个冷静沉着、擅长分析的投资家。

比尔·盖茨

比尔·盖茨是全球个人计算机软件的领先供应商微软公司的创始人。他是商业奇才，他独特的眼光使他总能准确看到IT业的未来。早在1975年，年仅19岁的比尔·盖茨就曾预言："我们意识到软件时代来了，并且对于芯片的长期潜能我们有足够的洞察力，这意味着什么呢？我现在不去抓住机会反而去完成我的哈佛学业，软件工业绝对不会原地踏步等着我。"

弗朗兹·卡夫卡

弗朗兹·卡夫卡是欧洲著名的表现主义作家。他生活在奥匈帝国行将崩溃的时代，又深受尼采、柏格森哲学影响，对政治事件也一直抱旁观态度，故其作品大都用变形荒诞的形象和象征直觉的手法，表现被充满敌意的社会环境所包围的孤立、绝望的个人。其短篇小说《变形记》，长篇小说《判决》和《城堡》，都涉及荒诞离奇的异化世界里忧心忡忡的个人。

5号观察型发展的3种状态

根据对5号性格者发展情况的分析，可以将其划分为三种状态：健康状态，一般状态，不健康状态。在不同的状态下，5号表现出不同的性格特点。

健康状态

处于健康状态的5号是内心平衡的人，他们能够以非凡的感知力和洞察力观察一切，并深刻理解事件背后的真相。对应的是5号发展层级的第一、第二、第三层级。

他们往往具备机智灵敏的特点，有着敏锐的目光和强烈的好奇心，有探求的心智，没有东西能逃过他们的注意。他们能够运用超凡理解力对事物进行深刻的分析，还能适时提出恰当的问题。

他们以兴趣为导向，能专注地投入到引起他们注意的事情中，专心致志地做事，直到发现全新的事物。

他们热爱学习，总是渴望掌握新的知识，总是尽可能地收集更多的知识，因此他们常常成为某一领域中的专家级人物。

他们喜欢独自思考，富有创新精神及发明能力，有着极其丰富的想象，能够产生出独创的富有价值的想法，并且大胆地进行创新。

在最佳状态下，他们能够认识到自己充沛的感情，不脱离现实，对世界有深广的理解力和深刻的洞察力，心胸开阔，无论行事还是认知事物都能找到全新的方法，容易成为某一领域的先锋人物。

一般状态

处于一般状态的5号是一个内心充满不满的人，他们并不生活在现实世界当中，而是置身于自己的概念及想象的世界里。对应的是5号发展层级的第四、第五、第六层级。

他们做任何事情都要有充足的准备工作，他们习惯在行动之前要先把一切都概念化，在心里把对象条理化：设计模型、做准备、实际操作、收集资料。

他们喜欢学习，努力掌握各种技术，专注于学术研究，并不断地提出问题，解决问题，因此他们往往希望自己能够成为某一方面的专家。

他们容易远离现实世界，好高骛远，高度紧张兴奋。当他们致力于复杂的观念或想象的世界时，会变得越来越远离尘世，专心于自己的想象和阐释而不关心现实。

他们喜欢古怪、神秘的事物，十分着迷于非常规的、令人狂喜的主题，甚至那些涉及幽暗和令人不安的要素的主题。这常常使得他们更加敏感、脱离现实，更使得他们开始对所有会打扰其内心世界或者与其个人观点不符的看法产生抗拒感。

不健康状态

处在不健康状态中的 5 号是一个内心失衡的人，他们拒绝一切社会关系，脱离现实，希望把自己完全隐藏起来。对应的是 5 号发展层级的第七、第八、第九层级。

他们变得越来越神秘、古怪，并且精神不稳定，常常伴有严重的抑郁情绪，或者是认为人生一切都没有价值的消极思想。他们一方面对人充满敌意、恶言恶语，一方面又害怕受到别人的攻击，因此变得更多疑，神经过于紧张。

他们会有一些具有威胁性且恐怖的强迫性观念，越来越沉溺于自己的一些可怕想法中，但又被自己以及现实所惊吓，变得恐怖、谵妄，成为夸大扭曲以及恐惧症的牺牲品。

他们认为人生是苦海，希望能够遗忘一切，寻求解脱，容易导致他们精神失常、脾气暴躁、自虐。

第一层级：有高度创造力的人

处于第一层级的 5 号是开先河的幻想家，他们有一种深广的参透和领会现实的奇异能力，能够总领万物的要义，从别人只看到虚无而混乱的东西中发现事物的规律，发现全新的事物。

他们拥有丰富的知识，并且能够综合自己已有的知识，在前人发现的看似无关的现象间建立起联系，例如，时空的概念、DNA 分子的结构，或是大脑中化学物质与人类行为之间的关系等。

他们往往具有艺术天赋，如果从事艺术事业，往往能够发展出全新的艺术形式，或以前所未闻的方式革新已有的形式。

他们具有深刻的洞悉现实的能力，他们能够发现单凭理论思考无法获得的未知真理，能够发现事物的内在逻辑、结构及相互关联的模式，能够准确地发掘真相。即使面对模糊的事物，他们仍能持有清晰的思考能力，甚至能够预见未来的发展，且常常能够先于他人证实这个发展。也就是说，在其思考天赋发挥到巅峰状态时，他们就像是先知。

他们不再用他们的心灵去防御现实，而是让现实进入到心灵中，以一种看似来自自身之外的洞察力去感知这个世界全部的复杂性和简明性，并完美地描述现实。他们能从已知的事物跳跃到未知的事物，清晰而准确地描述未知的东西，使新的发现与已知的东西完美统一，这就是他们的伟大成就。

这个层级的5号所表现出的高度创造力完全是不自觉的，他们在世界中不再感到紧张，而是如同在家一般的平和。这时因为他们已经超越了对无能和无助的恐惧，所以也就摆脱了对知识和技能没有止息的追寻。因此他们不再视他人和挑战为一种不堪的重负，而是能够敞开胸怀，抱着一颗同情之心运用自己的知识和才华，也就容易激发自身的创造力。

第二层级：智慧的观察者

处于第二层的5号是感知性的观察者，他们拥有卓越的智慧，能够透过事情的表面，很快地进入较深远的层级。

他们是心灵最为敏锐的人格类型，他们对每件事都非常好奇，因此他们对周围世界有很敏锐的观察力，能深刻地意识到这个世界的荣耀、恐怖以及不和谐的、无限的复杂性。

他们喜欢思考，并能够从中获得许多乐趣，当他们了解某件事物时，他们常常在心里反复咀嚼这一过程，品味自己的观念，这就是他们最大的乐趣。在他们看来，拥有知识、认识世界乃是最令人高兴的事，人、自然、生命、心灵本身都因此而快乐。

他们习惯以心理为导向，喜欢观察，如果观察到某个东西，也就是说被感官或心智所领会，他们就可以理解这个东西。一旦事情被理解，就可以掌握，进而5号就可以如愿地确信自己该如何行动了。

他们的洞察力相当敏锐，因为他们拥有不可思议的能力，能直入事物的核心，发现异常、奇妙但此前未注意到的事实或隐藏的因素，为揭开全部真相提供一把钥匙。由于拥有这种成功的洞察力，他们总是有有趣的或有价值的事情可以与人分享。

他们喜欢以专注的态度去深度了解世界，因此他们似乎是透过放大镜观察这个世界，人与物都巨细无遗地呈现在他们眼前。而且，他们以持续多年埋头于某一个难题，直到问题解决，或者直至明白该问题是无解的。

他们习惯跟着自己的好奇心和感知力走，他们不怎么关心社会成规，不想受到其他事务的妨碍，使自己没法从事真正感兴趣的事。即便这常常使他们成为别人眼中的"怪人"，他们也不在乎。

第三层级：专注创新的人

处于第三层级的5号是专注的创新者，他们变得对单纯认识事实或获得技能不感兴趣，而是想用所学的东西去超越以前已被探究过的东西，他们想要"有所推进"，不仅因为这是对他们能力的更大检验，也因为他们想为自己创造一小块别人难以匹敌的领地。

随着思考的深入，5号常常认为自己智力和感知力非凡，这时他们就开始担心自己会失去这敏锐的感知力，或担心自己的思考不准确。于是，他们开始集中精力积极投身于自己最感兴趣的领域，目标在于真正地掌握它们。通过这种方式，5号希望能发展一种能力或一套知识，确保自己在世界上拥有一席之地。也就是说，5号希望维持自己的独特。

他们的创新可能是革命性的，能够扭转旧有的思考方式。他们的想法具有超前性，而且这些想法在经过他们的刻苦钻研后，往往会带来惊人的新发现或创造出艺术作品。即便是他们当时所处的时代被看做不切实际的东西，也可能会在新的时代里成为某个全新的知识分支或技术分支的基础，比如，物理知识使电视和雷达成为了可能，或者催生了后来的某部小说或电影的某些奇思异想。

他们愿意和他人分享自己所拥有的知识，因为他们在和别人一起讨论自己的想法时常常可以学到更多。而且，他们那份对自己想法的热情对周围的人极具感染力，并且他们乐于跟别的知识分子、艺术家、思想家，实际是与所有跟他们一样有趣的、有好奇心和才智的人一起维护自己的专业领域。

第四层级：勤奋的专家

处于第四层级的5号是勤奋的专家，他们变得不如健康状态下自信，开始担心自己知道得不够多，总是怯于行动，在世界中找不到自己的位置。

他们开始变得不自信，喜欢退回到经验领域，觉得在那里会更加自信、更能控制自己的内心。他们认为，知道得越多，越能发现自己的无知。因此，他们总是觉得自己必须做更多研究和从事更多实践，必须更好地掌握技术或更进一步接受考验，必须更深入地探究他们所研究的主题。

他们不再利用自己的才智去创新和探索，而是将它用来对事物进行概念化和作比较。他们会花大量时间去把某个问题或一首歌的想法概念化，但又犹豫要不要把这些想法诉诸实践。

健康状态下的 5 号运用知识，而一般状态下的 5 号追寻知识。他们总认为自己不如别人准备得充分，所以必须去搜集自认是"成就自身"所必需的各种资讯、技能或资源。为此，他们开始放弃社会活动，花越来越多的时间和精力去获取资源。只要打开 5 号的房间，常常就能发现房间里堆满了他们努力获取的资源：书籍、磁带、录影带、CD、小玩意等。他们还会成天泡在书店、图书馆以及提供地方让知识分子通宵讨论政治、电影和文学的咖啡屋，对可帮助他们获取知识的工业产品极为痴迷，更会花大量金钱去购买所需的工具。总之，他们努力搜集一切资源以使自己成为某方面的专家。

第五层级：狂热的理论家

处于第五层级的 5 号是狂热的理论家，他们的兴趣越来越狭窄，越来越怪癖，他们对自身狭窄的兴趣之外的事物投入的时间越来越少，也越来越不愿意尝试新的活动。

他们感到自身对现实的掌控能力在逐渐减弱，他们对自身能力的不安全感却开始增强，因此他们习惯退回到内心的安全范围中，将注意力转向了心灵的高速运作，用自己所拥有的内心力量和财力去获取自信心和力量，使自己能够在生活之路上走下去。然而，他们常常错误地将这种力量运用到对细节的关注中，沉浸在被他人视做细枝末节的琐事上，对能真正帮助他们的活动也失去了透视力。也就是说，他们把无数的时间花在各种计划上，但又得不出什么结果，这往往使得他们对自己和自己的观念更加不确定，使得他们更加害怕失去凭理智构建的安全感。

他们不再相信情感力量，认为情感需要会成为自己的负担，转而相信一切都取决于获得一种技能或能力，这样才有机会在这个越来越没有怜悯和关爱的世界中生存下去。因此，他们致力于提高自己的专业技能，沉浸于复杂的学术难题和万花筒般的体系——那是些精细的、难以参透的迷宫，他们觉得只要这样做就可以与世界隔绝，专心于学术，处理这些难题。

在与人交往时，他们喜欢隐蔽自己，以维持其独立性和操控整个局面。因此，他们越来越不愿意和他人谈论自己的私生活或情感生活，害怕这样做会给他人可乘之机。另外，和他人谈这些事只会让自己陷入更直接的恐怖经验中，只会让自己变得更加脆弱，而这也正是他们明确想要避免的。但他们不会直接对他人说谎，而是尽量避免向他人提供自己的信息：他们可能言语简洁凝练，也有可能秘而不宣，或者就完全不善交际。

他们不再探究客观世界，而将注意力集中在自己的观念和想象上，沉浸于自己对世界的阐释中，对周围世界的感知越来越少。由于他们把所有时间都用在了思考上，忽略了外界的变化，常常使得他们难以和他人顺畅地交流，生活基本技能较弱。

第六层级：愤世嫉俗者

处于第六层级的 6 号是挑衅的愤世嫉俗者，他们害怕自己因为人或事的侵扰而延误事情的"进程"，所以决心抵御一切自认为会威胁自己脆弱领地的东西，这常常使得他们富有攻击性。

他们越发喜欢思考，并致力于思考那些怪癖、复杂、深刻的问题，而他们心中臆想的那些复杂性引出了新的、更棘手的问题。由于没有任何事情是明确的或确定的，于是焦虑越积越多。他们感到自己时刻受到威胁，自己的计划随时都会因为外力的介入而毁灭，因此他们更加恐惧与外界接触，对外界的主动接触有着极强的防御心理，甚至极富攻击性，以把其他人都吓跑，保护自己的独立空间。

他们变得越发不自信，即便是他们那些最受人推崇的观念和计划也不能增添他们的信心，反而使得他们危机感倍增。对自己无力应对环境的潜意识的恐惧，会时常涌上他们的心头，他们就生活在日益加深的对世界与他人的恐惧中。他们觉得几乎所有的一切都是不确定的和无法实现的，而令他们愤怒的是，别人似乎对他们的恐怖状态感到很满意或满不在乎。在这种情况下，他们常常会表达极端的观点或采取极端的行为，来动摇他人的确定性或满意度，倾覆他人的安全感。

他们更关注自我，比较喜欢通过自己的生活方式来责难世界，因此他们可能会选择过一种极端边缘化的生活，以避免"出卖"自己。他们会有意穿着挑衅社会的衣服或做出一些十分出格的行为。总之，他们追求不同于社会主流的生活态度，比如他们会十分推崇颓废派、朋克、重金属以及其他青年亚文化者的生活态度。

他们的思想极度复杂，常常把合理的见解与极端的阐释混合在一起，而他们自己根本没有办法分辨二者之间的差异。这是因为他们总是极度简化现实，拒绝对事物做更多正面的、多样可能的解释，从而导致认知上的偏差，容易造成思维混乱。总之，他们健康的原创力逐渐退化，变得乖僻、古怪，原先的天才开始变成一个怪异的人。

他们常常感到十分无助，并因这种强烈的无助感而感到痛苦、失眠、发脾气。究其原因，这是他们长时间忽略现实因素所致。如果他们能走向他人、承认自己的苦恼，就能克服困难、重建自己的生活。相反，如果他们继续逃避现实世界，那最后就只会切断本来所剩无几的生活联系，沉入更加可怕的黑暗之中，最终因精神崩溃而灭亡。

第七层级：虚无主义者

处于第七层级的 5 号是孤独的虚无主义者，他们在第六层级的基础上加深了自己的无助感，他们已处在十分不健康的状态，所以他们的自我怀疑越来越严重，觉得几乎所有的人和事都成了他们的威胁，因此他们对自认为会威胁到自己的世界的所有人都抱一种对立态度。

他们有着强烈的无助感，感到自己时刻受到外界的威胁，因此他们必须与他人保持安全的距离，以保护自己对主控权的疯狂追求。然而，这种隔离他人的孤独使得他们十分绝望，很难适应生活，对世界也十分反感，并认为自己在社会中已无容身之所，所以他们背对着社会，变得极端孤立和孤独，越来越怪僻，陷入虚无主义的绝望之中难以自拔。

他们不允许他人怀疑、嘲笑和不理睬他们的想法，因为在他们看来，这是侵犯他们隐私和自由的行为，容易激起他们的攻击性。这时的 5 号会为了维持自己仅存的且完全一厢情愿的一点点自信，变得极其无礼：怀疑他人、嘲笑他人、贬低他人、伤害他人。这又容易激起了人们排斥，使得 5 号和他人的关系越加疏离。

他们极度推崇节制主义，认为只要清除掉自己的一切，只留下最基本的生活保障品，就能使自己获得独立，并因此不致被任何人或任何事所钳制一样。他们的节制行为甚至可能达到极端的程度。比如，他们可能把汽车丢掉，一个人窝在一间废弃的屋子里生活，这样他们就不再是"某个体系"的一部分；他们可能漠视自己的身体，从来不注意自己的形象，吃得很差，过着乞丐一般的生活。然而，这种不受现实钳制的行为往往使得 5 号越发脱离现实，越发感到无助、恐惧。

为了逃避自己的孤独，他们常常利用酗酒和滥用药物的方法来麻醉自己。这不仅不能将他从虚无主义的痛苦中拯救出来，反而会使他们陷入更深的虚无主义，进一步侵蚀他们的自信心，驱使他们进一步走向孤立，并加剧他们的退化。

第八层级：孤独的人

处于第八层级的 5 号会随着内心恐惧感的加深，越发不相信自己应对世界的能力，越发逃避与外界的接触，逐渐退回到与世隔绝的状态。

他们缺乏与他人的接触，完全沉浸在自己的想象世界里，在这个想象的世界里，他是掌控一切的王者。然而，一旦他们回归到现实生活中，他们就会发现自己可掌控的太少。这种巨大的落差感使得他们痛苦万分。为了逃避这种痛苦，他们只好继续沉溺在想象世界里，完成自己在现实生活中未竟的梦想。因此，他们尽量减少了各种活动，生活条件也削减到无处可退的地步。他们可能独处一室，几乎不出房门一步，或干脆藏身到朋友或亲戚家的地窖里，剩下的唯一可去的地方就是他们内心最深处，但由于他们的内心是恐惧的真正源头，所以也成了他们最后的祸根。

他们恐惧现实，在他们看来，现实中的一切都是汹涌的、吞噬性的力量，整个世界好像就是一个荒诞的噩梦，一种发了疯的景致。在这个荒诞的世界里，他们找不到任何可以给予他们安慰和信心的东西。而且，他们越是透过自己扭曲的感知力看世界，就越是感到恐怖和绝望。随着其恐惧范围的扩散和恐惧强度的增加，越来越多的现实遭到日益严重的扭曲，以致他们最后什么事都做不了，因为一切都染上了恐怖的味道：天花板随时都会坍塌砸到自己，桌子上的水果刀随时都可能飞过来刺伤自己……总之，他们开始频繁地出现幻听、幻觉，开始觉得自己的身体就像外星人一样，这让他们感到恐惧，并时刻提高警惕，一刻也安静不下来。结果，他们的身体被弄得疲惫不堪，各种问题堆积在了一起。

他们开始频繁地失眠，一方面是因为他们害怕自己睡觉的时候可能遭受残暴力量的攻击，一方面他们也害怕自己那些充满暴力倾向的梦境。为了摆脱这种恐惧感，他们常常选择药物或酒精来麻醉自己的心智，希求获得一时半刻的宁静。然而，这往往造成他们身体状况的恶化，并进一步导致精神状况的恶化，使得失眠、幻听、幻觉的情况越发严重起来，甚至导致他们精神分裂。

第九层级：精神分裂症患者

处于第九层级的 5 号已经呈现了病态的心理特征，他们幻听、幻觉、失眠的症状越发严重，而且他们也不再相信自己能够抵御世上的敌对力量和内心的恐惧了，他们渴望停止他们所经历的一切。

到了第九层级，5 号精神分裂的症状越发严重：一方面，他们希望通过把自己的心理分裂为令人恐惧的碎片，通过认同内心仅存的观念或幻觉，还可以给他们提供一点力量以应对自我的解离；但另一方面，他们的恐惧具有一种无情的穿透力量，令他们感到世上已无安全的地方可去，甚至他们的内心也不可靠了。在这两种情绪中间不断徘徊，不仅没有消减 5 号内心的恐惧，反而促使 5 号进一步精神分裂。

随着 5 号精神分裂的加剧，他们越发觉得自己的人生演变成了一种持续的痛苦与恐怖体验，他们渴望停止下来，想要在忘却中终止一切体验。因为他们对于自己和世界感觉到的只有恐惧和恶心，而终止恐惧和恶心的唯一出路就是终止一切体验。而且，他们认为自己的生命已经毫无意义，自己根本没有理由再苟活下去。

当然，5 号也会选择另一种方式来终止自己的痛苦体验。他们会选择控制自己的心智，尤其是控制因不断蚕食自我的恐惧症、因意识与潜意识分裂为两个部分而产生的巨大焦虑，这样他们就能够退回到自我看似安全的部分，退回到一种类似精神病的孤独症般的状态。也就是说，他们对自己的思想是如此恐惧，以致干脆放弃思考。他们借着认同自我内在的空虚来达到这个目的。但是，当他们退化到这种内心空洞的心理状态时，以前他们所拥有的那些智慧和才能全都消失了。他们从现实中撤退是为了获得时间和空间去建立自信心和应对生活的能力，但由于恐惧和孤独，他们最终毁灭了自己的自信心和才能，甚至毁灭了自己的生命。那些没有结束自己生命的 5 号像患了精神病一样与现实彻底决裂，最终过着一种无助、依赖或与世隔绝的生活，而这恰是他们最害怕的。也就是说，他们不惜出卖自我灵魂换取的"幸福"，原来就是他们最大的恐惧和痛苦，这实在是莫大的悲哀。

5号的沟通模式：冷眼旁观

和九型人格中其他人格类型相比，5号可以说是最不喜欢人际关系的人格类型。他们性情安静，喜欢独处。对于他们来说，在没人的时候，感情会更丰富。他们认为，孤独是他们获得丰富个人生活的基础。而当他们置身于人际交往中时，他们常常会感到焦虑和不安，害怕他人侵犯自己的私密空间，因此他们总是有意在自己和他人间营造距离感，努力将自己置于一个旁观者的位置，清醒地观察他人的行为，分析每一个人行为背后的动机，并作出正确的判断。

在与他人沟通时，5号习惯以自己的兴趣为导向，不太注意别人的感受。大多数时候，5号与人交流的语气是非常平板和没有情感色彩的，非常有条理，而且言简意赅、喜欢直奔主题，绝不多说一个字。尤其是当他们对对方的话题不感兴趣的时候，他们更是惜字如金，很少发表意见，即便有，也是敷衍性地说几句话。

但是，如果5号在沟通中遇到他们感兴趣的话题，他们则不再沉默寡言，变得滔滔不绝，甚至主动找别人聊天，这样做是为了"收料"。只要对方在简短的几句话中有独特见地，就会吸引他们对之产生兴趣，主动找上门，但当他们收够"料"后，或者不能在对方身上找到新知识，就会冷淡下来。如果他们判断出与之交谈沟通的人的智力比较低或知识面不够广，他们会突然就不再说话，不想继续沟通。不过，有时候，5号在沟通时的沉默未必是拒绝，也许是在仔细地品味。

此外，当5号遇到学术性问题时，他们喜欢展示他们极强的分析能力。

比如，他们在谈到具体问题时，会出现这样或类似的语言：解决这个问题有 5 个步骤，第一个步骤包含 8 点……当别人听到第 4 点时，已经很累了，但他却感到奇怪：我还没讲到重点呢。

5 号具有敏锐的观察力，因此他们对非言语的征兆非常敏感，如果你没有表现出很感兴趣或不具威胁的样子，他们就会退缩并将自己封闭在内心的世界里，从而使你们的沟通造成困难。这时，人们需要在尊重 5 号个人私密空间的基础上，主动接触 5 号，可以从他们喜欢的学术话题入手，激发他们沟通的欲望。

需要注意是，与 5 号沟通最好要寻找一个秘密的时刻，并事先知会他们，要给他们单独的时间去作决定。最好让 5 号自己选择交流的时间和地点，这样他们会觉得是自己在控制着相互之间的交流。而且，初次沟通时，一定要鼓励 5 号讲出问题的起因，分享他们内心的感受和想法，并给他们留出充裕的时间来整理思绪，然后再给予 5 号中肯的建议。总之，在与 5 号沟通时，要尽量主动一些，但也不要过于主动，以防对 5 号产生压迫感。

观察 5 号的谈话方式

大多数时候，5 号性格者沉迷于独处的快乐中，他们不喜欢和他人接触，讨厌社交活动，认为这容易侵犯他们苦心维持的私密空间。因此，他们在与人交往时常常沉默寡言，给人以冷漠的感觉。

下面，我们就来介绍一下 5 号常用的谈话方式：

★5 号很少说话，不仅是因为他们需要以客观的身份来观察和思考，更因为话语本身会引起很多情绪和情感，而他们又拒绝情绪。

★5 号与人交流的语气是非常平板和没有情感色彩的，非常有条理。

★从 5 号的嘴里，你经常会听到以下词汇：我想；我认为；我的分析是；我的意见是；我的立场是。

★在与人交谈时，他们总是言简意赅，直奔主题，因为他们觉得把该说的事说完就好了。

★谈到学术性话题或 5 号感兴趣的方面时，5 号会变得滔滔不绝，其目的在于为自己搜集更多的材料。而且，当他们搜集到自己需要的材料或是在对方身上找不到新知识时，他们又会变得沉默寡言。

★遇到自己不喜欢的话题，或者无聊的话题时，5 号会沉默寡言，也会敷衍性地说几句。

读懂 5 号的身体语言

当人们和 5 号性格者交往时，只要细心观察，就会发现 5 号性格者具有以下一些身体信号：

★5 号身材瘦弱，常常给人以弱不禁风的柔弱感。

★5 号着装非常简朴，他们不重视潮流、时尚等因素，因此他们的衣着常常是"过时"、"老土"的。

★5 号有时会"不修边幅"的"风光"，他们因为过于关注思考而忽略生活细节，从而可能衣服好几天都不换、头发好几天都不洗。

★5 号喜欢安静地坐在一个角落里，不希望引起注意。

★无论是坐着还是站着，5 号身体动作很少，常常给人传递出这样一种感觉：请不要关注我，我只是一个旁观者，并不想投入你们的环境或话题当中。他们的身体还给人太过僵硬的感觉。

★他们追求简洁，当他们行走时，习惯径直接近目标。

★5 号外表冷漠，即便正在经历激烈的情绪或情感，他们也神情木然。因为他们总是想提早摆脱所处的环境，回到自己的空间去。

★5 号因漠视自己的情感，因此人们很难从他们的眼神中觉察到情感、情绪，也强化了那份冷漠的感觉。

★当他们无法回避情绪、情感话题或环境的时候，他们也会以回避对方注视的方式保持低调，这就给人一种眼神"迷离"的感觉。

★在与人交流时，他们大多面无表情、安静地倾听着，最多是在谈论学术话题的时候微微点头，让人感觉他们的身体只有脖子以上才有生命。

★当感到无聊时，5 号容易陷入自我思考状态，做出皱眉、挠头、在纸上画东西等动作，面部基本没有任何表情，不太注意别人的感受。

与 5 号交往，适当保持距离

5 号性格者就像是一位冷眼旁观的裁判，用他的世界观来替整个世界评断。他们的性格如果用一种颜色表示的话，应该是灰色。他们如灰色一样无所不包，也像灰色一样低调不张扬，还像灰色一样与周围的世界保持距离。他们总是一副不愿意与别人"深交"的样子，保持一种"君子之交淡如水"的交往习惯。有的人喜欢和人"自来熟"，他们看不惯观察者的交往艺术，认为这是种冷漠。其实，这恰是观察者深得与人交往艺术的地方，因为保持距离是一种安全，也是让友谊长久的"保鲜法"。因此，人们在与5号相处时，要注意保持距离，尊重5号的个人私密空间，往往能赢得5号长久的信任。反之，过于亲密的关系常常使得5好感到不安全，觉得自己的隐私被侵犯，容易激发他们的怒火。

加西亚·马尔克斯是1982年诺贝尔文学奖获得者，巴尔加斯·略萨则是被人们说成是随时可能获得诺贝尔文学奖的西班牙籍秘鲁裔作家。他们堪称世界文坛最令人瞩目的一对冤家。他俩第一次见面是在1967年。那年冬天，刚刚摆脱"百年孤独"的加西亚·马尔克斯应邀赴委内瑞拉参加一个他从未听说过的文学奖项的颁奖典礼。

当时，两架飞机几乎同时在加拉加斯机场降落。一架来自伦敦，载着巴尔加斯·略萨，另一架来自墨西哥城，它几乎是加西亚·马尔克斯的专机。两位文坛巨匠就这样完成了他们的历史性会面。因为同是拉丁美洲"文学爆炸"的主帅，他们彼此仰慕、神交已久，所以除了相见恨晚，便是一见如故。巴尔加斯·略萨是作为首届罗慕洛·加列戈斯奖的获奖者来加拉加斯参加授奖仪式的，马尔克斯则是专程前来捧场。他们几乎手拉着手登上了同一辆汽车。他们不停地交谈。马尔克斯称略萨是"世界文学的最后一位游侠骑士"，略萨回称马尔克斯是"美洲的阿马迪斯"；马尔克斯真诚地祝贺略萨荣获"美洲诺贝尔文学奖"，略萨则盛赞《百年孤独》是"美洲的《圣经》"。此后，他们形影不离地在加拉加斯度过了"一生中最有意义的四天"，制定了联合探讨拉丁美洲文学的大纲和联合创作一部有关哥伦比亚与秘鲁关系的小说。略萨还对马尔克斯进行了长达30个小时的"不间断采访"，并决定以此为基础撰写自己的博士论文。这篇论文也就是后来那部砖头似的《加夫列尔·加西亚·马尔克斯：弑神者的历史》（1971年）。

基于情势，拉美权威报刊及时推出了《拉美文学二人谈》等专题报道，从此两人会面频繁、笔交甚密。于是，全世界所有文学爱好者几乎都知道：他俩都是在外祖母的照看下长大的，青年时代都曾流亡巴黎，都信奉马克思主义，都是古巴革命政府的支持者，又有共同的事业。

作为友谊的黄金插曲，略萨邀请马尔克斯顺访秘鲁，后者谓之求之不得。马尔克斯在秘鲁期间，略萨和妻子为他们的第二个儿子举行了洗礼；马尔克斯自告奋勇，做了孩子的教父。孩子取名加夫列尔·罗德里戈·贡萨洛，即马尔克斯外加他两个儿子的名字。

正所谓太亲易疏。多年以后，这两位文坛凤将终因不可究诘的原因反目成仇、势不两立，以至于1982年瑞典文学院不得不取消把诺贝尔文学奖同时授予马尔克斯和略萨的决定，以免发生其中一人拒绝领奖的尴尬场面。当然，这只是传说之一。有人说他俩之所以闹翻是因为一山难容二虎；有人说他俩在文学观上发生了分歧或者原本就不是同路。后来，没有人能再把他们撮合在一起。

这个结局让我们惋惜，也更加证明了君子之交淡如水的原则是友谊天长地久的保证。如同两个刺猬，为了取暖它们不得不靠近，但是太近了就会刺痛彼此，于是远离，太远了又觉得寒冷。只有保持适当的距离才能让彼此既能取暖又不至于伤害对方。

对于注重个人私密空间、喜欢独处的5号来说，亲密关系常常让他们感到不安，感到自己的隐私被侵犯，这常常促使他们更退缩回自己的世界，更脱离现实，更难以靠近。相反，如果你能彼此的关系中营造适当的距离感，他们反而能够安心地与你交谈。

热情对待冷漠的5号

5号注重个人的私密，他们努力营造一个不受外界干扰的个人空间，在这个空间里，他们感情丰富，他们的脑海里充满了快乐的空想和有趣的问题。但一旦他们进入现实生活中，他们的注意力就集中在对自我隐私的保护和对他人的防御上，他们总是感到被威胁，他们也就难以在别人面前表现出真正的自我。只有当他们站在旁观者的位置，冷眼旁观一切，内心的恐惧感才有所降低。因此5号总给人一种冷漠的感觉。

由此可见，5号的冷漠不是他们无情的象征，而是他们不懂得表达情感所致。即便他们内心已是情绪激荡的状态，他们表面上也会不动声色。因此，人们在与5号相处时，要学会习惯5号的冷漠，更要以热情的态度去对待5号，激发他们内心的热情，从而增强他们的主动性。

舞蹈家玛莎·格雷厄姆将热情理解为："一种生机，一种生命力，一种贯穿于自我的令人振奋的东西。"在人际交往中，热情的态度获得他人信任、维持友谊的关键。

5号多是面冷心热的人，他们在面对人群表达自己时往往有困难，不善于表达自己的情感，因此总给人以冷冰冰的感觉。然而，人们不要被5号的冷漠所吓倒，而要表现出亲切的善意，以热情的生活态度去感染他们，激发他们对生活的热爱。

第七篇

6号怀疑型:怀疑一切不了解的事

6号宣言:世界充满危险,我必须时刻警惕。

6号怀疑主义者是一个十分忠实、小心谨慎的人,他们总是处于无休止的忧虑和怀疑之中。他们倾向于把世界看做是一种威胁,而他们对外来的威胁非常敏感,可谓明察秋毫,总是关注生活中最糟糕的事情,并预想出最糟糕的可能结果,事先把自己武装起来。这使得他们难以公开发表自己的观点,喜欢征求他所信赖的权威人物的意见,而且会对这些权威人物有较高的忠诚度。

第一章
6号怀疑型面面观

自测：你是怀疑一切的 6 号人格吗

请认真阅读下面 20 个小题，并评估与自身的情况是否一致，如果某一选项和你的情况一致，那么请在该选项上划上钩作为标记：

1. 我不会轻易相信别人。

□我很少这样□我有时这样□我常常这样

2. 我从小就常想着有一天一定要出人头地。

□我很少这样□我有时这样□我常常这样

3. 我会常常在内心里提防别人陷害和利用我。

□我很少这样□我有时这样□我常常这样

4. 我要求公平，期望我的付出和我的所得是相等的。

□我很少这样□我有时这样□我常常这样

5. 我对金钱采取谨慎的态度，严格控制开销。

□我很少这样□我有时这样□我常常这样

6. 我做事不是一拖再拖，就是一往无前。

□我很少这样□我有时这样□我常常这样

7. 当一个新项目要开始时，我总是担心出现问题或麻烦。

□我很少这样□我有时这样□我常常这样

8. 我觉得有时自己充满矛盾，崇拜权威有时又会质疑权威。

□我很少这样□我有时这样□我常常这样

9. 我渴望别人喜欢我，又怀疑别人，害怕他们不喜欢我。

□我很少这样□我有时这样□我常常这样

10. 我常问自己是否做错了事，因为我害怕犯错而被责怪。

□我很少这样□我有时这样□我常常这样

11. 当别人批评我时，我会觉得这是一种攻击而愤怒。

□我很少这样□我有时这样□我常常这样

12. 我经常因为疑惑而感到焦虑。

□我很少这样□我有时这样□我常常这样

13. 我经常犹豫不决，很在意身边重要的人的想法。

□我很少这样□我有时这样□我常常这样

14. 我不喜欢虚伪的人。

□我很少这样□我有时这样□我常常这样

15. 受到夸奖或表扬时，我常持怀疑态度。

□我很少这样□我有时这样□我常常这样

16. 我做事通常想得太认真。

□我很少这样□我有时这样□我常常这样

17. 我常以我的聪明为荣。

□我很少这样□我有时这样□我常常这样

18. 我很少做重大决定。

□我很少这样□我有时这样□我常常这样

19. 我希望知道别人对我的期待具体是怎样的。

□我很少这样□我有时这样□我常常这样

20. 我是一个忠诚、值得信赖、勤于思考的人。

□我很少这样□我有时这样□我常常这样

评分标准：

我很少这样——0 分；我有时这样——1 分；我常常这样——2 分。

测试结果：

8 分以下：怀疑型倾向不明显，比较自信，对于生活中的变数和危机能采取淡然的态度。

8～10 分：有一定的怀疑型倾向，时而为了规避危险做一定的预设和准备。

10～12 分：比较典型的 6 号人格，注意力的焦点放在未知的危机之中，经常感到忧虑和担心。

12 分以上：典型的 6 号人格，非常没有安全感，整天疑虑重重。一旦危机真正来临时，又比较镇定、稳重，危机处理能力强。

6 号性格的特征

在九型人格中，6 号是典型的怀疑主义者，他们和 5 号性格者相似，都认为这个世界危机四伏，人心难测，交往不慎，就会被人利用和陷害。但他们又和 5 号性格者不同，他们不像 5 号一样享受孤独，而是害怕孤独，恐惧自己被孤立、被抛弃，因此才对人和事都没有安全感。也就是说，其实 6 号内心里渴望与人接触，并渴望得到他人的保护。

6 号的主要特征如下：

★内向、主动、保守、忠诚。

★有着敏锐的观察力，能够洞察深层的心理反应。

★在环境中搜索能够解释内在恐惧感的线索。

★通过强大的想象力和专一的注意力来获得直觉，这两种能力都来自于内心的恐惧。

★疑心重，做事小心谨慎，有着较强的警惕性。

★因为内心的疑虑太多，所以总是用思考代替行动，导致行动推延，或是使工作无法善始善终。

★努力克制自己的情感，害怕直接发火，但喜欢把自己的怒气归罪于他人。

★有着较浓的悲观情绪，因而常常忘记对成功和快乐的追求。

★渴望别人喜欢自己，但又怀疑别人情感的真实性。

★喜欢怀疑他人的动机，尤其是权威人士的动机。

★对权威的态度较为极端：要么顺从，要么反抗。

★习惯怀疑权威，因此认同被压迫者的反抗事业。

★一旦信服某个权威，就会由怀疑变为忠诚，因此他们往往对于被压迫者或者强大的领导者表现出忠诚和责任。

★以团体的规范为标准，讨厌偏离正轨者，会严厉地批评、责备他们。

★循规蹈矩，遵守社会规范。

★经常会考虑朋友和伴侣的忠诚度，有时会故意激怒别人进行试探。

★期望公平，要求付出和所得相匹配，会被他人看成斤斤计较。

★常问自己是否做错事，因为害怕犯错误后被责备，所以犯错后往往死不认错。

★在一个给予他们足够安全感的环境里，他们会支持他人成长，分担他人的困难。

6号性格的基本分支

6号性格者往往小心而多疑，他们从小就学会了保持警惕，学会了质疑权威，习惯去思考人们每一个行为背后潜藏的意图。而且，注意力的焦点往往集中在生活中那些糟糕的事情上，这使得他们把外部世界看成是各种危险因素的潜在来源，他们很容易对他人和客观形势产生怀疑，尤其是当这些人和事在他毫无准备的情况下出现时，更是如此。因此，他们总是处于无休止的忧虑和怀疑之中。然而，他们内心十分渴望他人的保护，一旦他们发现力量强大的领导者，比如3号性格者和8号性格者，他们又会十分顺从、忠诚。由此来看，6号对待权威的态度是矛盾的，这种矛盾心理往往突出表现在他们的情爱关系、人际关系、自我保护的方式上。

情爱关系：力量/美丽

6号认为外界的人和事都是不可靠的，他们时刻担心自己被利用、被抛弃，因此他们内心极度渴望寻找到可靠的亲密关系。为了吸引他人的关注，建立稳固的亲密关系，6号热衷于表现出力量和美丽：令人敬畏的聪明、强劲的反对者、迷人的美女、引人注目的男子，这些都是他们想要表现出来的。也就是说，如果大家都认为他/她是强壮、美丽、性感和聪明的，即便是个胆小鬼的6号也会立刻挺直了腰杆。

人际关系：责任感

6号具有极强的责任感，他们认为在社会行为中遵守相关规则和义务是表现忠诚的一种方式，这也是他们压制内心恐惧感的一种方式。他们认为，群体的需要会控制他们的行为，使得他们知道该如何表现。而且，当个人观点得到群体权威力量的支持和确认时，对自我的怀疑就会降低。因此，6号对于人际关系往往抱有这样的观点："只要我们不是一个人，我们就不会受到攻击。"在这种责任感的激励下，可以完全投入到他们的家庭或者集体性的事业中，能够为了事业、家庭和理想做出极大牺牲。他们甚至可以鼓励身处困境的其他人，并为扭转局势做出英雄之举。

自我保护：关爱

6号既害怕亲密关系的不稳定又渴望亲密关系，因为他们认为，维持他人对自己的好感，是驱赶潜在敌意的一种方法。如果人们喜欢你，你就没有必要对他们感到害怕。当他们和理解他们、包容他们的人在一起时，会很放松，于是会放下自己的防卫体系。也就是说，6号的恐惧心理会在朋友的陪伴下减弱或是消失，感受到来自他人的鼓励和温暖，将促使他们更好地发展。

6号性格的闪光点

九型人格认为，6号性格的人有着许多的闪光点，下面我们就来具体介绍：

有高度的警觉

6号性格者内心存在较强的不安全感，他们害怕被人利用，因此有着较高的警惕性，总是仔细观察对方，时刻提防他人的花言巧语。可以说，他们是天生的观察者、自然的心理学家，随时警惕着一切外在变化，还不被周围人所察觉。

做事谨慎

6号做事十分谨慎，他们常常对一些事情甚至没有发生的事情会过多担心，或者是对自己正在做的一些事情不是太放心，他们总担心事情会出什么状况，因此他们对于指责内的事情，习惯做最坏的打算，做最好的准备。

较强的危机意识

6号算得上是九型人格中最有"危机意识"的人格类型，他们总是认为生活中处处都是危险，总是将注意力集中在那些负面的事情上，总关注那些潜在的危险，并主观臆想实际上并不存在的陷阱。因此，当危险真正来临时，他们往往会比其他类型的人冷静，具有迅速化解危机的勇气和能力。

有责任感

6号喜欢稳定的生活，他们认为责任感是保证生活稳定的关键因素，因此他们习惯在社会行为中遵守相关规则和义务，并且能够为了事业、家庭和理想做出极大牺牲。

较高的忠诚度

极具责任感的6号往往是个忠诚、值得信赖的人。面对任何挑战时，他们都能够毫不犹豫地去护卫彼此的关系和友谊。他们对盟友忠心耿耿，总是不遗余力地保护自己人。但前提是这个团队或权威是足够强大的，是受到6号肯定的。

注重团队精神

6号内心渴望亲密关系却又缺乏安全感。他们往往认为在一个团队中最易获得安全感，因此他们注重"团结至上、安全第一"的团队精神。同时，他们要求团队分工清晰、权责分明，赏罚有则，尽量避免人治的情况发生。

严守时间

6号虽然会因为对安全感的忧郁而导致行动拖延，但大多数6号还是习惯于严守时间。他们认为，严守时间是获得安全感的重要方式。因此他们重视截止日期并严格遵守，以免自己因为浪费时间而遭受惩罚，更害怕会因此造成不良后果，让自己陷入危险的境地。

看淡成功

6号习惯怀疑权威，因此他们不希望自己成为权威，在他们看来，那是一个备受怀疑的不安全的位置。也就是说，他们能够为了自己的理想而付出全力，不求回报地孜孜努力，从不在乎这样是否会获得成功和荣誉。

6号性格的局限点

九型人格认为，6号性格不仅有许多闪光点，也有许多局限点：

多疑

6号因为随时感到不安全，他们总是对一切持怀疑态度。他们怀疑他人行为背后的动机是否单纯，怀疑所处的环境是否安全，怀疑自己的决定是否正确……而越是怀疑，就越使他们感到不安，导致他们越发拖延行动。

拖延行动

6号做事谨慎，致力于做好每一个细节的准备工作，因此他们总是沉溺在琐碎事务的处理工作中，在正反意见之中徘徊，很难下结论。总怕还有没有考虑到的危险，致使工作一拖再拖，甚至导致某些计划半途而废。

习惯负面想象

6号有着丰富的想象力，但他们内心强烈的不安全感常常将他们的想象指向最坏的方面，使得他们总想着最糟糕的结果。他们会自觉地寻找环境中对他们有威胁的线索，而把那种对最好情况的想象视为一种天真的幻想，使得他们常常给人以悲观、偏激、神经质的印象。

怀疑成功

6号忠诚、勤奋、可靠，并且有着为理想献身的勇气和奋斗精神，这些都是成功的重要条件，但是6号却很难成为一个成功者。这主要是因为他们内心对成功的怀疑心理，认为成功将使他成为众矢之的，成为他人利用、陷害和排挤的对象，这将破坏他们的安全感，因此他们习惯躲避成功，往往在接近事业巅峰时更换工作，或是在即将大功告成时不去化解能够化解的危机。

过于保守

6号多是循规蹈矩的人，他们习惯照规矩及传统做该做的事，喜欢照本子办事，照着指引做事，逃避犯规，常有怕犯错的心理。所以他们总是畏缩不敢行动，喜欢做成功率高的事，比如那些在别人眼中是枯燥、例行公事的事。

缺乏自信

6号习惯自我怀疑，即使在事实已经证明自己的想法更为高明时，6号还是会选择别人的权威判断。由于他们对自己的不信任，使得他们狂热追求能给自己带来安全感的东西，并导致对权威者的过度依赖和对安全的寻求，使得他们容易被人操控和利用。

过于悲观

6号常常有将一切灾难化的倾向，他们对周围所碰到的一切事物，总喜欢往负面的、悲观的、严重的方面去幻想或揣测，因此他们时常处于非常不安、焦虑的状况，会阻碍他们的创造力，减损他们的进取心，使他们变成自己最大的敌人，甚至可能伤害他们自己。

6号的高层心境：信念

6号性格者的高层心境是信念，处于此种心境中的6号性格者能够客观认识怀疑，正确利用怀疑的力量来使自己的想法更加完美，把发展过程中可能出现的错误和风险都排除掉，极大地增加了成功的几率。

6号性格者有着极强的不安全感，他们时刻害怕自己被利用、被抛弃，因此他们总是对外界的人或事保持高度的警觉，总是怀疑他人接近自己的动机是否单纯。也就是说，他们几乎把决策制定的大半时间都花在了怀疑上。他们想出一个主意，然后开始想"很好，但是……"。他们总是这样：首先提出一个想法，然后以同样认真的态度去反对这个想法。如果让6号去从事学术研究领域，他们喜欢怀疑的性格往往能够让科学更精准，让程序更可行，让关系更清晰。但如果他们过于崇拜怀疑主义，往往忽视了内心的真实感受，常常为自己及他人带来巨大的痛苦。

那么，如何将6号从怀疑的旋涡中拯救出来呢？这就需要6号拥有强大的信念来肯定自己、相信自己，从而不再拖延行动，继续自己的修行、自己的爱情和自己的工作。而且，从注意力练习的角度来看，信念不是固执己见，也不是去相信错误的期望。信念是不需要通过毅力来维持的。简单地说，信念就是一种能力，它让你的注意力稳固在那些正确的、积极的感受上，不会陷入偏见的思维中，让质疑取代真实。当6号拥有了强大的信念，他们就进入了自我发展中的高层心境。

6号的高层德行：勇气

6号性格者的高层德行是勇气，所谓勇气，是让身体能够在不思考的状态下自如活动，让行为出现在思维之前，让自身的行动不受自身性格的影响。拥有此种德行的6号不再因为自我怀疑而拖延行动，并敢于改变自己以前循规蹈矩的生活方式，挑战自我，寻求更好的发展。

6号的怀疑往往是无意识的，因为他们和其他人格类型的人一样，过于关注自己某一方面的需求，从而忽视了那些控制他们生命的核心问题。6号内心有着强烈的恐惧感，但他们可能不会觉得自己比别人更害怕，而且也不会意识到，个人的思考方式和情绪表达会导致长期的惯性思维。就像那些长期生活在战争中的人往往是在获得和平后才感到战争的可怕一样，6号往往是在自己的恐惧感消失后，才意识到自己曾经多么畏惧。也就是说，只有当6号拥有了战胜恐惧的勇气，他们才会意识到自己的恐惧心理。

要想克服自己的恐惧心理，获得行动的勇气，6号可以选择接受心理治疗或者冥想练习，并结合一些身体练习，往往能够更加快捷地达到内心的高层境界。许多6号都会接受精神方面的练习，帮助培养对自身直觉的信任，比如密宗瑜伽——一种瑜伽的修炼方法，着重于开发生命能量来超越凡人的境界，透过一种修持的方式，达到个体小我和宇宙大我的融合，或是一些武术练习，都能够很好地缓和6号的恐惧心理。

6号的注意力

6号性格者的注意力更多地集中在他们自己的想象世界，而不是现实生活。他们必须先要心里想到，才能行动。而且，他们总是根据自己的想法在现实中寻找依据和线索，而忽视了现实生活中那些和他们想法无关的事物。6号以为他们是为了保护自己而对周围环境进行扫描，而实际上他们不过是为了证实自己的观点。也就是说，他们不是在寻找潜在危险，而是在支持某个观点的证据。因此，6号的注意力带有极强的主观性和片面性。

他们常常会回忆一个在他们童年时让他们感到害怕的人，并想象这个人就站在他们的面前，想象对方的脸部表情、身体姿态、衣服、尤其是他/她看着自己，而让自己感到畏惧的眼神。而且，他们还会让自己相信：自己已经和这个人每天在一起生活了很长一段时间，而且是在一个很小的房间里。在这里，他们的威胁者控制了房间里的一切，而且随时会出现在他们的面前，带给他们可怕的伤害。这迫使他们形成高度的警惕心，随时警惕房间里的威胁者，即便是他们手头忙着别的事情，也难以将自己从这种负面的想象中拯救出来。

有时候，他们也会想象熟悉的一个朋友可能私下想过但从未对6号表达的事情，这个想法可以是正面的，也可以是负面的。这时，他们就会在与朋友交流的过程中，细心观察朋友的脸部表情，竭力寻找被隐藏想法的蛛丝马迹。这时，他们具有典型的多疑症的特征：内在的假设、分散的注意力。大多数时候，6号的这种猜测都是违背现实的空想，但是他们自己坚信这个空想的真实性，并为此感到莫大的痛苦。

6号的直觉类型

每个人的直觉都来源于他们关注的东西，因此6号性格者的直觉来源于他们对于安全感的密切关注。从小时候以来，6号都致力于帮助自己摆脱情感上的恐惧。他们生存的一个重要策略就是发现那些潜在的威胁。6号性格者总是对他人没有表达出来的意图特别敏感，他们说自己会因为他人不承认的感觉而害怕，并相信自己看到的一切都是真的。因此，具有自我意识的6号知道他们常常会把自己的敌意归罪于他人。他们知道要辨别直觉的准确性需要学会区分哪些是自己内心的投影，哪些是客观准确的表达。

有一个6号曾这样描述自己的直觉：

我总能轻易猜透人家行动背后的意图，尤其是那些心存恶意的意图，总是一猜一个准。我的工作性质决定了我每天要接触许多人，我喜欢观察这些人，我往往一眼就能看出哪些人是奸诈狡猾、不可信的，这些特质可能他们自己并不知道，但我能从他们身上感受到。当我必须要和这些人打交道时，我往往会滋生出一种强烈的愤怒感和恐惧感。虽然这些感觉可能和他们正在做的事情毫无关系，但我还是能清楚地感到他们不怀好意。当这些人因为出色的工作业绩而获得众人的肯定时，我又会怀疑自己：他们真的不可信吗？这是否是我内心的某种偏见，还是说其他人会和我有一样的感觉？

其实，许多6号都具有较强的自我观察能力，但大部分6号都没有注意去区分内心投影和其他直觉表达，他可能会和很多人一样，向家人或朋友抱怨那些苛刻的老板和权威人士，指责他人的品行问题。这种偏执多疑的观点通常都会有一点事实基础，尽管6号对于他人的某些负面特质可能感觉是对的，但是他们往往把这种负面特质极度夸大了。然后他们开始保卫自己，开始与他人的恶意进行斗争，这会让他人感到恼火，而6号反而觉得自己的判断得到了证实。

为了避免自己的直觉陷入误区，6号需要发展自己的内心观察能力，让他们注意到自己内心注意力的转移，以便区分他们的哪些直觉是基于现实的洞察，哪些是来自内心的投影，这就能够使他们从错误的内心暗示中解脱出来，并使得他们具备更准确的判断能力。

6号发出的4种信号

6号性格者常常以自己独有的特点向周围世界辐射自己的信号，通过这些信号我们可以更好地去了解6号性格者的特点，这些信号有以下4种：

积极的信号

6号对于权威的态度是矛盾的，当认为这种权威是不可信任时，他们就会反对这种权威，但如果他们认为这种权威是可信任的时，他们则会给予全力支持。因此，他们会对信任的少数对象表现出极度的忠诚，这可能是他们的事业、他们的朋友，或者他们的保护人。他们还会信任那些软弱无力的人，那些感到害怕的人。同时，6号具有细微的洞察力和强大的想象力，他们往往是非常具有创意的思考者。

消极的信号

6号喜欢将注意力集中在那些负面信息上，从而使得自己总往最坏的方面去想象。为了避免发生他们所猜想的那些危机，他们注重细节，有时候会牵强附会——把不相干的事情联系在一起，他们还会用过度的保护来控制局势，加强防御，让自己安全。此外，他们还不告诉对方自己在思想上的变化，把疑虑藏在心里。即便情况往好的方向发展时，他们内心的担忧也不会消失，这使得他们犹豫不决，常常拖延行动或半途而废。

混合的信号

6号总是习惯把事情往最坏的方向去想，因此他们对身边的每一件事、每一个人都抱有怀疑的态度，不愿意对他人表达真实的情感，以免对他人利用。但是他们又不确定自己的判断是否准确，因此他们尽管对双方的关系感到怀疑，但是又不愿意脱身而出。而且，他们往往是在情感关系的酝酿阶段和初始阶段充满兴趣。当他们应该采取进一步行动时，他们的心思却飞走了，然后一切都变得不确定了。总之，6号经常因为内心的怀疑论而扰乱自己的思绪，传达出混乱的信息，往往使得他人感到十分迷惑。

内在的信号

6号不仅怀疑他人，也怀疑自己。怀疑阻碍了他们的感觉。他们可能听见你说的话，但是并不完全相信，因为他们并没有完全感觉到。因此，要讨好 6 号可不是件容易的事情。对他们真心的赞许也不会被完全接受。大多数时候，他们会将他人的赞美看做"客气话"，这并不是说 6 号认为你在撒谎，而是觉得你话里有话。这时，他们可能对他人进行追问，以证实自己对他人的负面猜测，常常引起他人的反感。

总之，6 号需要适当克制自己的怀疑心，更要学会客观看待自己的怀疑主义思想，要学会关注他人的真实情感，而不要用自己的负面心态去看待他人，看待世界，这样就能有效避免自己陷入悲观主义之中。

6 号在安全和压力下的反应

为了顺应成长环境、社会文化等因素，6 号性格者在安全状态或压力状态的情况下，有可能出现一些可以预测的不同表现：

安全状态

当 6 号感到安全时，他们的性格会向 9 号性格者靠近。他们会感到放松，内心被解放，思想平静下来，身体意识重新回来，感觉就好像返回自己的理性中。他们开始认识到自己的恐惧感，并主动去改变它。而也只有当痛苦远离时，他们才知道自己受到了多大的伤害。也就是说，6 号可能并不知道自己想象了最糟糕的结果，但是一旦这种想象消失了，他们会如释重负。

但 6 号在感到放松的同时又会担心失去自己的优势。因为他们认为，当感到放松和快乐时，他们的警觉力就容易减弱。也就是说，6 号尖锐的注意力很可能让他们在无意中发现危险信号。当这种思想状态松懈时，注意力从外界转移到自己身上。感官的灵敏度增强了，但是原本的关注却受到了干扰。6 号性格者所说的"失去优势"，实际上就是因为自己失去了关注的焦点，感觉整个人好像漂浮起来了。他们可能像 9 号一样寻找不到自己的人生目标，感到空虚和寂寞。

压力状态

当 6 号处于压力状态时，他们的性格会向 3 号靠近。他们内心的恐惧感迅速扩大，随时都感到好像某些可怕的事情将要发生，但实际上可能毫无事实根据，这往往促使他们加紧防御。6 号想要被拯救，想要摆脱这样的局面，想让其他人来帮他们完成没有做完的事情。这种内心的紧张达到高峰时，就会引发两种结果——奋起反抗或者溜之大吉。如果得不到放松，恐惧症型的 6 号就可能长期处于抑郁这种状态，而反恐惧症型的 6 号不愿再等下去，他们主动开始行动。行动会让他们感觉好起来，就好像你在跑步的时候，只要向前迈出一步，就是离终点又近了一步。如果能够让 6 号学会放松，把注意力集中在要做的事情上，忽略内心的恐惧感和紧张感，反而能极大地提升 6 号的行动力，有益于 6 号的发展。

6 号适合或不适合的环境

6 号性格者因为其独特的性格特点也决定了其有一些环境能够很好地适应，而另外一些环境则比较难以适应：

适合的环境

和 5 号性格者一样，6 号也喜欢做准备工作，他们希望在采取行动前对事情有透彻的了解，而且要预先做好计划，不喜欢工作环境中含糊或未知的因素，事事要求清晰，特别不要轻易修改工作流程，更难以接受随意增加其他工作。因此，6 号往往喜欢在等级分明的环境里工作，这样他们就能够把权力、责任和问题弄得一清二楚，极大地增强 6 号的安全感和操作能力。

他们重视忠诚、公平及坚持原则，因此他们适合在纪律严明的单位内任职，比如从事警务工作、法律相关工作。

他们喜欢遵循社会规则和制度，致力于维护团队精神。比如，他们适合需要谨慎及有原则的办事准则的会计行业、讲求安全至上的建筑工程及医疗工作。此外，他们还适合从事公司的规章制度的制定工作和管理工作。

他们具有强烈的怀疑精神，这使得他们具有较强的谈判能力，因此他们适合在采购行业发展，因为他们的议价本领非凡，能够为工作的机构争取最大的利益。

当他们认识到自己的恐惧心理后，他们往往敢于挑战自己，喜欢从事具有身体危险或者为被压迫者服务的工作。比如，他们可以是桥梁的维修员，也可以是出色的商场战略家，帮助公司扭亏为盈。

不适合的环境

6 号追求安全感，因此不适合在那些具有强大压力，需要在毫无准备的情况下，现场制定决策的工作。

他们也不喜欢那些需要和他人竞争、背后钩心斗角的工作。

对 6 号有利或不利的做法

6 号性格者需要学习一些对自己有利的做法，避免一些对自己不利的做法：

有利的做法

6号性格者花大量时间来怀疑他人，怀疑自己，常常导致行动拖延，使得事情无法善始善终。这是因为他们无法分辨哪些畏惧是自己的想象，哪些是有事实依据的，因此哪怕稍稍检验一下这些畏惧的真实性，对他们也是非常有价值的，这就使得他们深陷怀疑论的囹圄，长期一事无成。这时，他们就会开始寻求心理治疗或者开始冥想练习。

★开始认识到自己内心的恐惧感，并学会通过现实来检验自己的畏惧感，比如，把内心的害怕告诉一个值得信任的朋友，听听对方的反应，用事实结果来检验自己的思维判断。

★客观地看待自己的恐惧，学会分辨哪些畏惧是自己的想象，哪些是有事实根据的。

★学会与他人保持联系，不要因为害怕而退出，并认为是对方抛弃了自己。

★不要总是与他人划清界限，不要总是询问他人的立场，注意到自己总是希望就指导方针与他人达成一致。

★注意自己有从他人的行为中寻找潜在企图的习惯，因此当他人表现出敌意时，首先检查自己是否率先表现出了进攻的倾向。

★不要让怀疑为自己关上帮助的大门。在感情关系中，自己的怀疑破坏了双方信任的基础。他们真的值得信任吗？你总是在大脑中突出对方的弱点。

★打断自己对他人的观察，不要总是强调他人是否言行一致。

★注意到什么时候自己的思维取代了感觉和冲动。

★不要总是把别人都看做是没有能力或者不值得信任的人，好像其他人都是行动的阻碍。

★注意到自己喜欢怀疑他人的好意和恭维，尤其是在自己放松警惕的时候。"在我毫无准备的时候就会被击中"。

★承认自己胆量不够。总是需要得到权威的许可才敢行动。

★注意自己喜欢质疑权威，而不是去寻找双方的共同点。

★认识到自己往往只会想起糟糕的事情而不是快乐的经历，提醒自己去回忆那些快乐的事，不要让负面的经历影响自己。

★利用自己的想象力，去想象和表达正面的结果。如果注意力总是集中在糟糕的结果上，那就通过想象力把负面的结果夸大，让自己发现原来现实还不是最糟的。

不利的做法

在注意力转变的过程中，如果6号性格者能够意识到自身的下列现象，可能会对他们很有帮助。

★喜欢怀疑自己的领导和同事，常常感到不安全，总是不停地换工作。

★对潜在的帮助表示怀疑，宁愿自己单干。

★对成功感到害怕，害怕超越了父母。

★随着畏惧感的产生，觉得自己变得被动了，觉得自己失去了棱角，开始犹豫不决，不愿再把项目完成。

★对成功感到害怕，害怕成功后会遭到更多威胁。

★希望自己比那些准备帮助自己的人更出色。

★喋喋不休。让大脑控制了心灵，让言语和分析取代了实际行为和来自内心的感受。

★越来越明显的自我怀疑，而且很容易把怀疑投影到他人身上，认为是他人也对自己的能力产生了怀疑。

★妄自尊大。把改变的过程弄得过于复杂。

★对结果不切实际的幻想阻碍了完成现实目标的逻辑行动。

著名的6号性格者

刘备

刘备是三国时期蜀汉开国皇帝，从《三国演义》中来看，刘备可谓典型的怀疑论者。他经常表现得很软弱，对未来充满了恐惧和担心，缺乏安全感。他的心内永远是焦虑的，每当遇到困难，他就会流出眼泪，也证明了他内心的惶恐。连他临死之时，也心存忧虑，因此才有"白帝城托孤"的故事。

岳飞

岳飞是中国历史上著名战略家、军事家、抗金名将。他具有典型的6号特征——忠诚，其精忠报国的精神深受中国各族人民的敬佩。岳飞在出师北伐、壮志未酬的悲愤心情下写的千古绝唱《满江红》，至今仍是令人士气振奋的佳作。其率领的军队被称为"岳家军"，人们流传着"撼山易，撼岳家军难"的名句，表示对"岳家军"的最高赞誉。

伍迪·艾伦

美国著名演员、导演伍迪·艾伦作为"继卓别林后最杰出的喜剧天才"，以其独有的喜剧才能在影坛上纵横数十年而长盛不衰，然而他内心却是一个不折不扣的怀疑论者，恐惧于不可避免的死亡、充斥着背叛的爱情徒劳无用、魔幻现实主义化解生活困境则构成了伍迪·艾伦喜剧电影中"三位一体"的悲剧意识的表现形式。正如他自己所说："人类要比历史上任何时候都更面临十字路口的选择。一条路通往无望和绝望。另一条通往灭绝。让我们祈祷我们有智慧作出正确的选择。"

戈登·利迪

戈登·利迪是"水门事件"（美国历史上最不光彩的政治丑闻之一，最终导致总统尼克松于1974年被迫辞职）中的一个重要人物，他也是典型的反恐惧症型6号。这位曾担任美国联邦调查局探员的6号性格者自己透露说，他曾经强迫自己吃掉一只老鼠，为了克服自己对老鼠的恐惧感。

6号发展的3种状态

根据对6号性格者发展情况的分析，可以将其划分为三种状态：健康状态，一般状态，不健康状态。在不同的状态下，6号表现出不同的性格特点。

健康状态

处于健康状态的6号是内心平衡的人，他们不再盲目地怀疑他人，能够忠于他人、认同他人，因而也能够得到他人充满感情的回应。对应的是6号发展层级的第一、第二、第三层级。

他们充满自信，在人际交往时总是以友善、有趣、有魅力的形象出现，更重要的是，他们非常可靠，值得信赖，能和他人打成一片、结成同盟，能够很好地完成别人托付的事情，并且对自己发自内心信仰的个人和运动，愿意奉献一切。

他们注重团队精神，因此他们可以是共同体的建立者，因为他们有责任心、可靠、值得信赖，还有着有远见卓识和强大组织能力，可谓天生是解决问题的能手。而且，他们勤奋、有恒心、为他人牺牲，能在自己的世界中营造稳定和安全，是很好的合作伙伴，能够维护人人平等的氛围。

在最佳状态下，他们能够肯定自我，相信自己内心的指引，在维持自我独立的同时也能和别人很好地合作，更有着丰富的创造力、超强的行动力，在面对挑战时能够锲而不舍，坚持到底。

一般状态

处于一般状态的6号是一个内心充满不满的人，他们把自己的时间和精力投注到自己深信的安全稳定的东西上，会怀疑自己。对应的是6号发展层级的第四、第五、第六层级。

他们有组织能力和建构能力，期待与人联合，期待有权威来保证安全和稳定。

他们对未来感到焦虑，因此在面对问题时一直很谨慎，试图考虑到事情的所有方面，但仍然觉得自己还有很多问题没有解决，信心不足。然而，他们越焦虑，就会许下越多的承诺，然后实现这些承诺的义务感也越重。

他们开始怀疑自己，同时也会猜疑他人的动机，在怀疑别人和相信别人能够支持自己之间摇摆不定，变得极度敏感、焦虑、抱怨，也开始更多地保护自己和那些看起来"行得通"的说法。

越来越多疑的他们会通过一些间接的、消极的方式来反抗自己的支持者和权威，比如挖苦人、爱惹事儿、脾气暴躁、对那些看起来威胁到他们安全感的东西反应恶劣，并发出一些矛盾的、混杂的信号，这种混乱的情绪会使得他们做事瞻前顾后、拖拖拉拉，常常使得行动延误或者半途而废。

他们开始有"敌我之分"，喜欢把身边的人分为朋友和敌人，极力保护跟自己统一战线的人，但同时他们又会指责朋友过于焦虑的情绪，却不知是他们自己变得越来越专制和顽固。

不健康状态

处在不健康状态中的 6 号是一个内心失衡的人，他们严重缺乏安全感，变得极端依赖和自我贬抑，同时有强烈的自卑感，觉得自己很无助、无能，寻求更强大的权威或信仰来解决一切问题，唯命是从，有受虐倾向。对应的是 6 号发展层级的第七、第八、第九层级。

他们处于严重的自我怀疑之中，对自己的评价很低，因此变得抑郁，觉得自己毫无价值、无能，深受恐惧折磨。因此他们总是想紧紧抓住身边的人，总是过度地依赖他人，贬低自己。然而，他们又会在需要帮助和支持的时候不由自主地表现得很"坚强"。这两种情况都容易导致他们产生极端的情绪或者强烈的痛楚。

他们变得越来越偏执，觉得受到迫害，觉得他人总在"算计自己"，因此他们对任何事情都反应过度，喜欢夸大自己遇到的问题，更会做出许多不理智的行为：心胸狭隘、固执己见、把错误推到别人头上。总之，他们会猛烈攻击那些看起来可能会威胁到自己的人，以此来平息自己的恐惧和不安全感。

日益强烈的焦虑和被抛弃的恐惧感会使他们越发自卑，使得他们强烈需要一个强有力的权威或者是信仰来帮助他们解决问题。在这种情况下，他们可能会变得深居简出，试图寻求减轻内心焦虑和恐惧感的方法，这使得他们常常沉溺于酒精、药物的麻醉之中，过着"贫民窟"中的生活，患有非常严重的妄想症，同时也是一个受虐狂。

第一层级：自我肯定的勇者

处于第一层级的 6 号能够肯定自己、信任自己，并与自身的内在权威有一种和谐的关系，同时他们也能够相信他人，并以忠诚的形象赢得他人的信任。

他们敢于自我肯定，他们的自我肯定源自对自己的内在能力和价值的一种认识，并且这一认识根本不需以他人为参照。他们的自我肯定标志着一种转移，即从在自身以外尤其在权威人物那里寻找保护和安全感转移到在自身内部、在生命中发现持久的信念，这个信念不是一种信仰，而是一种深刻的内心感受、一种生活经验。

从心理的角度来说，自我肯定是内在的，是一个与内心力量以及自我认识保持联系的过程。一旦这个联系建立起来，6 号就能拥有一种心灵的澄澈，能确切地知道自己在什么时间需要做什么。这使得他们从自身内部体验到一种坚韧与刚毅，可以帮助他们完成生活中需要完成的一切。

他们相信自己，同时也能够相信他人，并给予他人信心和勇气，因为他们的思维是正面的，他们的确信来自于内心。他们的行为举止传达出一种沉着、一种果敢、一种为更大的善不倦努力的意志力，他们的内心有一种不屈不挠的勇气。这时的 6 号总是敢于面对巨大危险，能够为他人的利益奋斗，或对非正义的行为仗义执言。而且，他们在面对挑战的时候也很灵活，能和他人通力合作，也能很自如地独自解决难题。

因为他们相信别人，追求人人平等的交际原则：没有人在这一关系中居于支配地位，也没有人在其中低人一等。这使得他们达到了一种动态的相互依靠，一种真正的相互依存。也就是说，他们支持他人，而自己也受他人支持；关爱他人，而自己也被关爱；既能独自工作，也能和他人一起合作。

他们相信自己，因此他们可以自由地表达出内心最深处的情感。他们不再对情境或自己的情感作出内省式的反应，因而不论是在私下还是在工作中，都能够有力地表达自己的感受。如果有天分并得到培养，他们会成为出色的艺术家或杰出的领导者，因为他们能够维护自己、滋养自己的心灵。即便是感到焦虑，他们也不再盲目地恐惧，而是懂得去驾驭它、化解它。

第二层级：富有魅力的人

处于第二层级的 6 号拥有一种迷人的个人魅力，能够在无意间吸引别人。他们知道如何引起他人强烈的情感反应，左右他人的情绪。也就是说，他们有一种让他人作出回应的能力，尽管他们自己通常意识不到这一点。

他们不能一直做到自我肯定，也无法完全做到与他人和平相处。有时候，他们也会害怕被抛弃、被孤立。这时，他们就会感到自己已经失去了与自己内在支持力量的联系，认为自己缺乏维系生存勇气的内在源泉，于是他们觉得需要他人的支持，他们的幸福有赖于维持安全的人际关系和结构，以增强安全感。这促使他们投身到世界中，开始审视周围的环境，寻找能够与他人建立联系或介入某些计划的方法，力图发现可能的同盟和支持者，或寻找可以提高自己安全感与自信心的东西。

他们有着较强的在情绪上感染他人的能力，他们对他人有一种真正的好奇心，因为他们想要发现对双方都有利的联系。比如，在人际交往前，他们会在心里默默地问自己："我们可以做朋友吗？我们可以一起共事吗？"当他们给予这个问题正面回答时，他们就能表现出一种热忱的、令人愉快的特质，可以刺激双方的关系，使他人觉得他们的友善是真心的，于是就作出了正面的回应。总之，这时的6号具有一种天生的亲切感，易于亲近。

对于他人来说，他们是自信、值得信赖的，他们想尽最大努力做一个值得他人信赖的人，总是让人感受到一种坚定。因此，他们习惯把兑现承诺以及及时、持之以恒地帮助他人视为自己的责任；他们身上有一种坚定的、顽强的特质，能给予他人坚定不移的支持。

他们具有敏锐的洞察力，能够在潜在的威胁和问题变得不可收拾之前察觉到它们的存在。这是因为他们对安全感的渴望使他们对可能的危害和威胁具有一种敏感，从而发展出了一种敏锐的警觉性，一眼就能看出环境中可能存在的问题，并立即采取措施确保周围每个人的安全。也就是说，有6号朋友在身边时，人们会感到更安全。

第三层级：忠实的伙伴

处于第三层级的6号是忠实的伙伴，为了维持一段真挚的友谊或一段稳定的合作关系，他们会十分忠诚，全身心地投入到这段关系之中。

他们自我肯定的能力在日渐减弱，因此他们开始寻求安全感，并发现某些人、观念或情势似乎是可信赖的和安全的，他们就开始担心自己会失去与这些东西的联系，失去与保护感和归属感的联系。而且，他们也开始意识到自己吸引他人的行动不能每次都成功，有时也会遭到他人的拒绝，或者双方的关系发展得不够理想，这就引发了他们的焦虑感和不安全感。综合这两个方面，他们要解决这个问题，最好的办法就是保持忠诚，彻底投身于他人、工作和已经涉足的项目中。

他们有着强烈的责任心，习惯把纪律引入到整个工作中，并坚持执行，同时也一丝不苟地关注细节和工艺。他们极其有效地保持组织的运转，不论是大公司还是小本生意，抑或是家庭预算。他们节俭、勤奋、工作卖力，总想为公司或企业发挥自己的价值。在这个方面，他们力求确保自己在世界上有一个位置，确保自己的工作可以带来相对的安全与安全感。总之，他们对自己的工作引以为豪，对自己为投身其中的项目所作出的贡献感到十分光荣。

他们推崇人人平等的团队精神，注重公平，因此他们可以帮助自己创立的或加入的企业形成一种平等的精神和一种强烈的公共福利意识。他们尊重他人，能创造出合作的氛围，在那里，人人都觉得他们是合伙人或同事，而不是高高在上的管理者。他们明白自己的安全主要取决于其所在的共同体和工作单位的福利，因此他们与他人协力合作，以维持建制和结构的稳定，使共同体更加稳固和健康。而且，他们常常涉足地方政治事务，参加地方委员会，帮助改善城镇或公寓的居住环境，施展自己的诸多正面价值。同时，一旦发现不公平、不公正的现象，他们会反对、提出质疑，并尽全力去解决它。总之，在一个团队中，6号往往是正直和诚实的真正代表。

同时，他们也渴望忠诚的伙伴，想要拥有能让自己依赖的人，想要自己能被人无条件地接受，并且有一个可以安身立命的地方。和家庭与朋友建立紧密的关系能使他们觉得自己并不孤独，委身于他人能够减轻自己被抛弃的恐惧，能激发他们更好地发挥正面价值。

第四层级：忠诚的人

处于第四层级的6号在忠实的性格特征上更进了一步——忠诚，他们越发感到维系一段稳定关系的重要性和迫切性，因此他们选择承担更多的责任，常常以一个尽职尽责的忠诚者形象示人。

他们不再敢于自我肯定，而是变得越来越没有安全感，尤其是当他们把自己奉献给某个人或者群体时，他们就开始担心做任何事都会危害到人际关系的稳定。他们害怕"添乱"，害怕在某个方向做得太过，因为那样会危及自己的安全。他们觉得为了维持一种看似稳固、安定的生活方式，自己已经很努力了，他们担心周围的一切会出状况，因此想要进一步加固自己的"社会安全"体系，更努力地工作，以获得同行和权威的接纳与认可。

他们感到压力巨大，迫使他们承担更多的义务，坚持认为自己能够克服困难，把工作做下去，以便作出更大的奉献。为了消减内心的焦虑感，他们想要"面面俱到",所有的角度都要考虑到、照顾到,随时为未来可能出现的问题做好准备。因此,他们可能会调用各路工作资源,或利用空闲时间维修自己的房子、处理家庭财务。总之,6号热衷于履行自己的义务与责任。

他们相信权威胜过相信自己,因为他们在健康状态的那种自我肯定意识逐渐消失,这促使他们更多地依附和认同特定的思想体系和信仰体系,以给自己提供答案和让自己更有信心。这时的6号往往无法自己作出决定,而是越来越多地到文献、权威文本或规则与规定——反正是各种各样的"文件"——中去寻找先例和答案。即便在看过指导原则和规定之后,他们还是会私下猜疑,不知道自己有没有正确领会。总之,他们把一切托付给朋友和权威,以确保自己的阐释"没有差错"。但要注意的是,这并不是说这个阶段的6号已经丧失了自己作决定的能力,而是说他们在作出重大决定的时候会面对更多的内在冲突和自我怀疑,使得他们难以果断作出决定,常常拖延行动。这也使得他们常常变成一个传统主义者。

第五层级:矛盾的悲观主义者

处于第五层级的6号内心的不安全感逐渐加深,这使得他们变成了矛盾的悲观主义者:他们一方面能够忠实于自己的责任和义务,一方面又开始担心无法应付肩上的压力和要求,害怕因此而失去来自盟友和支持体系的安全感。在这种情况下,他们容易产生矛盾心理:我们如何能减轻身上的压力和紧张,又不会让自己尽忠的那些人感到失望甚至愤怒呢?

他们认同的权威很多,但他们的能力有限,这使得他们逐渐认识到他们不可能同等满足其所效忠的所有人。显然,就他们的需要而言,有些人和情况要比其他的人和情况更为关键,但是,当被迫决定谁应当"让路"的时候,难以决断就会令他们甚为痛苦。因此,他们想要弄清楚谁是真正站在自己一边的,谁是真正可靠的支持者。他们容易陷入焦虑的情绪中:为自己而焦虑,为他人而焦虑,有时会对他人作出防御性的反应,有时会抱怨,有时则是两种方式并存。这容易导致6号对自己的思想、情感和行为表现出激烈的反应,使他们变得越来越警惕多疑。

这种两难选择让他们感到痛苦,因此他们常常选择逃避——不作决定,这时的他们很难为自己做什么事,也很难自己作决定或是领导他人——即使有人请求他们这么做。他们也总是在绕圈子,无法下定决心,对自己以及自己真正想要什么都无法确定,完全惊慌失措、毫无主见。如果必须有所行动,他们会显得极端谨慎,作决定时也很胆怯,援引各种规则与先例来指引并保护自己。因此当必须完成某件事的时候，他们总是拖到最后一刻才开始行动，而这时候就得在高度压力下工作以完成职责。

为了逃避责任，他们往往会拒绝接纳任何观念和知识。他们对新的观点或观念持怀疑态度，觉得自己已经尽了最大努力去理解已知的观点和方法。因而他们开始害怕改变并抵制改变，认为改变是对自身安全的潜在威胁，因为那需要在本已拥挤的心中再添加更多东西。他们的思维和观点因此变得更狭隘、更偏安一隅。他们日渐失去了清晰的推理能力，诉诸站不住脚的论断和肤浅的论证，这常常使得他们的内心越加混乱。

因为不断地怀疑别人，以及推卸责任的需要，他们变得十分难相处。他们看似友善，其实自我防卫相当强，右手迎接对方，左手却推开他。他们的犹疑不定使旁人只好什么事都冲在前面，而他们只是不断地作出出乎意料的反应，一会儿赞同别人的做法，一会儿又拒绝接受已经决定的事。总之，没有人能从他们那里得到直接的答复："是"或"不是"全都语义混淆。而且，一旦交际过程中发生了什么差错，他们会理直气壮地发出怨言，以表示这个差劲的决定不是自己的责任，甚至会间接攻击他人。

第六层级：独裁的反叛者

处于第六层级的 6 号是独裁的反叛者，他们内心的恐惧感越发强烈，他们努力想要控制自己的这种恐惧感，却因为已经与内心的权威失去了联系，常常做出粗暴的反恐惧行为，给人以极富攻击性的印象。

他们几乎丧失了自我肯定的意识，只能任由内心的不安全感及被抛弃的恐惧感日益延伸，而随着他们与内心权威逐渐失去联系，他们也寻找不到解决怀疑和焦虑的有效办法。在这种情况下，他们害怕自己的矛盾情感和犹豫不决会失去盟友和权威的支持，因此采取过度补偿的方式，变得过分热情和富于攻击性，以努力证明自己并不焦虑、没有犹豫不决和依赖。他们想要他人知道自己不能被"刺激"，不能被人占了上风。事实上，他们的恐惧和焦虑已经到了紧要关头，因而想要"振作起来"，想要通过粗野的暴力行为来控制自己的恐惧。为了向盟友和敌人证明自己的力量和价值，他们坚决地表现出自己消极—攻击性矛盾情感的攻击性的一面，以压抑其消极的一面。

这种反恐惧的粗暴方法常常使他们矫枉过正：他们对威胁到自己的东西怒不可遏，并大加责难。他们变得极具反叛性、极其好斗，用尽各种手段阻挠和妨碍他人，以证明自己不能受欺负。他们对自己满腹狐疑，绝望地固守着某一立场或位置，以让自己觉得自己很强大，驱散内心的自卑感。这容易使得 6 号开始孤立他人、放弃他人的支持，变得更加难以相处，甚至成为独断专行、不公正、报复心强的暴君，越发干扰了他们良好人际关系的维系，也越发加剧他们内心的焦虑感。

他们的敌对情绪日益浓厚，严格地将人划分为"支持我们"与"反对我们"的两个集团。每个人都被简单化为支持者或反对者、自己人或外人、朋友或敌人。他们的态度是"我的国家（我的权威、我的领导、我的信仰）不是对就是错"。如果信仰受到挑战，他们便会把这视为对自己生活方式的攻击，并给予强硬的回应。这时的他们总是十分惧怕陷入密谋中，所以总是密谋陷害他人，竭尽全力用公众舆论去对抗被他们视为敌人的人，甚至对抗群体内部的成员，只要这个成员在他们看来不完全站在自己一边。可笑的是，这反而容易促使他们背离自己的信仰：坚定地相信自由和民主的 6 号居然变成了狂热的偏执者和独裁者，损害他们的支持者的利益。由此可见，如果这个层级的 6 号成为领导者，将是十分危险的，他们容易激起群体的恐惧和焦虑，导致许多不幸发生。

第七层级：极度依赖的人

处于第七层级的 6 号是过度反应的依赖者，他们一改第六层级时嚣张跋扈的独裁者形象，变得胆怯、懦弱起来，因为他们发现在尝试攻击性行为后无法继续坚持。

在 6 号看似顽固独裁的外表下面，其实是一个被吓破胆的、没有安全感的孩子。每当他们的行为太具攻击性时，或是他们的挑衅与威胁行为太欠考虑时，他们就开始担忧这是否已经危害到了自己的安全，破坏了自己和支持者、同盟者及权威的关系。进而，他们认识到，自己的言行有可能给自己树起强敌，招致严厉的惩罚。至少他们有足够的理由能预料到自己会被所依赖的每个人抛弃。虽然他们未必真的与支持者发生了冲突，却仍有所担忧。结果，他们受困于强烈的焦虑不安，想重新寻回信心，确保无论自己曾经做过什么事，与同盟者和权威的关系仍能一如既往。这时的他们常常一边以满脸的眼泪和谄媚去讨好他人，重新赢回他人的信任；一边又厌恶自己不够坚定、不够强硬、不够独立，没有好好保护自己。

他们有着强烈的自卑情绪，他们不断地自我责难，觉得自己很无能，不能胜任任何事情，随着焦虑感越来越强，他们变得极端地依赖同盟者或权威人物，如果原来的朋友和保护者已经抛弃了他们，他们会重新寻找一个人来依靠。比如，他们严重地依靠配偶、朋友，如果可能，还有家庭，整天等着有人前来指挥。他们惧怕犯错误，以免仅存的权威因为反感而离他们而去。最后，他们几乎不主动采取任何行动，以避免承担责任。这时的他们逐渐丧失了自己的独立性，更加"病态地依赖"他人，也更加难以相处。

他们对他人的好意抱着猜疑态度，别人的循循善诱、温柔或同情只会让他们觉得疏离和不习惯。因为他们没有办法相信真的会有人对他们好，总是以消极或攻击性的行为来回敬那些想帮助他们重新站起来的人。而且，他们还会对在过去带给他们痛苦的那一种人特别痴迷。他们很迷恋"损友"——那些让他们变得更加依赖、激起他们的妄想或以别的方式引发其不安全感的人，比如暴徒、瘾君子、歇斯底里者、无赖，都容易成为他们的朋友，而善良、正直的人们则被他们排斥在交际圈外。由此来看，这时的6号已经开始出现自暴自弃的征象。

他们内心的焦虑感进一步加深到抑郁状态，他们常因为恐惧和紧张而大发雷霆；不过，他们也害怕表达自己的感受，这两种情形都是因为他们害怕朋友会离开自己——因为他们可能会完全失控。然而，压抑自己的焦虑只会使他们越来越无精打采、抑郁和丧失能力。日复一日，随着不安全感与依赖感的日益严重，他们对未来的信心与期待的日渐减弱，空耗了生命。抑郁的情感、愤怒和妄想日益增强，最终，抑郁症的折磨将严重损害他们的身体健康。

第八层级：被害妄想症患者

处于第八层级的6号有着更深的焦虑感，这使得他们从自我压抑的抑郁症状态逐渐转变为了歇斯底里的被害妄想症状态，这使得他们失去了控制焦虑的能力。当他们想到自己的时候，会变得失去理性和疯狂；想到他人的时候，则充满歇斯底里与妄想。

因为自身有着强烈的焦虑感，他们往往会非理性地对现实产生错误的知觉，把每件事都视为危机，变得神经质起来，他们会潜意识地把自己的攻击性投射到他人身上，因此开始形成被迫害妄想。这标志着他们退化方向的又一次"转向"，因为神经质的6号不再认为自己的卑微感是最严重的问题，而是怀疑别人对自己有明显的敌意。也就是说，他们不再害怕自己，而是开始害怕别人，但他们都将注意力放在了负面信息上。比如，如果老板对自己的态度稍微严厉一些，他们就会认为老板有意刁难自己，认为自己要被炒鱿鱼了，因此常常和老板对抗。

他们的情绪变得十分激动，有着极高的警惕心理，完全陷入了被害妄想症的世界，认为周围的人都想要迫害自己。一想到这些，他们就会勃然大怒，咬牙切齿，但因为焦虑感太过强烈，他们意识不到自己正是现在这种可怕情感的源头，而是反过来把这种情感源头投射到他人身上。甚至发展到任何一个人接近他们，都被视为危险分子，给予强烈的攻击行为。但是，这种高度的警惕感不仅不能帮助他们增加安全感，反而使他们在被害妄想症的深渊中越陷越深。

但庆幸的是，发展到这个层级的 6 号往往能得到足够的支持与帮助，这使得他们能够免于因恐惧的纠缠而做出不可挽回的破坏行为，但也只是将他们的暴力倾向引导向抑郁方向发展。

第九层级：自残的受虐狂

处于第九层级的 6 号是自残的受虐狂，因为他们确信来自权威人物的惩罚不可避免，所以他们干脆自我惩罚，以抵消负罪感，逃避或至少减轻权威的惩罚。

一直以来，6 号都希望获得长久而稳定的亲密关系，他们所做的一切也都出于这个目的。当他们发现歇斯底里的自己只能促使他人远离自己，破坏自己渴望的亲密关系时，他们就会滋生出强烈的罪恶感。为了消减这种罪恶感，弥补自己过激行为对他人造成的伤害，他们往往会选择自我惩罚。也就是说，正如他们曾经把他人当替罪羊施以迫害一样，现在他们以同样的仇恨和报复欲望把攻击冲动转向了自己。在 6 号看来，这是抵罪的行为，也能使他们逃避或至少减轻权威的惩罚。

当然，他们这种自我惩罚并不是为了结束与权威人物的关系，而是为了重建自己的保护者形象。通过把失败加诸自身，他们至少可以免于被别人打败。此外，不管怎样，这种带给自己屈辱与痛苦的行为可以缓解他们的负罪感，减轻他们的自我责罚，使其不致走上自杀之途。因此从某些角度看，自我打击与自我贬损可以帮助他们脱离更可悲的命运。所以说，6 号的自我惩罚是拯救自己的象征。

但是，进入第九层级的 6 号已经丧失了理性，他们往往无法掌控自己的行为，因此他们常常在自我惩罚的过程中做出极端的行为，导致严重的身心虚弱甚至死亡。比如，他们会甘愿自己沦为乞丐，也会甘愿酗酒。而他们让自己成为受虐狂的目的，不是因为他们能够在这种自我折磨中得到快感，而是因为他们希望自己的苦难可以吸引一些人站在自己一边来拯救自己，从而重建他们受人尊敬、值得信任的形象。当你发现一个宁肯被伴侣折磨得半死，也不肯离开伴侣的人时，一般都可以断定他是陷入第九层级的 6 号性格者。

6号的沟通模式：旁敲侧击

在九型人格中，6号绝对属于庸人自扰的一群。他们常常为精神上的单调无趣所困扰，常常质疑自我能力，并焦虑别人在忙些什么。在人际交往中，他们十分担心自己会被利用、被抛弃。

为了避免这种情况的发生，6号有着极高的警惕性，他们就好像极度警觉的足球守门员一样，不仅要提防被敌队攻破球门，也要提防自己的队员搞出"乌龙球"。也就是说，他们不停地防备真正或假想的威胁，挖掘表面下进行的一切。因为他们坚信，隐藏的动机和未说出口的议题，才是真正驱策言行的因子。即便他们未必清楚自己对抗的是什么，他们依然未雨绸缪，做好一切防范，反正这么做也无伤大雅。

然而，尽管他们内心充满了担忧，但他们往往不会在外表上表现出来，而是会以随和且温馨怀柔的态度，以旁敲侧击的方式去试探他人的反应，探知他人的真实意图。

战国时候，齐宣王的王后去世了。当时任相国的孟尝君田文思考着：王后去世了，得尽快立个新王后才是。大王会立谁呢？王宫中佳丽甚多，其中受大王宠爱的就有七个。但是到底谁才是大王最钟爱的呢？这可是个难题，但是必须要圆满解决。因为如果孟尝君能知道齐王属意于谁，他就可以向齐王建议册封此人为新王后，齐王必会十分高兴，新王后也会感激他。这样对他未来的发展会大有好处。

怎样才能知道齐宣王心中的人呢？显然，直接问齐王不是一个好办法。最后，孟尝君想出了一个办法：他派人做了七对上等玉耳环，其中一对翡翠色的耳环，晶莹剔透，格外漂亮。耳环做好后，孟尝君将它们献给齐宣王，并刻意赞美那对翡翠色的耳环。

进献齐宣王的第二天，孟尝君便派夫人去拜访齐宣王的妃子们，从而得知那对翡翠色的耳环戴在杨妃的耳朵上了。

第三天早晨，孟尝君上朝，出班奏道："王后仙逝时日已久，宫中不可长期无后。臣听说杨妃才德过人，建议大王立为王后！"

"准奏。"齐宣王爽快地答应了。

孟尝君看出，宣王心里很高兴，他自己心里当然更高兴。

孟尝君不愧是宰相之才，为了摸清宣王心中的隐秘，他并没有直接去找宣王或宫中人物刺探信息，而是想法让宣王自己显示出来，通过旁敲侧击的方法，为自己解决了难题，这一招实在是高。这也是典型的6号沟通的方式。

人们在与6号进行沟通时，要尽量坦诚相待，不要耍什么小心眼，不要兜圈子，内容要精确而实际。因为6号特别敏感，会很容易地觉察到你隐藏的动机和意义。也不要赞美他们，因为他们是多疑的，很难相信你对他们的赞美。也不要讥笑或批评他们的多疑，这会使他们更缺乏自信。总之，只要你能保持你的一致性，不要言行不一、变来变去，这样自然会让他对你产生信任。

观察6号的谈话方式

当人们和6号性格者交往时，只要细心观察，就会发现6号性格者具有以下一些说话方式：

★他们讲话的时候声带颤抖、久久不切入正题。

★经常使用：慢着、等等、让我想一想、不知道、或者可以的、怎么办、但是……不确定的语言，给人的总体感觉是谨慎、拘谨。而这正是他们内心疑惑的表现。

★讲话时，语气语调比较低沉，节奏比较慢，谈问题时兜兜绕绕，很少切入正题，常从旁敲侧击的角度，去探测对方值不值得信任。

★6号的话比较多，特别是当他们想问一个问题和验证一件事情的时候，他们会不断地说过来说过去，话中充满着矛盾。

★6号的话语中理性、逻辑的成分非常多，甚至是情感、情绪也是以逻辑的形式表达，让人很难感受到他们真实自然的情感。

★在言语表达过程中，6号人格者喜欢绕弯子，做大量铺垫，来强调自己的"理"，最后再让对方通过这些"理"明晓说话者内心想要表述的信息，至此，6号人格者收获一份被理解和支持的感觉。

　　★6号的话语中就很多转折词，比如，"这样很好……不过……"、"虽然……可是"、"……万一"等，他们总是给人一种过分担忧的形象。

读懂6号的身体语言

　　当人们和6号性格者交往时，只要细心观察，就会发现6号性格者具有以下一些身体信号：

　　★6号人格者的身材适中，因为他们需要足够的体力或者说能量来让自己感受到充实感。

　　★6号人格者的着装以便于打理为原则，朴实无华，但并不老土过时，只是深色居多、款式简洁而已。

　　★6号在身体语言上往往会有肌肉绷紧、双肩向前弯的表现。

　　★有着慌张、避免眼神接触的面部表情，有时候会瞪起眼睛盯着别人。

　　★感到紧张时，他会出现吞咽口水的不雅动作。

　　★6号人格者的眼神总是焦虑的、不安的，颧骨部位的肌肉总是紧张的，即便他们在笑的时候，眼神的焦虑和颧骨部位肌肉的紧张感也不退场。

　　★他们对环境的敏感，导致眼神总是时刻环顾着环境中的细微变化——多表现为横向移动，因为他们在扫描环境中的人。

　　★说话的时候，6号总是边想边说，因此他们的眼睛总配合大脑警惕地转动。

　　★行走、站立以及坐卧都会表现得局促不安，与人共处同一环境时一定会为自己与对方保持一个安全的距离，特别是他们在陌生环境或内心不确定是否安全的时候，常给人一种冷冷观察并在内心盘算的感觉。

　　★当他人与自己立场不同的时候，6号人格者局促不安的动作会更加明显。

对6号，收起你的猜疑心

　　6号有着强烈的不安全感和怀疑思想，因此他们在为人处世时相当小心谨慎，总是对环境中可能存在的风险及问题忧心忡忡，常常令自己陷入不安境地。他们对于环境中的任何一个细微变化，都会十分敏感，这份敏感并不是指向体察对方的感受，而是通过敏感地察觉对方的变化来体会自己内心的感受，而后以逻辑的方式根据这份感受梳理出自己对变化的判断，继而判断所处环境是否安全，自己是应该静观其变，还是应该抽身离去。

总之，在 6 号看来，怀疑是必须的，有助于他们作出正确可靠的抉择。因此他们看见和经历的所有事情都在质疑的范畴之内，别人说的话他们质疑，自己的思想和能力他们也质疑。他们总是设想未来的种种悲惨景象，是为一旦大难来临时能够从容地应对。然而，6 号常常陷入怀疑的误区——猜疑中，使得他们过分戒备身边的人，对于别人给予的帮助也要思索几分，那只会遮蔽他们发现善的眼睛。

因此可知，如果人们在与习惯猜疑的 6 号交流时，也采取猜疑的态度，只会加剧 6 号的不安全感，恶化彼此的关系，甚至可能激起 6 号强烈的反抗。

一个商人有一对双胞胎儿子。当这对兄弟长大后，就留在父亲经营的店里帮忙，直到父亲过世，兄弟俩接手共同经营这家商店。

一切都很平顺，直到有一天店里丢失了 10 美元，从此兄弟二人的生活开始发生了变化：哥哥将 10 美元放进收银机，与客户外出办事了。当他回到店里时，突然发现收银机里面的钱已经不见了！他问弟弟："你有没有看到收银机里面的钱？"

弟弟予以否认。

但是哥哥对此事一直心存疑虑，咄咄逼人地追问，不愿罢休。

哥哥说："钱不会长了腿跑掉的，你一定看见了那 10 美元。"语气中隐约带有强烈的质疑意味，不久手足之间就出现了严重的隔阂。

开始双方不愿交谈，后来决定不再一起生活，在商店中间砌起了一道砖墙，从此分居而立。

20 年过去了，敌意与痛苦与日俱增，这样的气氛也感染了双方的家庭与整个社区。之后的一天，有位开着外地车牌汽车的男子在哥哥的店门口停下。

他走进店里问道："您在这个店里工作多久了？"哥哥回答说他这辈子都在这里服务。客人说："我必须要告诉您一件往事：20 年前我还是个不务正业的流浪汉，一天流浪到你们这个镇上，已经好几天没有进食了，我偷偷地从您这家店的后门溜了进去，并且将收银机里面的 10 美元取走。虽然时境迁，但我对这件事情一直无法忘怀。10 美元虽然是个小数目，但令我深受良心的谴责，我必须回到这里来请求您的原谅。"

说完原委后，这位访客很惊讶地发现店主已经热泪盈眶并哽咽地请求他："是否也能到隔壁将故事再说一次呢？"当这位陌生男子到隔壁说完故事以后，他惊愕地看到两位相貌相像的中年男子在商店门口痛哭失声、相拥而泣。

20 年的时间，怨恨终于被化解，兄弟之间存在的对立也因而消失。可是谁又知道，20年猜疑的萌生，竟是源于区区的10美元。

生活中，哪怕是一点点的猜疑，也可能让人失去最珍贵的东西。猜疑是人性的一个顽疾，不易剔除，时时都困扰着人们的心灵。猜疑的人往往对别人的一言一行都很敏感，喜欢分析深藏的动机和目的。而这种猜测往往缺乏事实根据，只是根据自己的主观臆断毫无逻辑地去推测、怀疑别人的言行，结果可想而知。

在人们与6号的人际交往中，不仅需要6号克制自己的猜疑心理，多练习对人对事的信心，更客观地看待问题，同时也需要人们自己不要以猜疑的心态去应对6号的猜疑，因为一般情况下，以恶制恶的结局常常是两败俱伤。

向6号学习"中庸"

6号喜欢怀疑自己，因而他们常常是不自信的，而且，他们又擅长于负面思考，总是绞尽脑汁地想要找出可能出错的地方，因此他们总是时刻保持沉着冷静。从这两个性格特征来综合看待，就会发现：6号是小心谨慎的人群，因此他们在为人处世中多奉行中庸之道，不喜欢表现自己，甚至在结果已经明确是他们所为的时候，他们也不愿承担这些荣誉和成就，而会强调是大家共同努力取得的成绩。

6号注重团队精神，是因为他们内心总会有一种"枪打出头鸟"的担忧，因此独自一人面对问题或承担责任对6号人格来说是一份危险，所以他们更愿意融入团队或环境的氛围里，以共同承担的方式采取行动，分担风险。为了保住这份安全感，他们对团队忠心耿耿且安于现状，因为一旦转换环境可能要面对人际关系上的风险。

此外，6号反抗权威却又忠诚于强大的权威，由于不安全感和逻辑判断的思维方式，让6号人格对权威人士怀有一种既"尊敬"又"怨恨"的情绪。他们一方面希望依靠权威人士收获安全感，另一方面又因为权威人士不可能只让他一人依靠而抱怨对方不能给自己提供绝对的安全感。他们给人一种"万年老二"的感觉。种种迹象都表明，6号是中庸主义的忠实信徒。

在中国，中庸就是做事有分寸、知晓进退的原则，而绝非毫无原则的世故。中国人做事说话喜含蓄，不会量化，这个分寸究竟是几分几寸，没有人告诉你标准答案，也没有标准答案，完全靠自己去悟。简单来说，起码要做到在原则问题上不动摇。

冯道曾事四姓、相六帝，在时事变乱的80余年中，始终不倒，令人称奇。首先，此人品格行为炉火纯青、无懈可击，清廉、严肃、淳厚、宽宏；其次，深谙中庸处世之道，深浅有度，中正平和，大智若愚。冯道有诗云："莫为危时便怆神，前程往往有期因。须知海岳归明主，未必乾坤陷吉人。道德几时曾去世，舟车何处不通津。但教方寸无诸恶，狼虎丛中也立身。"

姑且不论冯道是不是6号性格者，他所拥有的中庸主义人生可谓追求中庸的6号向往的交际最高境界。真正谙熟中庸之道的人是大智慧与大容忍的结合体，既有勇猛斗士的威力，也有沉静蕴慧的平和，对大喜悦与大悲哀泰然自若。行动时干练、迅速，不为感情所左右；退避时，能审时度势、全身而退，而且能抓住最佳机会东山再起。

总之，保持中庸、深浅有度、恰如其分是6号为人处世的最高境界，锋芒毕露往往为世俗所不容，过于委曲求全又被视为软弱，只有外圆内方、刚柔并济，才能在纷繁复杂的人际场中周旋有术，游刃有余。如果人们在与6号交流的过程中能够做到中庸主义，就能有效拉近你们的距离，容易赢得6号的信任，甚至可能赢得6号的忠诚。

第八篇

7号享乐型:天下本无事,庸人自扰之

7号宣言:我要好好利用生活赋予我的一切机会来享受人生。

7号享乐主义者是一个快乐、积极乐观、为新奇事物而感到兴奋的人。他们充满活力、精力充沛,总是喜欢设想好的结果,常常同时做着好几件事情,但并一定能把每件事情坚持到底。因为他们追求行动的自由,因此他们很难从头到尾地完全投入到某个长期的计划之中,除非在实施这个计划的同时他还有别的选择。

第一章

7 号享乐型面面观

自测：你是享乐至上的 7 号人格吗

请认真阅读下面 20 个小题，并评估与自身的情况是否一致，如果某一选项和你的情况一致，那么请在该选项上划上钩作为标记：

1. 我认识很多朋友，我也有很多爱好。
□我很少这样□我有时这样□我常常这样

2. 我喜欢寻求开心和快乐，我不喜欢那些沉闷的场合。
□我很少这样□我有时这样□我常常这样

3. 我喜欢新的、充满乐趣的体验。
□我很少这样□我有时这样□我常常这样

4. 我不喜欢别人强迫我做事。
□我很少这样□我有时这样□我常常这样

5. 我希望别人觉得和我在一起很有趣。
□我很少这样□我有时这样□我常常这样

6. 我十分健谈，我常与朋友分享很多好玩的事。
□我很少这样□我有时这样□我常常这样

7. 在聚会中，我常常成为大家关注的焦点。
□我很少这样□我有时这样□我常常这样

8. 我对所有人采取开放的态度，不怀疑也不批判。
□我很少这样□我有时这样□我常常这样

9. 最好有问即答，我不喜欢等。
□我很少这样□我有时这样□我常常这样

10. 我通常很难认错，我常会找出一些理由来解释所犯的错误。

□我很少这样□我有时这样□我常常这样

11. 我讨厌无聊，喜欢尽可能忙碌，每天的活动都排得满满的。

□我很少这样□我有时这样□我常常这样

12. 我喜欢上餐馆、娱乐、旅行和朋友谈天说地的美好享受。

□我很少这样□我有时这样□我常常这样

13. 我逃避与贫穷、依赖和消极的人做朋友。

□我很少这样□我有时这样□我常常这样

14. 大部分人觉得我是一个友善、爽朗、精明、活泼和有魅力的人。

□我很少这样□我有时这样□我常常这样

15. 我觉得自己是一个头脑灵活、变化快，喜欢新鲜、刺激和精力充沛的人。

□我很少这样□我有时这样□我常常这样

16. 我不喜欢接受规范，我喜欢我行我素，我总认为"只要我喜欢，没什么不可以"。

□我很少这样□我有时这样□我常常这样

17. 我计划的事比完成的更多。

□我很少这样□我有时这样□我常常这样

18. 我喜欢刺激和紧张的关系，而不是稳定和依赖的关系。

□我很少这样□我有时这样□我常常这样

19. 我通常能够很快从失败中复原。

□我很少这样□我有时这样□我常常这样

20. 我是一个乐观、热心、思想正面、可同时做好几件事的人。

□我很少这样□我有时这样□我常常这样

得分标准：

我很少这样——0 分；我有时这样——1 分；我常常这样——2 分

测试结果：

8～10 分：稍有享乐型倾向，个性活泼、朋友众多，在分享中能找到更多的乐趣。

10～12 分：比较典型的 7 号人格，非常喜欢找乐子，总能为别人带来乐趣。不喜欢独处，讨厌无聊，渴望在团队中被注视，同时娱乐大家。

12 分以上：典型的 7 号人格，只做好玩的事情，并且会好玩地做事情。无法忍受无聊和重复，一旦发觉所做的事情不是那么有乐趣，会迅速逃离。

7号性格的特征

7号性格是追求享乐的乐天派,他们天性乐观,喜欢追求新鲜刺激的体验,对于生活中的困难他们常常抱一种无所谓的乐观心情,他们总是大大咧咧,精力充沛,言谈举止掩饰不住搞笑,甚至给人一种"没心没肺"的感觉。他们的人生信条是:"我的快乐我做主!"

他们的主要特征如下:

★乐观开朗,活泼好动,是快乐的天使,常给周围带来快乐。

★考虑问题很积极,但真的发生问题,可能会以追求快乐的行为来逃避。

★喜欢追求生命中自由自在的感觉,不喜欢被环境或他人束缚手脚。

★害怕沉闷的生活,总是积极参加各种新奇和刺激的活动,追求多元化的快乐感觉。

★喜欢拥有多重选择,单一的选择会让他们觉得索然无味。

★他们常常是社交场合活跃气氛的关键人物,是不可或缺的开心果角色。

★只要有新奇事物存在,他们就会乐此不疲地去享受这种新奇的感觉。

★他们待人坦诚率真,感情不加掩饰,常常给人一种没大没小的感觉。

★眼神古灵精怪,面部表情丰富,常常带着开心的笑容。

★身体动作比较丰富,手势多且夸张,常常喜笑颜开,手舞足蹈。

★语速很快,声音洪亮,语气和神态都带搞笑,说话没有重点,常常跑题。

7号性格的基本分支

7号性格者喜欢追求快乐,他们害怕生活单调乏味,这样的特点,使其在情爱关系上便常常会展现魅力去诱惑他人,在人际关系上表现为牺牲自己的部分快乐,为了寻求长久的快乐,另外会采取和自己的相似者相处作为保护手段。

情爱关系:魅惑

7号性格者渴望进行一对一的接触,并且主动施展魅力。在恋爱关系上他们常常显得有些风流,总是要留下些风流韵事。他们对于一段关系常常开始显得很有热情,但很快就会转移注意力。为了维持婚姻的长久,他们常常需要克制自己的情感。

"我觉得自己经常喜欢在异性面前表现自己，我谈了一个女朋友，可是很快我就想要更多的快乐，我不想把自己限制得太死。我总是不自觉地会和其他女生走得很近，我觉得展现自己的魅力，让其他人喜欢，总是让我感觉到很多的乐趣。我也非常喜欢拥有多种选择性的感觉，一些人确实把我称为是大众情人。"

人际关系：牺牲

7号性格者在人际关系中会选择把注意力朝向团体的快乐，他们甚至愿意牺牲自己眼前的快乐而谋求团体的福祉。他们相信，所有的牺牲都是临时性的，未来的结果还是积极美好的。

"我的家境并不好，我尽管有很多好玩的想法，但是都会尽力去克制自己，因为我知道我不能为自己的父母增添负担，我应该做出一些牺牲，这是必须的，我觉得没有什么不可以。当然，我也总是怀着美好的憧憬，并且时不时给自己一些小的奖励。"

自我保护：寻找相似者

7号性格者喜欢寻找相似者，他们志趣相投，这样的氛围让他们感觉安全，有大家庭一样的归属感，从而可以来缓解自己对生存的担忧。他们喜欢和他们想法相同的人，喜欢大家一起分享梦想。和他们在一起，自己常常能得到鼓励和支持。

"我喜欢一群朋友在一起的感觉，在那里我没有任何压力，大家可以接受我的天真烂漫，大家无话不谈，日常生活的压力因之而去。和他们在一起，我觉得我是一个很有想法和追求的人，而他们也总会让我感觉到自己是有力量的，可以去追寻自己的梦想。"

7号性格的闪光点

追求享乐的7号性格有很多优点，以下这些闪光点值得关注：

活跃气氛的高手

7号常常是工作或者社交场合的开心果，有他们的地方就有笑声，他们给这个世界带来欢乐，是活跃气氛的高手。

敢于冒险的尝鲜者

7号常常只需要较小的把握就敢于行动，他们寻求刺激，他们更在乎过程而不是结果，这常常让他们拥有更多的机会。

拥有广泛兴趣

7号的兴趣常常十分广泛，是人们眼中的全才，常常多才多艺。

富有创意的点子王

7号常常有很多的主意，他们总能想出一些新鲜的点子来。他们创意不断，称得上是富有创意的点子王。

善于制订计划

7号常常善于制订一个具体的计划，应该采取什么步骤，应该采用什么方法，他们常常能够提前安排好。

优秀的公关人员

7号善于交朋友，他们常常拥有各种类型的朋友。他们拥有一颗童子的心，非常能感染别人，是很好的公关人员。

具有抗挫折的能力

7号受到挫折，常常可以很快从悲痛中走出来，他们的抗挫折能力很强，具有旺盛的生命力，这对他们的事业和人生发展大有好处。

7号性格的局限点

追求享乐的7号性格也有一些缺点，以下这些局限点应该警醒：

缺乏耐性

7号很容易被不同的事物吸引，因此他们做事情常常只有三分钟的热度，总是显得虎头蛇尾。这样缺乏耐性，常常使得7号难以成就大事。

过度自恋

7号常常会有些过度自恋，他们常常觉得自己无所不能，觉得自己在生活中是多面手，他们这样的心理常常影响他们不断内省和进步。

做事情浅尝辄止

7号常常把自己的行为面铺得很宽，但是他们很难深入思考，浅尝辄止地去做事情常常使得他们不能够成为一个有深度的人，也很难得到很大的成长。

盲目乐观

7号常常抱着盲目乐观的态度去看待周围的事情。他们常常会压抑不好的想法，专注于正面的事情，这也使得他们难以看到实质性的问题和真正的困难。

难以注意他人感受

7号常专注于玩乐的事情，却难以注意他人的需求。另外，他们常常非常随性，说话口无遮拦，有可能无意中给别人造成深深的伤害。

难以承受痛苦

7号常常不自觉地逃避现实中的困难，很难对自己严格要求。他们会用享乐来逃避责任，逃避可能让自己痛苦的事情，没有承担痛苦的勇气。

逃避责任

7号如果发生错误，常常会推卸自己的责任，把自己的过错合理化。他们还爱好自由，对于身上所加的责任常常很快摆脱，不断逃避自己的责任。

难于承诺

无论是爱情还是生活，7号常常害怕做出承诺，而且即使无奈承诺也会不守信用，他们的这种行为难以让他人和他们建立深厚的关系。

7号的高层心境：工作

7号性格者的高层心境是工作，处于此种心境中的7号性格者对快乐有了更深的认识和了解。

处于低层心境中的7号性格者，常常觉得快乐就是要逃避工作，要将加附在自己身上的责任扔掉，不断寻求责任以外的享受。他们常常把工作看成是对自己的约束，不愿去面对现实中的枯燥工作。而工作意味着对一件事情做出完全承诺，意味着认真对待一件事情，而不是在多种选择之间徘徊，意味着一定程度的自我约束。这些使命感是7号所不愿意面对的，他们逐渐将会意识到，只有使命感和深入达成使命的意愿，才能给自己带来真正的快乐。

只有当7号性格者对工作所能产生的快乐有了更多认识，他们才能逐步意识到快乐不一定要靠去享受才能得到，承担自己的责任，自己才能得到真正的快乐，而这种工作态度，也正是7号所缺乏的。接受工作的价值，他们能得到更高层次的快乐。

7号的高层德行：节制

7号性格者的高层德行是节制，拥有此种德行的7号会不迷信于多样化的选择。他们会开始懂得把自己的思想专注下来，能够坚持一项活动，不会被其他事情干扰，不会被兴奋的后备计划吸引。

7号害怕投入到单一的行动中，因为单一的行动总意味着承诺，而承诺对于7号总是枯燥和痛苦的。他们渐渐会发现，把自己的注意点缩小，放在真正有价值而且确实存在的事物上，自己的节制反而让自己获得更多的自由。纵容自己的欲望，感受尽可能多的刺激，感受身体上的兴奋，如醉酒般疯狂并不能给他们带来最大的兴奋度，只有在节制中他们才能真正找到满足。

只有当 7 号真正认识到节制的价值，不再放任自己的欲望，总是给自己留太多的选择，他们才能够真正找到满足，也才不至于在漫无目的的寻找中迷失自己。

7 号的注意力

7 号很难把所有的注意力集中到一个问题上，他们常常通过不断转移注意力来忽视具体的问题。他们的注意力最大的特点就是不断游离，从一件事物上飞快地转移到新的事物上。他们在不断寻求新的刺激和兴奋，难以在已有的事物上做较多的停留。

"我对什么事情都是三分钟的热度，吸引我的东西很快就会腻烦，然后就去选择新的兴趣。因为这个原因，我常常显得多才多艺，但是我却很难在某一项事物上做到精通，我的兴趣变化太快，一旦对某一件事物觉得有了一知半解，就觉得这个东西对我丧失了吸引力，新的事物常常能更加吸引我的眼球。"

他们是贪多求全的典型，希望自己博览群书，希望自己遍尝美味。他们希望自己拥有多样化的爱人，在日常生活中喜欢各色物品，认为只有拥有这样多样化的选择，自己才能够得到快乐。因而他们总是在不同的事物之间穿梭着，并且难以放下脚步，在某件事物上沉淀和升华。

"在大学的时候，我的选课数目比很多人都要多，而且我选的课程很杂，我的专业是化学，除了选择本专业的专业课和选修课外，我还选择了很多跨专业和跨学科的课程。我是学校合唱团的学员，我参加瑜伽课程，我学习东亚研究，我学习欧美电影赏析，我学习微观经济学，我学习世界宗教研究，我还学习文艺学和作品赏析。我的毕业论文也是涉及了很多学科，我认为自己在很多方面可以说得上是个通才，我也常常因此而骄傲。"

如果能够投入精力去研究真正的问题，而不是企图把所有问题都涉及，不断改变计划，他们常常可以得到更好的成就。集中注意力可以成为他们解决问题的有效途径。一旦把所有的注意力集中到一个问题上，而不是通过不断转移注意力来忽视具体的问题，他们常常发现自己拥有非常大的潜能。

"我的老板交给我了一个非常具有挑战性的工作，并且给我下了最后通牒，我根本无法去逃避。我知道自己除了解决这个问题，别无出路，因此我强迫自己集中精力，不再允许自己不断逃避，经过几天下来，我越发发现自己完全有能力解决一些专业性很强的工作，而不是我一直以为的自己是个通才而不是专才的假象，那一刻，我对自己又有了更深的认识。"

7号的直觉类型

7号性格者的直觉特点是喜欢联想，他们总是把新的信息放到相互关联的多个背景中。他们发现一个新问题，常常不会从这个问题着手，而是首先把中心问题放在一边，从一个完全没有关系的事物或场景进入，进行思考和判断，慢慢引到正题上来。他们一般是在不断联想中，突然发现事物真正的奥妙。他们通过不同的场景、不同的角色、不同的事物来曲折表现自己的主题。他们是曲线寻找真理的大行家。

"我的爱好非常广泛，我对很多的事物都有一个自己的看法，也都有较为真实的体验，这也使得我遇到问题时，常常不是直接去思考解决的方法，我会把自己遇到的问题和以前遇到的问题联系起来，我会感觉曾经的成功经验，也会感受曾经的失败体验，甚至有时候，我考虑到完全不同的其他领域，或者是芝麻蒜皮的小事，可以说是天马行空，不拘一格地去乱想。我发现，自己这样不限制自己去思考，一些微小事物给自己的启示，完全都可以利用到当前的事情中来，有时候想，也许这就是所谓的灵感吧。"

7号发出的 4 种信号

7号性格者常常以自己独有的特点向周围世界辐射自己的信号，通过这些信号我们可以更好地去了解7号性格者的特点，这些信号有以下 4 种：

积极的信号
7号性格者不断向周围世界释放着一些积极的信号。

7号是快乐的天使，日常的生活和工作因为他们而会更加具有快乐的色彩，他们走到哪里都会带来欢声笑语。

他们态度积极，对未来的乐观态度能够鼓舞他人，让人们接受他们的所有潜能和可能性，也能带给周围的人很多正面的影响，让别人感受他们的激情。

他们充满想象力和创新力，常常能够化腐朽为神奇，变平淡为美妙，一次的简单散步都可以变成是与自然和季节的亲密接触。他们好想法不断，思想天马行空，不按套路出牌，是不拘一格的点子大王。

消极的信号

7 号性格者也不可避免地向周围世界释放一些消极的信号。

7 号过度自恋，常常只是关注自己的安排和自己的快乐，难以注意他人的需求，看上去对他人漠不关心，似乎是没心没肺的人，和他们在一起，难以感觉到他们对他人的关心。

他们常常不能够做出承诺，即使做出承诺也很难兑现。他们总是在逃避自己的责任，用玩乐来转移自己的烦恼情绪。他们的这种特征，使得让人感觉他们不能依靠，也难以取得对他们有较深层次的信任。

另外，他们常常非常随性，说话口无遮拦，这都有可能无意中给别人带去深深的伤害，但是他们可能自己还不知道。

混合的信号

7 号性格者发出的信号很多时候是混杂的，会让人难以捉摸。

他们经常给自己保留多种选择，甚至有时候他们的选择可能前后矛盾。这样的生活方式会表达出很多信息，让你难以知晓他们到底要怎样，对想法也会有点摸不着头脑。

其实他们的内心选择是一致的，他们的选择中隐藏着相似的意图。如果他们在恋爱，在一阵热恋后他们可能失去兴趣，毅然决然选择离开，一点不会感到内疚，而如果重新找到兴趣的话，他们还可能重新返回到这段恋情中。他们在同一个时间，可能随时会离开，也可能随时留下来，两种可能性随时存在。他们的恋人可能会迷惑：他到底是爱我还是要离开我？

他们寻求自己的兴趣和快乐，真心的承诺对于他们来说显得困难。他们的注意力会时有时无，这些都让人感觉他们的游移不定。

内在的信号

7 号性格者自身内部也会发出一些信号。

7 号常常陷入迷惑，很难分辨哪些是自己真心想要的，而哪些是自己的一时兴起，因而他们常会陷入选择的困境中，不知道该选择哪条道路。

他们的注意力非常分散，游离转移。他们迷恋多样化的选择，难以忍受必须做出选择所需要做的牺牲，对于放弃的决定很难下达，要他们放弃他们会觉得人生灰暗无光。不断犹豫不决，他们担心自己因为不成熟可能错过正确的选择。

他们似乎是在被外力推动下作出的选择，或者放弃一些选择，他们难以主动去进行取舍。他们的内在因为这种迷惑，也会陷入自我的迷失而不断挣扎。

7 号在安全和压力下的反应

为了顺应成长环境、社会文化等因素，7 号性格者在安全状态或压力状态的情况下，有可能出现一些可以预测的不同表现：

安全状态

在安全的状态下，他们常常会向 5 号观察型靠近。

在安全状态下，7 号会向 5 号靠近，他们会不断加以退缩。对于他们，多样化的选择丧失了一定的魅力，他们调整心情，不再心猿意马。他们开始重新调整注意力，目标开始单一化，可以耐下性子从头到尾花时间去看一本好书。他们开始发现在选择减少的时候，自己才会发现自己真正的选择。他们逐渐变得相对安静、平和，开始退缩到自己的世界中，而且即使不去找时间独处，却也会满足于扮演一个比平日更退居幕后的角色。另外他们也有可能变得很小气，甚至吝啬。

7 号开始为自己作出选择，而不是迫于他人的需求作出选择。他们显得安静而有内涵，开始进行深入的自我评估，关注自己应该优先考虑的事情。

压力状态

在压力状态下，7 号的性格开始向 1 号靠近。

他们开始不断开展自身与他人的比较，常常在比较自己比别人强还是差，总是关注自己和他人所缺失的事物。当然 7 号关注的是快乐，是有或者没有，而不是像 1 号那样去强调事情的对与错，或者进行道义上的考量。

他们开始不断变得易怒、挑剔、容易对看似干扰的事情发怒或加以责备，自我批判，而更多呈现 1 号人的特征，会变得情感强烈而有意识。

当然这种压力状态的积极作用在于能够让 7 号明确自己的目的，然后全身心投入其中。当完全投入到一项困难的任务时，他们不会去游戏人生或者游离于不同的选择当中而迷失自我。

这种状态，常常会促发 7 号把事情善始善终，而且完美无缺地做完，而这样他们也能从出色完成的工作中找到快乐。

7 号适合或不适合的环境

7 号性格者因为其独特的性格特点也决定了其有一些环境能够很好地适应，而另外一些环境则比较难以适应：

适合的环境

7号贪图享乐，是美食和美酒的热衷者。他们爱好玩耍，娱乐行业、旅游及酒店行业等都非常适合他们。

他们有好奇心，喜欢多样化的选择，行业具有多样性、变化快及不断求新的经营场合非常适合他们。作为学者的话，他们常常是跨学科研究的带头人和推动者。

他们常常富有点子和创意，文化创意、广告创意都很适合他们。他们是创意收集者，常常可以扮演"顾问"的角色，而他们又具有独立的个性，不喜欢受约束的工作习惯，最适合当自由支配自己时间"自由人"。

7号很善于讲故事和感染别人，他们可以成为魔术师、主持人、演员、导演、编辑或者作家。他们还善于交际，拥有广泛的人际关系网络，是很好的公关和销售人才。

总之，7号喜欢自由快乐的，需要智力、创造性、千变万化、快乐的工作，这样的工作常常可以吸引他们的注意力和兴趣。

不适合的环境

7号学什么都很快，很快就能掌握，但往往钻研不深，很快就会丧失兴趣。他们讨厌那些日复一日、年复一年地从事简单、机械、重复、不需要创意就能做的工作，例行公务的工作中很难看到7号的身影，像行政人员、公务员等，这样的工作太沉闷、太枯燥，是7号最无法忍受的。

实验室里的技术人员、会计和其他可以预计结果的工作也不适合7号，因为这样的工作缺乏新鲜感和变化的刺激。

另外，他们也不喜欢为一个严肃、苛刻的老板工作，和这样的老板在一起，会让他们有一种离开的冲动。

对7号有利或不利的做法

7号性格者需要学习一些对自己有利的做法和避免一些对自己不利的做法：

有利的做法

下边的这些行为对7号的发展是有利的，应该学着去做：

★认识到年龄增长和成熟的价值，不要只是迷恋青春和活力。

★明白痛苦有时候是需要直接面对的，暂时用玩乐去转移注意力治标不治本。

★认识到自己常常给自己很多选择和计划，这也是自己逃避现实的一种手段。

★注意到自己迷恋快乐，不敢做出真正的承诺，这会让自己渴望体验更多。

★不要沉溺于肤浅的快乐，这样自己很容易丧失深层的体验。

★常常反思自己应当承担的责任，自己有逃避责任的惯性。

★知道自己盲目自恋，自己的价值遭到质疑时，会不自觉地变得愤怒。

★认识到自己盲目乐观，喜欢把事物美化，总是想象得比实际更好。

★在自己选择不多的时候，练习从一而终，自己的潜能常常可以迸发出来。

★充分体验此时此刻的生活，而不应停留在对未来的向往上。

★注意到别人的内心感受和他们的关心。

不利的做法

下边的这些行为对 7 号的发展是不利的，应该避免：

★觉得自己高人一等，瞧不起其他人。

★遇到困难时，会转移自己的注意力，忽视眼前的困难，对现实不在乎。

★在现实面前，认为遇到的问题很可笑，认为他人的担忧没有必要。

★对承诺感到害怕和厌烦，总是希望有更多的选择。

★习惯于去做出承诺，但却不履行承诺。

★将自己的错误合理化，为摆脱责任强作解释。

★希望与权威平起平坐，不想被领导，不太喜欢遵守命令。

★做事情不能对眼前的事情做到专心致志，也不能做到长期坚持。

★口无遮拦，不自觉当中去伤害他人。

★不能做到聆听别人的感受，只知道一个人大言不惭。

著名的 7 号性格者

乾隆皇帝

清代入关后的第四任皇帝。乾隆帝最让百姓津津乐道的就是六下江南的故事，和康熙相比，乾隆下江南挥金如土，其主要的目的就是出游玩乐。

莫扎特

奥地利作曲家，"音乐神童"，古典主义音乐的杰出大师。他童心不泯，像孩子一样充满了好奇，似乎永远长不大。他具有强烈的自尊心和独立不羁的果敢精神，曾在大主教的宫廷乐队里担任首席乐师，因不满大主教的斥责辱骂，1781 年 6 月，忍无可忍之下与大主教公开决裂，成为欧洲历史上第一位公开摆脱宫廷束缚的音乐家，并开始了自己作为一个自由艺术家的生涯。

第二章
我是哪个层次的7号

7号发展的3种状态

　　7号享乐型根据其现状加以分析，可以将其划分为三种状态。三种状态的7号，其发展的程度不一样，分别为：健康状态，一般状态，不健康状态。

　　健康状态

　　处于健康状态的7号，他们追求快乐和外界并无冲突，能够和外界和谐相处。他们不单单强调自己追求快乐，而且懂得承担自己的义务和应对单一化的选择。对应的是7号发展层级的第一、第二、第三层级。

　　他们不断追求自己的快乐，对外界反应迅速。他们热情而自由，不断体验现实世界的多样化。他们敢于冒险，对新鲜事物和经历充满兴奋，所有的事情都显得令人欢欣鼓舞。他们总是生气勃勃、精力充沛。他们对世界充满好奇，因而常常多才多艺，而且可以成为各方面的通才，精通各种各样的技能。他们积极乐观，即使是平凡的日常生活，也总是让他们充满喜悦和快乐。

　　他们的快乐和外界并无冲突。他们富有实干精神，精力充沛地面对生活中的具体事务，探索生活中的众多不同领域，但不同的兴趣却能够很好地相互结合和促进。他们很容易在现实当中取得成就，是各方面的全才和多面手，他们还具有很高的处事效率。他们懂得包容，懂得对自己所拥有的一切抱有感恩之情和欣赏的态度。他们心存敬畏，能够承担自己的责任。

　　一般状态

　　处于一般状态的7号是一个追求肤浅快乐的人，他们对多样化的追求显得有些过度，对自我的控制有些薄弱，因为追求所谓的快乐和现实开始发生矛盾，可能忽略自己的责任和他人的感受。对应的是7号发展层级的第四、第五、第六层级。

他们追求肤浅的快乐。他们的欲望显得很大，希望拥有更多和更丰富的体验，是享受的追逐者。他们不断地参与形形色色的活动，不断寻求更多的刺激，不断寻求让自己更兴奋的方法。各种有趣的事情他们都要试一试，不加选择的活动让他们变得肤浅。他们在新鲜的事物与经验中自得其乐，疯狂地赶时髦和拥抱最新的潮流，是浅薄的物质主义者。

他们对快乐的追求干扰到了生活的其他方面，和外界开始产生一定的冲突。他们常常很容易开始一件事情，但是很难全心投入，总是担心会错失更好的选择。他们对自我没办法有清醒的认识，也不愿意局限自己。他们口无遮拦，想到什么就说什么，放荡不羁，想到什么就做什么。他们没有节制，追求在人前的虚假表现，喜欢众人瞩目的感觉。他们挥霍无度、铺张浪费，常常带来一些财政上的危机。他们变得自我中心、自私、贪婪、没有耐心，常常强行为自己的作为狡辩，不负责任，变得让别人难以信任。

不健康状态

处于不健康状态的 7 号是一个追求快乐误入歧途的人，他们追求快乐使得生活控制失衡，对自己放任自流，甚至放弃自己周围的一切正常生活，也会严重影响他周围的人。对应的是 7 号发展层级的第七、第八、第九层级。

他们对快乐的追求步入歧途。他们把快乐当做可以让自己摆脱现实痛苦的东西，是一种逃避现实的手段。他们很容易沉迷于酒精、毒品、香烟、美食，放纵自己欲望，也会不计后果地进行赌博，进行盲目的购物消费。

他们的行为也给周围带来了太多的不和谐。他们常常不满现实，因此变得粗鲁无礼，对人恶言相向，常常会不自觉地攻击别人，大发雷霆，没有办法控制自己。他们用寻欢作乐来逃避，常常会失去健康的身体，而且内心也会产生严重的抑郁、间歇性的歇斯底里以及严重的麻痹感觉。他们常常陷入深深的绝望，有自我毁灭的倾向，而且可能为满足自己的需要不惜侵犯和虐待他人，他们已经失去控制。

第一层级：感恩的鉴赏家

第一层级的 7 号不会为寻找快乐而烦躁，他们会对现实不断接受，怀着一颗感恩的心，用自己的心去欣赏周围的一切。他们发现快乐就在身边，自己只需要接受周围的事物，就可以得到足够的快乐。

他们对现实产生信心，不再强求环境给自己提供什么，不会不断去行动追求自己心中要求的"享乐"，他们会一点一滴地享受当下的经验。通过这种方式，生命中的每一刻都成为自己找到快乐的源泉。只要他们能够真正去接受，现实足以满足自己追求快乐的心，现实不仅可以让自己感到快乐，甚至可以让自己达到狂喜的状态。

他们开始接受现实的本质，开始无条件地热爱生命，不断肯定生命的价值。他们承认现实中自己的内心依旧会脆弱或者焦虑，但是他们能意识到这是生命的原本面目。

他们对现实的生命开始敬畏，认为现实是神圣和庄严的。因此也开始对这个世界和生命的本质进行赞赏，内心充满感恩，充满喜悦，他们不断感受生命本质的丰富性，甚至生命的黑暗面都无法令他们感到忧惧，因为他们已将其看做是生存的一部分。

他们的内心常常充满喜乐，用感恩的心鉴赏周围的一切。他们把每件事都视为礼物，不再给生命中的快乐附加条件。他们开始专注于生命中真正美好的东西，专注于真正有永久价值的东西，对他们来说，现实中的快乐是没有穷尽的，当下所拥有的已经足够，自己已经找到了真正的快乐之源。

第二层级：热情洋溢的乐天派

第二层级的 7 号开始焦虑，他们对生命丰富性的信仰有所缺失，担心生活本身不能满足自己的需求，于是他们开始积极主动地寻求快乐。他们显得精力旺盛，是热情洋溢的乐天派。

他们不能够充分体验现实，开始预期未来的经验，开始思虑自己想要做的事，或思想如何才能得到快乐和幸福。于是，他们开始渐渐偏离现实，现实的本身状态难以让他们满足，注意力焦点开始指向周围的外部世界，对这个世界的感觉不断刺激着他们，这些都让他们感觉兴奋。他们也能深切地意识到自己是快乐的、热情的，而这正是他们生活的目标。

他们面对现实的态度相当积极和富有感染性，是如此的乐观和活跃，有极度的热忱和丰富的好奇心。他们常常拥有许多天赋且得以全面发展，即使年老，也依然能够保持着年轻的心态。他们拥有顽强的生命力，不怕伤害和挫折，面对困境他们有着积极乐观的态度，他们深信："如果生活只是给你一个柠檬，那么你还可以榨一杯柠檬水喝。"

他们敢于接受选择的失败，有强烈的冒险意识，不怕自己遭遇失败，也不会轻易为自己的不完美难堪。生命对于他们是一种学习过程，他们重视这种体验，每一次体验都是一个不断提升自己理解的契机。

第三层级：多才多艺的全才

第三层级 7 号担心无法维持自己的快乐，为了确保自己可以获得快乐体验，他们开始形成一种务实的实用主义态度。他们相信，只要自己有足够的自由和财力，自己就可以过上令人满意的生活。而要使得自己达到这一点，自己必须多才多艺，为这个社会作出自己的贡献。

他们对于做事非常关注，希望自己产出创造性成果和工作业绩，他们的热情找到了一个发泄的出口。他们是极其多才多艺和具有创造力的人，只要专心致志，就能把事情做好，就能生产很多有价值的东西。

他们显得多才多艺，在很多领域都非常擅长。他们常常拥有广博的知识，也具有相当丰富的实践经验，各种兴趣和天赋都能得到充分发展，他们的业绩常常使得他们成为众人瞩目的人物。他们不怕尝试新的领域，显得乐此不疲，而他们也不断产生新的兴趣和才能，不仅在自己的专业领域内相当杰出，而且在很多其他领域也表现特别出色。他们常常是语言高手，常常会多种乐器，甚至对烹饪、缝纫等技艺也都很内行。他们掌握的知识和技能包罗万象，但却并不失务实的态度。

他们学得越多，继续学习的可能性就越大。他们常常不只是自得其乐，而且也能不断给他人提供很多产品和服务，给他们带去快乐和享受。他们乐于分享，让他人愉悦，常常受到人们的欢迎。他们的人生成果不断，是多产的生产者和服务者。

第四层级：经验丰富的鉴赏家

第四层级的 7 号期待快乐和满足，他们开始迷恋多样化的事物，不愿错过所有能使自己快乐的事物。他们的欲望不断增加，对很多事物变得越来越有经验，并想要尝试所有的事物，这样他们的内心才会得到满足。

他们此时更加关注的是自己能够从生活当中得到什么，而不是自己能为这个社会提供什么，相比于生产和创造，他们对消费和娱乐更感兴趣。他们想要获取更新更好的事物逐步提高，总是想要拥有更多、经历更多，只有这样才可以获得更多的快乐。

他们害怕错失比现有的更令人兴奋的东西，总是迫不及待要求新的体验。他们如此热爱生活，烦躁也显得很多，他们总是想换个口味。

他们有着丰富的体验，依然多才多艺。他们拥有很多肤浅的体验，每天忙忙碌碌，日程表排得满满的，对新事物尝试的新鲜感消失很快，很快就会产生新的欲求，然后再忙着寻找别的东西。

他们常常成为有"品位"的人，知道如何去过高雅的生活，享受生活是他们的人生乐趣。他们最渴望强烈的感觉，讲究饮食、追求衣着，在他们的财力限度内，常常要求自己达到最大的时尚感和刺激感，喜欢奢华的生活。

对于该层级的 7 号而言，问题在于，随着欲求的不断上升，他们并不能得到真正的满足，而且他们对于品质的判断力也会越来越差，肤浅的消费让他们陷入饮鸠止渴的怪圈。

第五层级：过度活跃的外倾型

第五层级的 7 号是过度活跃的外倾型，他们害怕无事可做，这会让他们感觉焦虑，不断地将自己胡乱投入各种活动中，以寻求新鲜的经验。他们冲动不断，并在这种冲动中不断消耗着自己的生命。

他们不会拒绝任何事情，渴求多彩多姿的变化，其他人很难跟上他们的节奏，但他们对于思索自己的行为或反省自己的生活没有丝毫兴趣。他们爱好公众生活，喜欢任何有趣的宴会和把酒言欢，这每每让他们欢呼不已。

他们极少用严肃的态度看待事物，面对自己的焦虑，他们常常用投入欢乐进行逃避的方法来处理。他们很少用心倾听他人说话，总是渴望自己成为众人注意的焦点。他们频繁转移话题，但也会经常打断对方的话，不让人把话讲完。

他们的注意力非常分散，会做太多不同的事情，而常常因为这样连最小的事也做不好。具有讽刺意味的是，对于自己所做的一切，他们对由此而来的经验没有真正的认识，因为他们没有深入地研究。

专注和集中注意力对他们来说越来越难以做到，他们只能注意极其有限的范围。他们旺盛的精力和创造力，天分和才智常常被浪费，不断的浅尝辄止使得在他们身上很难看到成就一番事业的潜质，对任何事情他们都不是行家里手，而是扮演"三脚猫"的角色，因为他们没有办法坚持长时间做一件事，他们太容易感到厌倦并转向其他的事情。

他们开始害怕孤独，不能让自己安静下来。他们无法让自己待在安静的环境中，对生活只重视量，却不会去重视质。他们变得越来越幼稚，无休止的浅薄活动严重影响他们的生活，也使得他们渐渐失去周围人的支持。

第六层级：过度的享乐主义者

第六层级的 7 号是个过度享乐主义者，他们需求更多，变得贪婪而急躁，所有需要都必须立即获得满足。

他们以财富为最重要的价值标准，认为金钱可以帮助自己得到想要的任何东西。他们把所有的钱都花在自己身上，结果常常陷入财务危机。他们极端物质主义，不想放弃任何获得自己所想要的东西的机会。

他们是贪婪的消费者，过度索求一切，习惯无节制的生活，开始乱交或滥用药物远远超过了自己实际的需要。他们是没有节制的贪求者，让人看起来廉价而庸俗，一副暴发户的模样，过度对他们是一种标志。他们铺张浪费，可能买来很多自己不需要的东西，先是买回来，然后就扔到一旁。

朋友和他人对他们而言只是玩伴，那个关系若无法带给他们快乐，他们就会选择放弃。他们的婚姻可能只持续一两年，新鲜感没有了，他们就会放弃，转入新的关系。

他们拥有很多，但并不满足，甚至会嫉妒一些似乎比自己拥有更多的人。他们变得不愿意与他人分享，也不愿意他人依赖自己，他们只关心自己的利益。他们冷酷无情，不顾及自己行为的后果，也不愿意承担自己应尽的责任。

第七层级：冲动型的逃避主义者

第七层级的 7 号是冲动型的逃避主义者，他们从事的活动给周围的人带来麻烦，也无法追寻到自己的快乐，如果痛苦超出了其所能承担的限度，他们就可能会更加用冲动去进行逃避。他们不会反省自己的经验，把大量时间花在感兴趣的事情上。

他们让自己保持在活跃状态，变成了真正的无可救药的逃避主义者。他们不仅仅是无节制，甚至完全不加甄别，任何事物只要能够提供快乐或有助于消除紧张和焦虑，他们都会来者不拒。

他们总在寻求新刺激，直到把自己折腾到筋疲力尽为止，必要的话，甚至可以几天不睡觉，以至于他们无法也不想集中注意力或与外界有真正的接触。他们其实心里一点也不快乐，只是为了活动一下才这么做。他们因为害怕一人独处，甚至会强迫别人也加入自己的自我毁灭的放纵行为。如果你不和他们把酒言欢，他们甚至会跟你翻脸。

他们对曾带给自己快乐的东西有一种强烈的依赖，他们滥用刺激物和镇静剂，安眠药或烈性酒，咖啡因或更有效的刺激物都是他们的最爱。他们想借这些东西来使自己快乐，结果却渐渐地步入一个无法摆脱的恶性循环中。

他们的行为让人很讨厌和不舒服，可他们也无能为力。慢慢地，他们变得根本不在乎自己是不是伤了别人的感情，会不断把别人当做"替罪羊"或者出气筒来对待。他们侮辱别人，他们的冲动不断强化，令他们更加露出幼稚与不成熟，身边的人常常会选择离开。

第八层级：疯狂的强迫性行为

第八层级的 7 号开始陷入疯狂的强迫性行为，他们担心自己会完全丧失享受快乐的能力，为了缓解这种焦虑，安抚完全失去了控制且极度不稳定的情绪，他们忍不住强迫自己参与到各种行为当中去。

他们陷入妄想，越来越亢奋，觉得自己能够实行一些伟大的计划，事实上他们并没有那样的能力。他们会强迫性地参与各种不同的活动，强迫性地购物，无休止地赌博，滥用药品和酒精，强迫性地进食，甚至去制造各种各样"冒失"的恶作剧。

他们自己正处于危险中，抵御焦虑感的唯一方式就是获得逃避的手段，而疯狂活动本身就是自己的防御防御。一旦失去了维持持续活动的能力，他们常常会变得非常沮丧。

他们让周围的人难以适从，其心情、思想和行为都极为善变。而且当他们之间很难有效沟通，和他们讲理或尝试去限制他们"精神亢奋"的状态，都会遭到他们的极力反对。他们自己成为麻烦的制造者，而不再是曾经的快乐开心果。

第九层级：惊慌失措的"歇斯底里"

第九层级的 7 号陷入惊慌失措的"歇斯底里"，生活压迫他们至无处可逃的地步，没有东西可以依赖，陷入歇斯底里的恐怖之中，无法以行动或做任何事来帮助自己，似乎只有在恐惧当中迎接死亡。

面对形形色色的现实焦虑，他们无处可逃。焦虑对他们而言极具威胁性，所有痛苦的、可怕的潜意识中的东西会全部向他们袭来，恐惧、创伤、混乱纷纷袭来，他们变得惊慌失措，根本不知如何应对。

　　他们已经完全醒过来，但却发现已经无处可以藏身。他们的身心承受力推到极限甚至超出极限，他们可能疾病缠身，或者拥有早已透支的精力，以免更增加自己的痛苦。

　　他们迷恋经验和刺激，但很少真正地去接触自己的内心，很少去注意周围的世界。周围的情况越来越恶化，他们认识到自己错误，但是一切都已离他们远去，留给他们的只能是无尽的恐惧和绝望。

第三章

与7号有效地交流

7号的沟通模式：闲谈式沟通

7号的沟通习惯是喜欢没有一定中心地谈无关紧要的话，与人进行闲谈式的沟通，这是他们的沟通模式。

这常常可以帮助他们与别人建立亲密的关系、缓和紧张气氛，也会在别人心目中树立一个平易近人的良好形象，在闲谈中他们显得见多识广，兴趣广泛，是个很好的谈话者。

但是，他们的谈话常常没有明确的目的，只是按照自己喜欢的方式来谈，他们的注意力非常分散，他们的谈话似乎都是即兴的。他们喜欢分享自己的想法，分享自己喜悦和哀愁。当他们兴奋的时候，常常会抓住一个人就会说很多，也不管对方感不感兴趣，他们只顾自己一吐为快。

他们谈话的时候，注意力常常被周围的新鲜事物及资讯吸引，仿佛闲谈一般。与人交流，他们常常抱有一种轻松愉快的态度。他们也希望你也能以这种态度与他们交谈，他们对于严肃、拘谨、无趣的人没有好感，也会因为受不了沉闷而选择离开。

他们一进入闲谈的圈子，常常便很快就成为"中心人物"，有的人说起来索然无味的话，他们却常常能谈笑风生，让人听了忍俊不禁，又顿开茅塞。不知不觉中一两个小时就过去了，而交谈方根本不会感到丝毫厌烦。

他们的话题不拘一格，可以是体育、餐饮，也可以是从前的电影等，他们海阔天空地谈一些对方感兴趣的事情，当然他们也可能想到什么说什么，喋喋不休，不着边际地瞎聊，白白浪费宝贵的时间。

观察7号的谈话方式

7号喜欢欢乐，他们期待周围的人和事物都让自己快活，他们的这种心理特点使得他们的谈话显得轻松有趣，会让周围的人感觉到兴奋和欢快，但是另一方面，也可能使得他人感觉到自己总是被他们捉弄，或者被他们所忽视。

下面，我们就对他们的谈话方式进行一个简单的说明：

★7号人格语速很快，声音洪亮，他们的谈话显得很有活力和激情，很难感受到烦恼和愁绪，但也显得夸张和急躁。

★他们的谈话充满幽默元素，语调欢快、亲切有趣，善于调动气氛，常常让大家在欢快气氛之中乐不可支。他们的态度搞笑，语气和神态都透露着搞笑的劲头，即使是讲述自己悲伤的经历或抱怨负面情绪时，也经常因为搞笑的劲头而让身边的人不禁莞尔。

★他们在说话的过程中特别容易偏离主题，总是被有趣、刺激的事物吸引。他们具有一心多用的特质，谈话似乎是一条没有固定方向的河流，他们随时可能改变河道。他们善于讲一件事情的时候，实然又转而讲述了另一件事，或者特别讲述这件事中一个特别的细节。当然他们对于自己的跑题不以为然，只要正在谈论的话题好玩和有趣就行，其他的因素在他们那里都是不重要的。

★他们常常喜欢一个人说，很难有耐性去听别人讲述一件事情。他们甚至经常打断对方，努力把话题导引到的领域。他们这样的特点常常让人感觉有点粗鲁和不近人情。

★他们说话往往喜欢直来直去、一针见血，他们只求自己的嘴巴快乐，因此常常会说出一些让别人可能难堪的话，把人得罪了但自己还不知道。他们有些时候也会显得刻薄，得理不饶人。

★有他们的地方常常有笑声，他们常常语不惊人死不休，他们经常用的词有：快乐、开心就好、无所谓、没事的、这事还没完、快点等。

读懂7号的身体语言

当人们和7号性格者交往时，只要细心观察，就会发现7号性格者具有以下一些身体信号：

★7号常常充满活力，他们的身体语言不会给人弱而无力的感觉。

★由于他们关注环境中一切有趣、好玩的事情，导致他们很容易走神。

★他们坐卧站立都显得不安生，很少安安静静待在一个地方。

★他们走起路来给人风风火火的感觉，似乎总是在蹦蹦跳跳。

★7 号常常喜欢佩戴一些有意思的饰品来装点自己，但他们很少顾及饰物是否与衣着协调，只是图个新鲜好玩。

★7 号的眼神充满活力，总是有一种闪耀的光芒，显得古灵精怪。

★他们常常是笑容满面，挂着是开心开怀的笑容。

★他们的眼神和面部友情非常丰富，从不掩饰自己的喜怒哀乐。

★他们快乐的表情远远多过悲伤的表情，他们是天生的乐天派。

★他们的身体动作常常很丰富，他们的手势不断而且夸张。

★说到尽兴时，他们常常表现出喜笑颜开、手舞足蹈的夸张表情。

★他们有时候会面露不屑的表情，也会经常使用瞪着眼睛去盯人的表情。

通过身体语言，我们可以做为参考，去辨别一个人是不是 7 号，去判断他们的心理状态，也可以作为和他们交流的一个重要参考。

7 号喜欢轻松快乐的氛围

7 号具有天真、坦诚和灿烂的个性，他们常常把焦点放在了快乐、轻松的氛围上，觉得这样的人生才有意思。

他们就像下边故事中的约翰一样，即使在生命垂危之时，依然可以抱有足够的幽默感和乐观精神，随时保持着旺盛的生命力，总能让周围的人处于他们营造的快乐氛围中。

约翰是一家公司的销售主管，他的心情总是很好。当有人问他近况如何时，他回答："我快乐无比。"

如果哪位同事心情不好，他就会告诉对方怎么去看事物好的一面。他说："每天早上，我一醒来就对自己说，约翰，你今天有两种选择，你可以选择心情愉快，也可以选择心情不好，我选择心情愉快。每次有坏事情发生，我可以选择成为一个受害者，也可以选择从中学些东西，我选择后者。人生就是选择，你要学会选择如何去面对各种处境。归根结底，你自己选择如何面对人生。"

有一天，他被三个持枪的歹徒拦住了。歹徒朝他开了枪。

幸运的是发现较早，约翰被送进了急诊室，经过 18 个小时的抢救和几个星期的精心治疗，约翰出院了，只是仍有小部分弹片留在他体内。

6个月后，他的一位朋友见到了他。朋友问他近况如何，他说："我快乐无比。想不想看看我的伤疤？"朋友看了伤疤，然后问当时他想了些什么。约翰答道："当我躺在地上时，我对自己说有两个选择：一是死，一是活，我选择了活。医护人员都很好，他们告诉我，我会好的。但在他们把我推进急诊室后，我从他们的眼神中读到了'他是个死人'。我知道我需要采取一些行动。"

"你采取了什么行动？"朋友问。

约翰说："有个护士大声问我对什么东西过敏，我马上答'有的'。这时，所有的医生、护士都停下来等我说下去。我深深吸了一口气，然后大声吼道：'子弹！'在一片大笑声中，我又说道：'请把我当活人来医，而不是死人。'"

约翰就这样活下来了。

因此，和7号在一起，也应该考虑他们的这一特点，和他们交往的时候，不要太严肃和拘谨，要放得开一点，尽量和他们一起共同营造一个轻松快乐的氛围。这样的话，他们也会和你产生更多的共鸣，而你们的交际也才可以更加顺利地进行。

谈论新奇刺激的事物

7号会在日常生活中安排各种好玩、新奇和刺激的事情，他们天生喜欢这些东西。当然他们也乐于和别人分享这些事情。同样，如果你能主动和他们谈论这些事情，常常也能引起他们的极大兴趣。

他们似乎总有用不完的精力，什么新鲜、潮流的东西都要去尝试一下，比如哪个主题公园开业啊、又出来一种什么新的玩具啦，等等。什么新鲜、刺激、好玩，他们是一定要体验的，虽然很少长久地坚持下来。

和他们在一起，就可以谈论各种各样的事物。比如谈论足球，谈论篮球，谈论魔方的玩法，谈论新出的电影，谈论新开的一家特色饭馆，谈论流行的故事，谈论世界上的奇闻轶事，谈论新开的游乐场、新出的网络游戏和桌面游戏，等等。只要是新奇刺激的话题，都能引起他们极大的兴趣。

著名的汽车推销员乔·吉拉德，一次向一位先生推销汽车，终于说服了对方。那位先生在把钱递给乔·吉拉德时，谈起了自己的儿子，说自己的儿子如何了不起。可乔·吉拉德对他的儿子不感兴趣，只想快点拿到钱。他的表现引起那位先生的不满，乔·吉拉德还没有接到钱他就转身走了。乔·吉拉德晚上给那位先生打了一个电话，问他为什么要把钱收回去。那位先生回答："没什么，就是我在跟你谈我心爱的儿子的时候，你对我的儿子不感兴趣。"

人人都希望谈论自己感兴趣的话题，如果别人对自己的兴趣不予关注，那么他们常常会很失落甚至生气，正像给汽车推销员谈论儿子的这位先生一样，不愿意和他进行进一步的合作。谈论对方感兴趣的话是一条重要的交流准则，因此和 7 号在一起时，一定要学会常常谈论他们感兴趣的话题，而新奇刺激的话题，正是他们所喜欢的。

第九篇

8号领导型:王者之风,有容乃大

8号宣言:我是天生的领袖,我要做强者。

8号领导者是一个很有条理、有效率、自信、坦率的人。他们有很强的实力,善于利用自己的特长,毫无保留地支持自己认为有价值的事情,并且能够迅速地采取行动。他们追逐权力与地位,争强好斗,但也能尊重那些坚持自己立场的人,即便这个人是他们的对手。同时,他们又追求公平和正义,能够保护弱小者,尤其保护那些属于他们阵营的人。

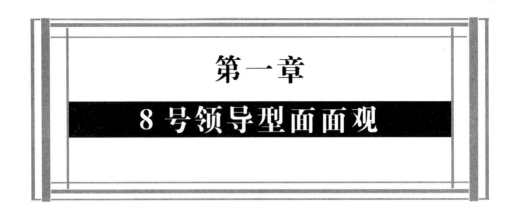

第一章
8号领导型面面观

自测：你是追求权力的8号人格吗

请认真阅读下面20个小题，并评估与自身的情况是否一致，如果某一选项和你的情况一致，那么请在该选项上划钩标记：

1. 我喜欢激励别人。

□我很少这样□我有时这样□我常常这样

2. 我是一个工作卖力的人。

□我很少这样□我有时这样□我常常这样

3. 我喜欢控制大局和授权给别人的乐趣，但是不喜欢被人控制。

□我很少这样□我有时这样□我常常这样

4. 我会保护、支持我的朋友、家人和下属。

□我很少这样□我有时这样□我常常这样

5. 我喜欢被人尊重而不是被人喜爱。

□我很少这样□我有时这样□我常常这样

6. 我有坚强的意志力，相信自己能战胜一切。

□我很少这样□我有时这样□我常常这样

7. 在我的字典中没有"难"这个字。

□我很少这样□我有时这样□我常常这样

8. 我非常讨厌虚伪，看重真实。

□我很少这样□我有时这样□我常常这样

9. 我很有决断力，喜欢让别人按照我的决定执行。

□我很少这样□我有时这样□我常常这样

10. 我喜欢逆水行舟、排除万难、勇往直前的感觉。

□我很少这样□我有时这样□我常常这样

11. 在我决定之后，我很难听从别人意见。

□我很少这样□我有时这样□我常常这样

12. 我喜欢直来直去，不喜欢兜圈子。

□我很少这样□我有时这样□我常常这样

13. 我通常喜欢关注弱势群体，支持弱势的一方。

□我很少这样□我有时这样□我常常这样

14. 我喜欢鼓励及提升别人的个人力量。

□我很少这样□我有时这样□我常常这样

15. 我喜欢把东西放得整齐、有条理，特别是我自己的东西。

□我很少这样□我有时这样□我常常这样

16. 别人觉得我很勇敢。

□我很少这样□我有时这样□我常常这样

17. 我可以很强硬、很严厉。

□我很少这样□我有时这样□我常常这样

18. 我总是喜欢带领和保护一群人冲向宏伟的目标。

□我很少这样□我有时这样□我常常这样

19. 我喜欢伸张正义，主持公道，我觉得这是我的神圣使命。

□我很少这样□我有时这样□我常常这样

20. 我是一个坚强、自信、果断和马上采取行动决问题的人。

□我很少这样□我有时这样□我常常这样

评分标准：

我很少这样——0分；我有时这样——1分；我常常这样——2分。

测试结果：

8分以下：领导型倾向不明显，不太习惯作为事情的主导者，也不愿意自己成为主要责任人。

8～10分：有一定的领导型倾向，比较有责任感，在能力范围内愿意对工作或团队负责，有一定的凝聚力。

10～12分：比较典型的8号，重视控制和领导，不喜欢被人支配。

12分以上：典型的8号，行为作风非常强势，个性坚强、有感召力，有正义感和责任感。

8号性格的特征

8号性格是九型人格中的"统治者"，他们在生活中希望依靠自己的实力来主宰生命，并且喜欢控制身边的一切人和事物。他们处于优势时，常常毫不掩饰自己的王者风范，当处于劣势时，也常常在积蓄力量，等待时机去充分反击。他们霸气十足，有勇有谋，绝对掌控一切，他们的人生信条是："一切听我的。"

他们的主要特征如下：

★强调按自己独立思考与决策，以掌控一切的方式主宰自己的人生。

★关注宏观战略，小事情或细枝末节喜欢让人代劳。

★相信"强权就是公理"，专横霸道，喜欢掌控身边的一切。

★富有正义感，喜欢为自己争取公道，也不惧为他人两肋插刀。

★自己的行事准则：不允许别人指指点点，或表现出任何不尊重。

★富有进攻性，可能随时会表现愤怒，但脾气来得快，去得也快。

★没有耐心倾听反面意见，难以认识自身的缺点。

★专向难度及规则挑战，是"明知山有虎，偏向虎山行"的典型。

★轻视懦弱，尊重强者，喜欢在正面冲突中决不退缩的人。

★喜欢过度而极端的行为，比如沉迷于美酒佳肴、无休止的夜生活、大运动量的运动，甚至没完没了地去工作。

★表情威严，昂首阔步，目中无人，笑容爽朗。

★说话直截了当，常用"我告诉你"，"听我的"，"为什么不能"。

8号性格的基本分支

8号性格者希望一切在自己的控制中，他们讨厌失去控制的感觉，这样的特点使得8号性格者陷入一定程度的偏执。因为这种偏执，他们在情爱关系上要么是控制对方，要么就是臣服于对方，在人际关系上要么是寻求保护者的角色，要么就是寻求被保护的角色，并且把满足个人欲望的生存作为自我保护的手段。

情爱关系：控制/臣服

8号性格者希望能够完全控制爱人的行为，让他们按照自己的想法去做事，不惜使用强迫的手段。但是当他们完全相信某一个人的时候，却又可能放弃自己的控制欲望，转而臣服于对方。

"我希望完全占有自己的爱人，她所有的秘密我都要知道，我要随时给她咨询和建议，我希望完全安排她的生活。我和她之间经常会有一些争吵，她觉得和我在一起完全没有自由，但是当有一天，我意识到她对我绝对忠诚的时候，我就不再刻意去挑战，不再严格去控制，而是转而臣服于她。"

人际关系：保护/被保护

8号性格者喜欢那些受他们保护的人和那些保护他们的人，他们之间常常可以建立友谊。当然，8号性格者常常以冲突的方式和他人建立信任，常常结交众多的朋友，然后一起工作或玩乐，确保每个朋友都享受生活，而且在需要的时候提供相互的支持与保护。

"我喜欢交朋友，我喜欢和朋友共度的时光。我信奉'不打不相识'的信条，我的朋友都是通过考验的。朋友对于我是非常安全的信息来源，我信任他们，我们彼此坦诚，不需要防备，我渴望友谊，就是看重这种坦诚和互助。我愿意做一切事保护我的朋友，而我也知道，当我有事情的时候，他们也会这样对待我。"

自我保护：满意的生存

8号性格者对周围的一切，比如自己的空间领域，比如自己的物品，比如自己稳定的生活状态都要求控制，这样自己才能够满意地去生活。他们希望一切随自己的心意，而不是随从他人的安排，那样被控制的后果只能是让自己恐慌。

"对于生活，我希望一切在我的掌控中，这样我才能够满意。我对自己的私密空间特别重视，睡觉前常常不自觉地去检查家里的每一扇门窗，确保安全。谁进了我的房间，是不有谁用过了我的电脑，甚至如果人们没有在吃早饭的时候，给我留下足够的小米粥，我都会觉得自己被侵犯了，就会忍不住非常生气。"

8号性格的闪光点

追求控制的8号性格有很多优点，以下这些闪光点值得关注：

疾恶如仇，崇尚正义

8号性格者看重公平正义，对于黑暗的恶势力深恶痛绝，也有大胆反抗的勇气。

不害怕冲突

8号性格者在冲突中不会退缩，反而能站出来维持正义，不惧怕任何挑战。

直率坦诚

8号性格者的言行毫无诈术，想要什么都会告诉你，喜欢打开天窗说亮话，这种直率和坦诚，常常让他们可以尽快找到最好的解决方式。

重情重义

8号性格者有情有义，如果你是他们圈子的人，他们会尽一切力量保护你，但前提是你必须忠实和可靠。

善交朋友增强影响力

8号性格者重视朋友，喜欢当主角，常主动和朋友联络聚会。他们选择朋友眼光敏锐，可以很快发现能让自己获利的对象，这种眼光对他们的事业发展极为有利。

富有领袖气质

8号性格者喜欢改变，不喜欢被操控，有成为领袖的欲望。他们善于谋划，愿意承担责任，能为他人出头，也能给他人分配工作，是极具领袖魅力的人。

有开拓精神的创业家

8号性格者喜欢自己当家做主，实现自己的支配欲，有创业欲望；他们常胸怀大志，用梦想吸引他人加入；他们不惧挫折，愈战愈勇，是具有开拓精神的创业家。

不知疲倦的工作狂

8号性格者常常给自己设立一个长远目标，并且为之卖命工作，干劲十足，常常挑战自己身体的极限。

8号性格的局限点

追求控制的8号性格也有一些缺点，以下这些局限点应该警醒：

对自己内心的愿望浑然不觉

8号性格者关注外部世界，捍卫正义，希望一切尽在掌控中，但是常常不能审视内心，也不能获知自己的真正愿望。

不能控制自己的愤怒

8号容易发火，而且难以控制自己的愤怒，他们常常因为这一点而伤害周围的人，也容易让他们陷入糟糕的人际关系中。

过分寻求刺激

8号性格者常常寻求依赖酒精、性、毒品、香烟，喜欢无休止的狂欢，喜欢大的运动量，过度信赖速度和力量，对消耗精力感到充实。

行事冲动

8号性格者讨厌反复思考，享受掌控局势的满足感，有时会忽视自己能力，逞匹夫之勇而造成一些遗憾。

专横独裁

8号性格者脾气暴躁，常常自以为是，即使发动大家讨论，但还是要一意孤行按自己的想法来，可能会陷入偏执。

贪恋权力

8号性格者对权力和支配特别迷恋，没有权力时会努力减少他人的支配，并且寻求机会建立自己的势力范围，但一旦拥有权力，则会用权力最大限度去实现自己的欲望，不愿意再放手。

喜欢报复

8号性格者善于记仇，别人得罪了自己总要报复对方，为了报仇甚至有卧薪尝胆的决心和勇气。

盲目自大

8号性格者常常把自己的优点最大化，把别人的优点最小化，对自己常常估计过高，自命不凡，以至于常常轻视别人。

8号的高层心境：真相

8号性格者的高层心境是真相，处于此种心境中的8号性格者对真相有了更深的认识和了解。

处于低层心境中的8号性格者，常常怀疑别人的隐藏企图，他们迫不及待地要求寻找真相，把斗争当做获得真相的基本途径，因为人们在面对压力时，才更容易表现出隐藏的真相。另外他们认为自己看到的真相就是完全客观的真相，其他不同意见都是愚不可及的，根本不需要加以考虑。一旦发生冲突，8号的思想就会封闭起来，对所有不同的意见都无法倾听。他们逐渐会意识到，真相的获得不一定要靠斗争，适当的妥协也是需要的，而且即使是在自然与平和的环境中，真相也可以观察到。另外他们也能一方面审视自己的意见，另一方面去考虑他人的观点，他们对真相的把握才真正全面起来。

只有当8号性格者对真相获得的途径有了更有智慧的认识，不再坚持斗争是唯一产生真相的途径，而且认识到自己对真相的了解是不全面的，只有和他人对真相的了解加在一起，才是真正的真相，此时他们才能真正对真相有了真正的控制。

8 号的高层德行：无知

8 号性格者的高层德行是无知，拥有此种德行的 8 号会把自己的成见去除，不受制于个人偏见的干扰。保持一个空杯的心态，他们开始接受眼前事物的本来面目，这让他们更加适应环境，也能采取合适的行动。

8 号特别想获得控制的感觉，自己的观点应该坚持，周围的情况应该掌控，不能接受不同于自我意志的变化。他们常常为获得控制权而进行斗争，固执于自己的看法，坚持个人不完善的意见，用暴力和愤怒把它们实现出来。而一个成熟的 8 号常常会把自己的意见放在一旁，不带偏见地去审视周围他人的看法，对周围环境的感受也会更加敏锐和清晰。

只有 8 号性格者真正认识到了无知的重要，以及无知的好处，他们才会真正谦卑下来，真正地获得事实的真相。他们因为无知而变得拥有更多的智慧，因为不再坚持自己意见的绝对性，反而获得了真正的真理。

8 号的注意力

8 号总是认为自己比任何周围的人都要强，他们总是关注自己的优点，以及周围人的弱点，这样的态度常常使得他们具有心理上的优越感。

"我虽然不认为我是最强的人，我也认可强中更有强中手的说法，但是在别人的面前，我不会觉得我比他们任何人弱小，我觉得他们在我面前简直是不堪一击。我不得不承认，我是强壮的，我有理由按照自己的想法去做事情，而他们应该听命于我。"

而在面对不利情况的时候，8 号常常会用两种手段来逃避，让自己感觉舒服，第一种方法是转移自己的注意力，第二种方法是拒绝承认现实中的不完美。

8 号惯常使用摆脱威胁的一种方式就是转移自己的注意力，他们常常让自己沉迷于某件事物当中，可以无休止地玩乐，狂吃畅饮，灯红酒绿，周旋于各种聚会不可自拔。他们在这样的时刻，常常可以忘记自己的缺陷、内心的痛苦，以及对周围世界的迷惑。

"我也有很烦的时候，这个时候会让我难以忍受，我无法独处室中，我需要释放自己的能量。每每这个时候，我都会叫上朋友一起聚会，大家开始大口吃肉、大碗喝酒。我有太多的负面能量需要发泄，而当此时此刻，我知道自己是存在的，周围的烦恼也就都不在了。"

　　8号有时候喜欢使用拒绝承认现实的态度面对周围的缺陷，他们拒绝承认烦恼自己的事情存在，并强迫自己相信自己的判断是正确的，他们要让自己的注意力报喜而不报忧。只有自己无视现实的残酷，这时才不会因为这些严酷的情况而害怕。他们坚信自己绝对正确的事实，却无法承认自己做错的事实。

　　"我不愿意看到任何负面的东西，我要看到我的力量而不是弱点，即使我有缺点，我也要选择忽视它们。我如果去做一件事情，首先想到的是要成功地去做，这个时候，如果任何人告诉我，我做这件事可能有哪些缺陷，我就会勃然大怒地训斥他，认为他是一个晦气鬼。我不愿意承认缺陷，我只要让自己明白，我一定可以做好，因为我有很多的优点。我选择忽视缺点的另一个原因也在于，我怕自己考虑太多负面的因素，就会丧失真正的勇气。"

8号的直觉类型

　　8号性格者的直觉来源于习惯关注的东西，他们常常关注权力和控制，喜欢展示自己的力量和能力，他们似乎充满能量，总能感觉自己似乎比现有的更强大。

　　"我对权力和控制特别关注，我讨厌被人束缚，希望自己得到最大的自由，希望自己是最强者，所以每到一个地方，我都要确认自己的位置，会不会有人试图控制我，如果有的话，我就会努力让自己不被控制，如果没有的话，那么我就要控制周围的一切，一切必须按照我设想的样子去进行。我和大部分8号性格者一样，我会让自己的影响力发展到最大，我要让自己充满自己所到的每一个地方，我时常觉得我的影响力可以更大一些。"

　　8号性格者常常依赖扩大的自我感，他们本身即使没有那么强大，也似乎总是身体放大一般，这种感觉影响他们的精神想象，也给他人带去类似的感受，他们天生具有一种征服周围世界的气场。

　　"我的朋友经常告诉我，说我尽管个子不高，但是看起来却很生猛，就是一颗小原子弹。他说的是事实，如果凭借身材而言，我是比不上很多人，而且力气也比不上他们，但是每当我发火的时候，能感觉自己似乎变得比他们都要高，都要壮，很多壮汉在我的眼前变得怯懦。这也是我喜欢发火的原因之一，因为每当我发火的时候，周围的世界似乎都在我的掌控当中了。"

8号发出的4种信号

8号性格者常常以自己独有的特点向周围世界辐射自己的信号，通过这些信号我们可以更好地去了解8号性格者的特点，这些信号有以下四种：

积极的信号

8号性格者不断向周围世界释放着一些积极的信号。

他们如果对你产生信任，就会把你视为他们生命的一部分，会为你提供保护，如果你够强大，他们也期待着你的保护。

他们可以给你的生活带来兴奋和活力，他们生机勃勃，富有朝气，乐于和人交往，并且让你感受到他们的热情、坦诚和幽默风趣。

他们勇敢果断，善于授权，给他人成长和提高的空间和机会，他们是先开枪后瞄准的积极行动派。

消极的信号

8号性格者也不可避免地向周围世界释放一些消极的信号。

他们不会承认自己有错误，如果别人指责自己，那么他们常常会狡辩，并且反驳对方的错误，和别人吵得不可开交。

他们特别强势，富有进攻性，总是要让自己控制一切。他们常常会主动过界，常常是冲突的首先制造者。

他们把发怒作为力量的展示，认为这样才有真实的掌控感。他们言语肆无忌惮，这样常常会伤害亲人和朋友。

混合的信号

8号性格者发出的信号很多时候是混杂的，会让人难以捉摸。

他们发出的信号是充满矛盾的统一体，一方面是铁骨铮铮的硬汉形象，试图从生活的点点滴滴去控制你和命令你，另一方面，他们又是内心情感无比脆弱和细腻的形象，愿意好好照顾你、关心你、讨好你。这一切常常会让周围的人感觉到迷惑。

他们身边的人常常不知道：到底他是在乎我，还是讨厌我，到底他是在支持我，还是在反对我，到底他是爱我，还是恨我。事实上，他们这两面都存在，所以才会让人难以弄明白他们的想法。

他们讨厌别人利用他们的温柔，当发现一些相关的蛛丝马迹，他们就会勃然大怒，并且给你展开沉重的攻击，拒绝再给你同样的温柔。

内在的信号

8号性格者自身内部也会发出一些信号。

他们难以发现自己的指责实际上代表了内心的脆弱和担心。指责和控制似乎代表强大和控制，但实际上在它的下边是深深的恐惧，他们担心自己无法控制局势。因为这种恐惧，他们总是要主动出击，要先把局势稳定下来。即使感觉自己似乎过分的时候，他们的思想还在告诉他们："千万别示弱，示弱的话情况可能会更糟糕，一定要坚持住。"

他们常常提前假设最坏的情况，不愿意看到这些事情发生，他们如果对自己的假设进行一定程度的修正，也许可以发现某些情况并没有发生，而自己也可以少给别人造成负面的影响，自己也能真正提升自我。

8 号在安全和压力下的反应

为了顺应成长环境、社会文化等因素，8 号性格者在安全状态或压力状态的情况下，有可能出现一些可以预测的不同表现：

安全状态

在安全的状态下，他们常常会向 2 号给予型靠近。

他们的内心如果感觉到安定感，感觉到身边的人是安全的，他们会变得不那么强势，而且愿意给予，也更加容易受别人影响，别人如果对他表示关怀，他也会被深深打动。

此时的 8 号希望与别人相联系，寻求融洽的人际关系，但也可能出现一种情况，就是 8 号在转变为 2 号的过程中，会有可能通过无微不至的付出，来达到控制和操纵对方的目的。

8 号并非转变为 2 号，而是安全状态让他们不去担心失控，他们就会慢慢软化，并且乐意提供帮助。他们也可能随时退回攻击的老路子上，但他们只是想证明一下，并且时刻提醒对方，他们才是真正的统治者。

压力状态

处于压力状态下，8 号常常会呈现 5 号观察型的一些特征。

他们会开始退缩，陷入独居的状态，不喜欢别人打扰他，或者陷入对事物深沉的思考，他们不是那么外向，也不会显得狂妄，变得很安静，只有当情况可以在其控制之下的时候，他才会重现自己活力四射的一面。他们可以无休止地去阅读，也可以不间断地去玩游戏，显得情绪低沉，也不愿意别人和他沟通。

8 号通过闭关认识自我，思考成熟之后，他们常常开始对周围世界施加压力，此时的他们也常常非常具有行动力，是强执行力的行动者。

8号适合或不适合的环境

8号性格者因为其独特的性格特点也决定了其有一些环境能够很好地适应，而另外一些环境则比较难以适应：

适合的环境

8号不愿被控制，却希望去领导、操纵一切，担任指挥者、管理者和领导者都是比较称职的。

8号喜欢独立作业，喜欢体现自身重要性的工作，那些需要勇气和智慧面对冲突的工作也很适合他们。

8喜欢挑战，欢迎竞争，喜欢那些让自己有机会表现自己胜利的环境，他们常常是很好的销售人员、武术运动员、企业家和高层官员。

而8号不怕吃苦，一般来说，只要是他认定的工作，常常能够脱颖而出，可以成为各个行业的优秀人才。

不适合的环境

8号不喜欢需要严格遵守规则的地方，那些受规划或者传统约束的环境常常不适合他们，比如一般的办公室工作人员、行政、基层公务员等。

另外8号不喜欢那些被外在力量所操控的环境，不喜欢被操纵的感觉，也不喜欢待遇不公的地方。

对8号有利或不利的做法

8号性格者需要学习一些对自己有利的做法和避免一些对自己不利的做法：

有利的做法

下边的这些行为对8号的发展是有利的，应该学着去做：

★注意自己剧烈的情感表达会带给别人很大的伤害。

★不过度保护在乎的人，在照顾他人的时候，也知道照顾自己。

★在采取行动之前学会倾听和等待，并借此来抑制自己的冲动。

★学会适当妥协，往往可以找到更好的解决办法。

★注意到自己常常按朋友和敌人来划分阵营，没有第三种选择。

★不要总是挑外界的毛病，学会反求诸己，从自己身上找缺点。

★准备发火之前，忍一会儿，先在心里面倒数10下。

不利的做法

下边的这些行为对8号的发展是不利的，应该避免：

★不喜欢被人控制，却意识不到自己有控制别人的想法。

★做规则的制定者，但同时也是规则的破坏者，只约束他人，不约束自己。

★团队中显得专横霸道，不注重团队合作。

★心有不顺，立即对身边的人发出攻击。

★只能看到自己的强壮、优点和正确，否认自己的脆弱、缺点和错误。

★拒绝他人的帮助，将其看成怜悯而加以拒绝。

★有压力时变得什么都不在乎，放弃自己周围的一切，自己一个人躲起来。

著名的8号性格者

林登·约翰逊

美国第三十六任总统。他粗俗豪放，经常光着身子在白宫游泳池游泳，有时正开着会就会要求大家和他一起去方便；他干劲十足，平时走路都是小跑；他是位严厉的工头，经常对部下大发雷霆；他爱听颂歌，受不了一丁点批评；他喜欢用高压手段，但又自比为美国人民的家长，是他们的"大爹"。

乔治·巴顿

第二次世界大战中的美国著名军事统帅。他作战勇猛顽强，指挥果断，富于进攻精神，善于发挥装甲兵优势实施快速机动和远距离奔袭，被部下称为"血胆老将"。

8 号发展的 3 种状态

8 号领导型根据其现状加以分析，可以将其划分为三种状态，三种状态的 8 号，其发展的程度不一样，分别为：健康状态，一般状态，不健康状态。

健康状态

处于健康状态的 8 号是能够和外界和谐相处的人，他们不单单强调控制别人和外界，而且懂得控制自己和体谅别人。对应的是 8 号发展层级的第一、第二、第三层级。

他们注重对外界的控制。他们肯定自我的价值，对自我充满信心，注重维护个人的权利和利益，总是极其积极主动，直面挑战，发挥自己的能动性，足智多谋。他们对目标执著勤奋，讲求独立自主，是奋发向上的一群。他们简单而坦诚，果敢而有威严，常常赢得他人的尊重。

他们能够控制自己，也能够体谅他人。他们自身追求公平正义，常常主动帮助别人，为别人提供支持，提供照顾，让别人获得成功和温暖。他们为人豪爽而又有慈悲之心，对人友好而又宽容，他们强硬中饱含温和，愿为他人的利益而承受压力和风险。

控制外界和控制自我达到了平衡，他们和外界也达到了和谐共生的状态。

一般状态

处于一般状态的 8 号是一个骄傲而有控制欲的人，对别人的控制显得有些过度，对自我的控制有些薄弱，他们和现实的矛盾开始凸显。对应的是 8 号发展层级的第四、第五、第六层级。

他们对外界的控制显得有些过度，强调个人的独立和自由，不希望依赖别人而希望独立自主，不希望软弱而期待刚强。他们期待自己身边有足够的资源，这让他们感觉安全。他们勤奋刻苦，具有高效率，渴望有机会挑战和证明自己的能力。他们希望自己比其他东西都重要，他们会自满专断，用自己的计划强求别人去做，希望别人对自己忠诚，但对他人却没有足够的尊敬。

他们对自己的控制显得没有力量。他们会比较有架子，指挥他人，指责他人，他们脾气变得很坏，甚至对别人采取威胁和恐吓的手段。他们经常洋洋自得，自己吹捧自己，有些华而不实。他们好战好斗，也喜欢去报复他人。

不健康状态

处于不健康状态的8号是一个控制失衡的人，他们对外界疯狂控制，对自己放任自流，给周围世界带来很大压力。对应的是8号发展层级的第七、第八、第九层级。

他们对外界进行强大的控制，想要掌控一切。他们的内心没有安全感。他们专断专行，不断通过对他人严加控制，来达到保护自己的目的。他们用强大欺负弱小，通过让别人害怕来感觉自己的力量，他们觉得自己无所不能，战无不胜。

他们对自己完全放任，故意挑战传统和周围的一切，挑战法律和权威。他们的内心变得僵硬，缺少怜悯心而充满破坏的欲望。他们变得残暴，进行不计后果的报复，打倒一切和自己的意见不同的人。他们不讲道德，要摧毁不按自己意志而进行的一切事物。

第一层级：宽怀大度的人

第一层级的8号不试图去刻意掌控他人，他们对他人充满同情心，无微不至地为他人着想，是一个宽怀大度的人。

他们对自我不断加以控制。他们知道自己该做什么，也知道不能冲动和贸然去行事。他们学会了等待，对自己的情绪有良好的觉知和掌控。

他们对他人的掌控显得更加有效。他们和他人不刻意对抗，心怀善意，对别人宽容大度，给别人丰富的自由度和选择权。此时，他们对外界的掌控并没有降低，反而是增强了。他们独立的地位不可撼动，拥有旺盛的生命力和执行力，更加深刻地影响更多的人。

他们坚持自己的愿望。他们有自己的追求，志向高远，坚守自己所相信的原则。他们寻求利益的最大化，常常可以成就卓越的事业。

他们对他人深怀爱意。他们常常想减轻他人的负担，希望每个人都能过好，谋求众人的利益。他们造福整个世界，他们的爱带给世界更多的和平，也让大家的生活更加丰富多彩。

他们拥有独特的精神魅力。他们显得天真纯朴，有一颗赤子之心。他们温和而宽容，体贴而坦诚，心怀伟大愿景，鼓舞和激励众人一同前行，极富感召力和领袖魅力。

第二层级：自信的人

第二层级的 8 号相信自己的能力，具有极高的自信心，他相信自己可以掌控周围的一切，可以掌控自己的命运。

他们相信自己可以掌控自己的命运。他们相信自己将会独立，相信自己不会被现实和他人所控制，按自己的思想去做事情，坚持自己的愿望，扼住命运的咽喉，做自己命运的主人而不是奴隶。

他们相信自己有克服困难的潜能。他们不怀疑，他们很坚强。他们拥有极强的意志力，觉得自己是可以依靠的忠实力量。他们不惧生活中的风雨，勇敢面对一次又一次的挑战。每当自己的美梦成真，他们的内心往往变得更加强大，以至于他们变得如同超人一样，信奉自己"不怕做不到，就怕不敢想"。

他们在人群中总要把自己的能力展现出来。他们具有谋略，具有力量，他们内心充满各种各样的可能性，拥有敏锐的直觉和判断力，显得机智而又勇猛。他们认为自己能按照自己的方式去做事，这还是一种最可靠的自我感觉，自己可以更多影响周围。他们总是在找各种各样的机会，总是显得充满力量。

第三层级：建设性的挑战者

处于第三层级的 8 号希望能控制自己和周围的世界，他们喜欢掌控的感觉，那种感觉让他们感觉强大，但是另一方面他们也担心自己变得弱小，于是一次次地投身于挑战当中，显示自己的独立和力量。他们富有建设性，是建设性的挑战者。

他们的才干喜人，常常为他人所依赖，为大家的利益而奋斗。他们是天生的领导者，如果 8 号在，常常就是现场的指挥者。他们善于帮他人作决定，富有说服能力，善于激励他人，能将人们的积极性充分调动起来。

他们具有决断力，有谋略又有过硬的心理素质，善于审时度势并作出艰难的决定。他们能为结果负全责，他们的选择不一定是最好的，但一定是鼓舞人心的。

尊严和信任是 8 号所看重的品质，在他们看来，尊严是宝贵的财富，信任是一种精神上的最大鼓励，认为对尊严和信任而付出，最终才真正锻炼了他们的才干。他们认为如果一个人这些东西都不在乎了，也难以取得好的成绩，它们是人生发展的巨大动力。

他们寻求公平和正义，他们并不幼稚，对公平和正义很敏感，并且以此来衡量自己和他人的行为。他们在生活和工作中，常常会不自觉中做出维护公平和正义的举动。他们自己有时候甚至都不知道是怎么回事，但是不自觉当中就做了。

他们富有远见，能够给别人成长的空间和挑战。他们富有权威，总是激励人们超越自我的极限，在平凡的生活中寻求到不平凡的事业。他们挑战这个世界，也成为众人心目中的英雄，值得每一个人敬仰和跟随。

第四层级：实干的冒险家

处于第四层级的8号寻求控制，但是发现自己的想法不一定有效果。他们表面自信，其实内心在恐惧和担忧，不知道自己的胜算几成。他们开始集中精力，务实肯干，改变自己身边的世界，成为实干的冒险家。

他们变得很务实，要求自己成功，而不是追求卓绝的目标。他们满腔热忱，言语简练，工作努力，十分看重金钱的回报。他们要一点一滴积累属于自己的财富，构建自己的小王国，自己在里边感觉到稳定和安全。

他们很难再去关心其他人，专心于属于自己的事，专心于自己身边为数不多的几个人。他们也许是友善的，但他们很难去尊重别人，也很难从心底去关心他们。他们变得不是特别在意合作，只关心他人能给他带来的利益。

他们喜欢竞争，坚持自己的看法，不愿意显露自己的脆弱。他们在社会的各个领域显露头角，身份可以多变，但是不变的是他们的控制欲，总是希望自己能够控制得更多，而自己能够被控制得最少，他们最难以忍受的是必须听命于人。

他们也有承担风险的勇气，愿意挑战自己的极限，特别能享受工作的乐趣，工作对于他们是让自己热血沸腾的竞技场，让自己出尽风头的好地方，是显露自己胜利的最佳场所。

第五层级：执掌实权的掮客

处于第五层级的8号发现控制愈发艰难，他们希望表现自己的力量，获得别人的尊重，目的并非简单为了实利，更多是为了实现自己的控制能力。

他们把精力更多投射到自己身上，关注的是别人是否服从，对外界的关注反而有所减少。

他们乐于表现自己的意志力，企图把每个人都放置于自身所能掌控的范围内，他们自己就像国王一样，受众人的支持。他们善于说服，而且善于用小恩小惠对他人进行收买，他们常常说大话，显示自己的强大，他们还喜欢做出很多并不实际的许诺，目的只是为了让别人听从自己的话语，但是却常常可能突破诚信的基本信条。

他们时时处处显示自己的重要，可能四处帮别人埋单。他们出手大方，言语幽默风趣，不忌粗俗。只是想让别人知道，自己是多么的不容忽视。他们表面风光的背后，其实是在恐惧，恐惧他人不随自己而去，不对自己表现出应有的尊重和服从。

他们常常把他人看做自己的工具，认为其他人只是为自己的需要而存在的。

他们甚至可能对周围其他人采取高压手段，要求别人服从，要求实现自己的权威，这样的直接而大胆的强迫可能会导致激烈的对抗和冲突。他们的同理心在减弱，难以考虑他人的处境和感受，显得有些粗鲁和不近人情。

总而言之，他们把自己当成大人物，想支配周围的一切，冲突不可避免。他们期待支配，但是却又对他人无比依赖，需要他们的支持，他们必须和他人分享支配权。他们开始学会玩弄权术，成为执掌实权的掮客。

第六层级：强硬的对手

处于第六层级的 8 号发现别人不会主动跟从自己，而他们又希冀支配他人，于是开始主动采取重压和斗争的办法，试图让对手屈服。他们态度强硬，是强硬的对手。

他们身边的人开始抱怨和抗议，他们开始心神不宁，害怕周围的人挑战自己的权威。他们无比愤怒，觉得不能信任任何人，渐渐将自己和别人的关系看成了敌对关系。

他们随时准备战斗，不放过每一次斗争的机会，到处都是对手，街上的水果店主、开的士的司机、自己的配偶或子女等，都是很好的斗争对象。他们不断对别人施加重压，甚至是进行威胁和恐吓，只试图让他人受控于自己。他们像一个流氓打手，到处滥施淫威。

他们迷信于斗争，通过表现自己的强势而常占上风，在他们的狂轰滥炸下，他人常常主动缴械投降。他们常常虚张声势，对他人进行恐吓，想动摇他人的自信心，他们的表情是严厉的，言语是强势的，总之，他们表现得极富攻击性。但是他们表现强势也会分对象，他们只敢恐吓那些自己有把握控制的人，对于明显超越自己实力的人，他们也不敢轻易发生冲突。

他们如果可以给别人所需的好处，其权威常常能发挥到最好。因此他们对于利益特别看重，试图通过控制利益去控制他人。他们特别看重金钱，认为只有拥有金钱才能真正具有控制力，金钱让他们感觉安全，也让他们感觉独立，同样的道理，他们对于权力也特别迷恋，金钱和权力是其实现控制的不二法门。

处于该层级的8号是典型的好战分子，他们的生活中常常是冲突不断，因为他们总能碰到一些不愿意向他们低头的人，而且因为自己有时也会找到一个隐形的对手，对方比自己想象的更加强大。

第七层级：亡命之徒

处于第七层级的8号，感觉别人已在公开疏远自己和排斥自己，他们决不允许这一点，于是不断给外界施加压力，要将一切控制在自己的手中。

他们和周围人的斗争升级，准备不惜一切代价战胜其他人。在他们的强压政策下，他人开始不断反抗，他们于是便开始进行残暴的反击。他们不再信任任何人，他们很孤独，一次次地给别人无情的打击。他们无法停止，他们害怕自己一旦停止，别人会给自己更大的伤害。

他们此时是危险的，可以不择手段利用一切，为了达到目标可以牺牲友谊，可以牺牲合约，甚至放弃道德感和良知。他们热衷于使用暴力，而且不会感觉犹豫不决。他们的心变得坚硬，不允许自己有丝毫妇人之仁，他们是无比残暴的刽子手。

他们无法停止自己的残暴，一旦开始，很难回头，只能变本加厉地去进行攻击。他们就像玩命的赌徒，可以舍弃一切，对于报复有深深的恐惧。对自己拥有的资源和权力无比依赖，担心自己一旦失去这些，将会陷入最终的危险之中，那样自己就完了。

第八层级：万能的自大狂

处于第八层级的8号，其周围的世界已经充满残忍和报复，他们的残暴引起公然的反抗，别人开始主动对自己发动攻势，他们开始陷入激烈的斗争，并且自认为自己是刀枪不入的，成为万能的自大狂。

别人开始疯狂报复，担心的威胁变成现实，局面已经不能控制。他人对其总是欲处之而后快，周围压力重重。但是经过一段时间之后，他们如果发现别人并没有把自己怎样，就会觉得自己是坚不可摧的，自己是不可战胜的，他们成为绝对的自大狂，认为自己就是神，自己就应当拥有绝对的主权。

他们打击的对象泛化，不惜牺牲无辜者的鲜血，不断杀鸡儆猴，他们要通过这一点证明自己的强大。他们不承认自己应当臣服于什么之下，认为自己不受这个世界所限制，认为自己超乎人类、超乎道德和法律、超乎一切的存在。

他们大胆地为所欲为，相信没有什么能阻碍他们什么。他们内心深处依然有着强烈的恐惧，害怕别人会报复得更加强烈。他们无法止步，直到一种无法抑制的力量完全压制住他，才会最终停止自己的暴行。

第九层级：暴力破坏者

处于第九层级的 8 号，发觉周围的世界完全失控，自己也将被毁灭。他们的选择是在别人毁灭自己之前，先把别人毁灭掉，他们是暴力的破坏者。

他们曾经是最有建设性的建设者，但在这个层次已经痛恨这个世界，他们要把这个世界毁灭掉。他们要牺牲一切，保全自己的性命，家人、朋友、亲戚、工作伙伴等都可以是他的牺牲品。

他们认为这个世界在和自己作对，希望这个世界臣服于个人的意志，开始对这个世界进行变态的攻击。一贯不认同周围的世界和人，一贯要自己掌控自己的命运，他们完全以自己的主观愿望为中心，既然不能彰显自己的意志，那么要么战胜一切，要么和这个世界同归于尽。

他们完全以这个世界为敌，他们曾经认为自己是这个世界的主宰，当这个世界不再属于自己时，毁灭它就是自己最好的选择。

第三章
与8号有效地交流

8号的沟通模式：直截了当进行要求

8号的言语常常斩钉截铁，富有霸气。他们的言语不拐弯抹角，开门见山直接说出要求，这是他们典型的沟通模式。

他们与人沟通，非常不喜欢转弯抹角，什么事情都喜欢拿到桌面上谈，有什么说什么，直截了当。他们经常说"喂，你去帮我把垃圾倒掉"，"我给你说，你明天把那本书给我带过来"，"走，一起去逛街去"，"你怎么还没有帮我做好啊"，"你什么时候能定下来"类似这样的话，显得强势而又干脆。

他们显得自信而有魄力，但有点类似争论或攻击，但他们对这一点甚至不能自觉。他们的语言显得强势，问题也很尖锐。他们对于等待一个答案很不耐烦，显得给被人为难，似乎也在无心中说出一些伤害性的话语。

一些人难以适应8号的直接和强势，甚至会感觉到冒犯。但是这是他们的本性，不必因为他们的暴躁而影响自己的心情。而且如果试着学习8号的沟通风格，简洁直接说出自己的用意和要求，不回避问题或者避重就轻，这样的交流其实也会更加真实和有效率。

李老板是朋友介绍给小张的一个客户，听说他为人讲义气，也非常有个人魅力，小张猜想他应该是8号性格的老板。

他有一些公司重组的法律难题需要解决，出于朋友的面子，小张跟李老板说，在收费方面，他会尽量优惠，并且给他了一个合适的价格。李老板很快告诉小张，在收费方面希望再少一些。

小张告诉他可以打听一下行情，以及他一直的要价，就这类案子，跟他以前的收费标准比较，已经相当优惠的了。另外小张告诉他几年前他代理过的一个公司重组案子。当事人说他认识十名律师，他们代理他这个案子收费不过十万元。而小张跟他开价却是三十万，而且一点都不打折扣。问题是，小张顺利地帮助他们拟定了良好的方案和风险回避的策略，他们公司重组的计划提前了半年就完成了。

小张告诉他，人跟人不能相提并论，报酬也就会有落差。他帮人审查一份小合同，中间只帮人改了两个字，花了他不到二十分钟，他就收了人家八千元。

李老板听了小张的话，认为他够坦诚，也很放心地让他代理这个案子，对他的开价也不再纠缠了。

总之，要和8号和谐相处，一定要了解他们的这一特点，这样你才能够理解他们的内心，你也可以减少自己的误会，也不会轻易被他强势的语言伤害，并且能够找出合适的应对之道。

观察8号的谈话方式

8号喜欢控制，他们期待周围的人和事物都在自己的控制之中，他们的这种心理特点使得他们的谈话显得强势和有力量，会让周围的人感觉到力量和召唤力，但是另一方面，也可能使得他人感觉到压迫和被控制的愤怒。

下面，对他们的谈话方式进行简单的说明：

★他们通常是支配者，没有耐心倾听别人的观点。他们认为自己的观点是不容置疑的，应该以实现自己的想法为首要任务，否则一切就将会失去控制。他们试图避免倾听他人，害怕自己可能丧失坚持自我的勇气。

★喜欢直截了当的沟通，讨厌说话拐弯抹角和兜圈子。他们是极其坦诚和真实的人，你所看到的就是他们真实的样子，他们的特点是如此鲜明，使得他们显得别具魅力，而且因为这种简单，他们往往显得更加有力量。

★言语激进偏执，具有攻击性和煽动性。他们常常表现出强势的召唤，面对他们的召唤，一些人会感觉深受鼓舞，但是他们的言语常常也会让一些人受伤，他们在挑战，是如此的具有侵略性。

★常常在帮别人出主意，想办法，进行热心的指导。他们总是有很多好的办法，是善于发现问题和解决问题的人。他们就凭借这一点，给别人很好的建议，这样他们也会有很大的成就感。

★说话很有自信，显得强悍和霸道，常常说"你为什么不"、"我告诉你"、"跟我去"等话语。他们的话语总是不容置疑，明目张胆地去要求，也常常能得到自己应得的，但也可能给他人造成压力和伤害。

★如果你公然和他唱反调，那么他们会非常愤怒，会对你拍案而起，大声对你吼叫，直到对局面完全控制为止，否则他们绝不会善罢甘休。

读懂8号的身体语言

当人们和8号性格者交往时，只要细心观察，就会发现8号性格者具有以下一些身体信号：

★无论是站立还是坐卧，他们都会不自觉地向后微倾，给人传递一种高高在上、等待对方主动示好的架势，当然有时候也有让对方尽管"放马过来"的感觉。这种架势不动之中自有威严，他们就像威猛的老虎一样，时时刻刻都透露出独特的魅力。

★他们如果在走路，常常是抬头挺胸，显得器宇轩昂，气度不凡，目中无人。他们的双臂摇摆很大，随时在向周围发出一种权威的信号："我无所畏惧，这是我的地盘，一切都要听我的。"他们散发出来的气质是富有能量的，他们总是生气勃勃，似乎总是可能要跳起来。

★他们的身体动作可以随情绪而有较大的变化，情绪稳定的时候他们就只是安安稳稳地坐在那里，是一个耐心的观察者，但是他们常常也是表现出自己的威严，比如双手抱在胸前，表明一切都在自己的控制之中。情绪高涨的时候他们会手舞足蹈，采用各种夸张动作，似乎在教导别人怎么做，来表现自己的控制力。

★他们常常目光中透露着霸气，看人专注，习惯直视对方眼睛，给人一种他们随时都可能被惹火的感觉。他们的眼光富有侵略性，让人不寒而栗，他们的内心想法不自觉地就会从眼神透露出来，让人不敢轻易去招惹他们。

★他们面部表情显得自信，但是也不会看起来特别的严肃，不过即便是微笑，明朗笑容的背后，也能透露出一股威严和霸气的气势，让人对他们不敢忽视。他们的表情是威严和慈祥的统一体，问题是他面对的是自己的保护者，还是自己要面对的敌人。

★他们相当注重自我形象，在着装上注重服装搭配，服装款式和风格种类颇为丰富。他们的衣服看起来相当有身份感，他们看起来也很有威严。他们会为自己花钱配置一些高档的衣服，是在个人身上最舍得投资的一些人。

通过身体语言，我们可以作为参考，去辨别一个人是不是8号，去判断他们的心理状态，也可以作为和他们交流的一个重要参考。

宽容8号的无心之失

8号比较强势，他们的习惯交流方式就是直截了当地去要求，而且有一个问题就是，他们的需要得到满足的时候，会非常高兴，但是如果他们的意愿没有得到满足或者重视，他们就会非常生气。

他们这一特点，本质上在于他们把自己的地位看得比其他人都要高，认为自己的需要是最重要的。他们很难去真正尊重别人，总是不自觉中轻视别人，并且喜怒随性，这样却常常会在无意中伤害很多的人，让别人受伤和对其产生敌对的情绪。

他们常常粗心大意，不关心他人的感受；他们可能时时去和别人翻旧账，强行反驳他人；他们常常使用伤害性的批评，而不是建设性的抱怨；他们常常陷于气闷欲炸的境地，强求别人服从自己和了解自己，即使自己不说出来；他们不愿意改变乖戾的习性，认为自己这样没有什么不可以的，自己就是这样的人，全世界的人都应该来适应自己。因为他们的这一特点，他们常常给别人的心灵造成不自觉的伤害，哪怕他们学会了弥补自己的伤害，依然会给别人的内心留下不可愈合的伤疤。

一个孩子无法控制自己的情绪，常常无缘无故地发脾气。一天，他父亲给了他一大包钉子，让他每发一次脾气都用铁锤在他家后院的栅栏上钉一颗钉子。

第一天，小男孩共在栅栏上钉了37颗钉子。过了几个星期，小男孩渐渐学会了控制自己的情绪，在栅栏上钉钉子的数量开始逐渐减少了。他发现控制自己的坏脾气比往栅栏上钉钉子要容易多了……最后，小男孩变得不爱发脾气了。

他把自己的转变告诉了父亲。他父亲又建议他说："如果你能坚持一整天不发脾气，就从栅栏上拔下一颗钉子。"经过一段时间，小男孩终于把栅栏上所有的钉子都拔掉了。

父亲拉着他的手来到栅栏边，对小男孩说："儿子，你做得很好。但是，你看一看那些钉子在栅栏上留下的那些小孔，栅栏再也回不到原来的样子了。当你向别人发过脾气之后，你的言语就像这些钉孔一样，会在别人的心里留下疤痕。你这样做就好比用刀子刺向某人的身体，然后再拔出来，无论你说多少次'对不起'，那伤口都会永远存在。其实，口头上对人们造成的伤害与伤害人们的肉体没什么两样。"

　　和8号进行交往，要提前做好心理准备，对他们的坏脾气提前给自己打预防针，要了解这是他们的性格特点，不一定是你哪些地方做得不对还是怎样，这样你可以更加平静地和他们交往，也可以较少地被他们伤害。

可以不喜欢，不能不尊重

　　8号非常注重个人的尊严，他们尽管非常强势，但是并不一定要求你去喜欢他。他们注重的是尊严，不是欢喜，所以，当你表示你并不喜欢他们的方式时，他们可能并不会生气，但是如果你对他们表示出轻视，或者没有应有的尊重，他们的怒火会马上升起，马上就会和你进入争斗和冲突的状态。

　　尊重是和8号友好相处所需要的一种状态，他们感觉到受尊重的时候，也会对你表示出自己的善意，否则你们之间只会爆发摩擦和冲突。而学习尊重，秦汉时代的一代名相张良就是一个很好的榜样。

　　有一天，年轻的张良悠闲地在桥上散步。有位老人穿着粗布短衣，走到张良跟前，故意把穿在脚上的草鞋丢到桥下，并且看着张良说："小子，去把鞋给我捡回来！"

　　张良愣了一下，但看老人年纪大，就到桥下取回鞋子，递给他。老人坐在桥头，眼皮也不抬一下，说："给我穿上。"于是，张良跪在地上，老人心安理得地伸出脚让张良为他穿鞋，然后老人就笑着离开了。

　　张良非常吃惊地望着老人的背影。谁知，那个老人走了几步又转过身来，对着张良招招手，示意张良到他跟前去。张良乖乖地走上前去，老人和蔼地对他说："我看你这孩子不错，值得教导。五天后天一亮，和我在这里见面。"张良行了个礼说："是。"

　　五天后，天刚刚亮，张良就来到桥上。那个老人已经坐在桥上等着张良了，老人很生气地说："现在天已经亮了，年轻人这么不守信用，和长辈约会还迟到，一点起码的礼貌都不懂，长大后还能有什么作为？五天以后，鸡叫时来见我。"说完老人就走了。

　　过了五天，鸡刚叫，张良就去了，老人又已经先到那里了。老人十分生气地说："我已经听见三声鸡叫了，你怎么才来？我在这里已经等你好长时间了。五天以后你再早一点儿来见我吧。"

　　又过了五天，张良半夜就到桥上等着那个老人。一会儿，老人也来了，看到张良，他高兴地说："年轻人要成大事，就要遵守诺言，说什么时候到就什么时候到。"接着老人从怀里掏出一本又薄又破的书，说："读了这本书，就可以成为皇帝的老师。这话会在十年后应验。十年后天下大乱，你可用此书兴邦立国。十三年后，你会在济北见到我。"说完之后，老头儿就离开了，以后再也没有出现过。

天亮时，张良看老人送的那本书，原来是《太公兵法》，又叫《黄石兵书》。张良非常珍惜这本书，认真学习，还时刻遵守老者的教诲，严格要求自己，立志要做一个信守诺言、懂得尊重别人的人。

尊重8号，你才能得到8号的尊重，当你以不友好、不信任的态度对待他们，即便你们没有爆发冲突，你们的关系也会慢慢疏远的。其实8号也有一颗知恩图报的心，只要我们用心付出了，就一定会有收获的。

待8号怒火散尽再说

8号特别容易发怒，而且发怒的时候常常有些失去理智。他们在发怒的时候，甚至会非常极端，忘记自己在做什么。他们会摔东西，会口出脏话，会说出一些很过分很有威胁性的话。他们的身体在跳动，他们面目狰狞，像一团火焰，要燃烧周围的一切。

面对愤怒的8号，我们如果要和他很好地相处，应该尽量保持冷静，不要和他在气头上进行争辩，而要等他冷静下来，这样你们的沟通可以更加顺利。

8号愤怒情绪发生的特点在于短暂，他们的脾气特点是来得快，去得也快。如果在他们气头上和他们争论，只会让你们陷入更加火热的争斗，而等他们"气头"过后，矛盾就较易解决。面对8号，我们一定要学会给他们一些时间，让他们发泄心中的怒火，这样他们恢复理智的时候，你也就可以更好地和他们交流和沟通了。

第十篇

9号调停型:以和为贵,天下太平

9号宣言:每个人的想法都有其合理性,我该选择谁呢?

9号调停者性格温和,也喜欢营造和谐的气氛。他们擅长交际,善于了解每个人的观点,却不喜欢表明自己鲜明的立场,而是听取正反两方面的意见,在两种意见之间犹豫不决,难以决断,以避免和他人发生冲突。这往往使得他们忽略了自己内心的真正需求,给人以没有主见的印象。

第一章
9号调停型面面观

自测：你是追求和平的9号人格吗

请认真阅读下面20个小题，并评估与自身的情况是否一致，如果某一选项和你的情况一致，那么请在该选项上划钩标记：

1. 我很容易满足现状，但别人总喜欢强迫我作出改变。
   □我很少这样□我有时这样□我常常这样

2. 我不擅长排列事情的先后次序。
   □我很少这样□我有时这样□我常常这样

3. 我通常会迁就，适应别人而忘记了自己真正的需求。
   □我很少这样□我有时这样□我常常这样

4. 在无意识的情况下，我会表现出自己的愤怒。
   □我很少这样□我有时这样□我常常这样

5. 我喜欢与大自然接触，每天都抽出时间放松自己和解放心灵。
   □我很少这样□我有时这样□我常常这样

6. 我对一些有争议的事情很难作出决定，因为我总想照顾到方方面面。
   □我很少这样□我有时这样□我常常这样

7. 朋友很喜欢找我倾诉，因为他们觉得我是一个好听众。
   □我很少这样□我有时这样□我常常这样

8. 当朋友和我在一起时，他们会觉得放松、舒适和平和。
   □我很少这样□我有时这样□我常常这样

9. 我容易耽搁事情，别人会觉得我被动和优柔寡断。
   □我很少这样□我有时这样□我常常这样

10. 我不喜欢命令别人，当别人命令我时，我会反感和变得倔强。

□我很少这样□我有时这样□我常常这样

11. 我喜欢按照平时习惯和例行的方式生活。

□我很少这样□我有时这样□我常常这样

12. 别人喜欢我是因为我善于接受他人、诚实和不会妄下评论。

□我很少这样□我有时这样□我常常这样

13. 名誉、地位和爱竞争都不是我的渴望。

□我很少这样□我有时这样□我常常这样

14. 生活过得随意和舒适对我非常重要。

□我很少这样□我有时这样□我常常这样

15. 我时常因为问题而烦恼，但不去解决问题。

□我很少这样□我有时这样□我常常这样

16. 我通常都很平稳也很平静。

□我很少这样□我有时这样□我常常这样

17. 我相信"忍一时风平浪静，退一步海阔天空"，喜欢与世无争。

□我很少这样□我有时这样□我常常这样

18. 我有求必应，很难说"不"，很容易分散注意力。

□我很少这样□我有时这样□我常常这样

19. 相信问题随着时间的推移自然会得到解决，没必要急在这一刻。

□我很少这样□我有时这样□我常常这样

20. 我是一个平和、友善、随和、包容和忍耐的人。

□我很少这样□我有时这样□我常常这样

评分标准：

我很少这样——0分；我有时这样——1分；我常常这样——2分。

测试结果：

8分以下：调停型倾向不明显，比较有主见，不喜欢以别人的意志为转移。

8~10分：有一定的调停型倾向，不喜欢争执和纠纷，喜欢充当调停者的角色。

10~12分：比较典型的9号人格，重视人际关系的和谐，忽视自我感受，很难表达自我观点，让人感觉立场不明确。

12分以上：典型的9号人格，随和、友善、宽容，认为人与人之间和谐很重要，为了这个目标作出让步。

9号性格的特征

9号性格是九型人格中的和平主义者，他们的心中最大的渴求是和谐，他们为了追求周围的和谐，不惜牺牲自己的意志，成为一个跟随者和没有主见的人。他们对于和谐的希望非常强烈，他们害怕冲突，他们认为自己的意见微不足道，只要一切能够恢复平静，他们不懂拒绝，也很少坚持，他们的人生信条是："为了和平，我愿意把自己忘记。"

他们的主要特征如下：

★善于倾听，很好的调解员，能站在两边为对立的双方说话。

★关注他人的立场，富有同理心，但难以坚持自己的立场。

★难于拒绝别人，但对于答应的事，可能依靠拖延来表达不同意。

★善于欣赏事情好的方面，也能迅速发现他人的优点。

★认同周围的世界，不挑剔，所以适应能力比较强。

★常常关注细枝末节的小事，重要的事情常常放到最后才做。

★保持自己的慢节奏，不愿改变，认为所有的事情都会随时间自然解决。

★偏爱隐藏自己，不喜欢出风头和争名夺利。

★性情随和，很少发脾气，但被轻视或被强迫时也会发火。

★衣着朴实，动作表情平和，女性亲切，男性憨厚，目光真诚。

★讲话慢慢腾腾，重点不突出，喜欢说"随便、随缘、不用太认真、你说呢、你定吧"等话语。

9号性格的基本分支

9号性格常常将自己的真实愿望隐藏，转而用其他一些感觉来替代它们，这样他们就可以忘记自己的真实想法，而且不会感觉到特别压抑。他们的这种情感转移手段，使得他们在情感关系上，使用以恋人为中心的融合手段，在人际关系上，使用紧跟团体的跟随手段，在自我保护上，使用一些小小的爱好来取代自己的真正需求。

情爱关系：融合

9号性格者在情爱关系中，常常习惯于和对方融为一体，变得以对方为中心，这样，他们常常把恋人的想法当做自己的想法，两个人似乎变成了一个人，其行为常常围绕恋人而进行，把恋人的喜怒哀乐当成自己的喜怒哀乐。

"和我的太太交往已有多年，我的感情基本上是围绕着她而转的，她不高兴了，我就感觉难受，她快乐，我也会跟着快乐。业余时间，我基本上是和她在一起，我几乎没有自己的事情，她的事情就是我的事情，她的需要就是我的需要，我仿佛变成了她肢体的一部分，我能随时感受到她有什么需要，并且及时帮助她实现自己的需要，我觉得，我对我太太的理解，甚至要超过我对我自己的认识。一般而言，我太太出没的地方周围，你总能看到我的身影，这是找到我的一个好办法。"

人际关系：跟随

9号性格者在人际关系以及团体活动中，常常喜欢以团体的需要来代替自己的需要，这样他们就不用考虑自己的需要，这样跟随着，他们总有事情可以做，他们在融入团队的过程中，也可以把自己本身的需要给忘掉。

他们要么不参加什么社会团体，一旦参加，他们绝对是狂热的跟随者，他们对于团体没有什么苛刻的要求，他们要做的就是适应这个团体，和这个团体融合在一起，他们会把团体的需要当做自己的需要，只要一件事情团体通过了，9号一般情况下都会自动参与进来。

"我曾经是校篮球队的队员，我那时候训练很多，我的技术也很好，我们经常能够赢得比赛。我在团队当中常常没有什么特别的愿望，我只是喜欢和大家在一起的那种感觉，感受整个集体的热情和活力，为集体的事情尽自己的本分，一般而言，我也不怎么发表意见，大家讨论通过了，只要达成一致了，哪怕某个决定是我不喜欢的，我也不会说什么的。"

自我保护：爱好

爱好可以成为9号自我保护的一种手段，这些爱好，有时候可以很小，比如说吃一些零食，比如说抽烟或者喝酒，比如说不停地去看无聊的肥皂剧，或者说把自己埋没到某种技艺的学习当中去，通过这种让自己的心思转移的方法，他们就可以逃避，自己真正需要就可以暂时忘记，既然眼前有美酒，那么就可以不去管什么大敌在前的事情。

"尽管我已经三十多岁了，但生活并不如意，可是我从来不愿意真正去面对，我觉得自己无力去面对，我希望自己能够抽身在外，这样就可以忘记周围的一切，我的爱好是不断去看武侠小说，每当我为故事中的情节牵肠挂肚时，周围的一切烦恼就都不在了，一旦在生活中感受到不如意，我就躲在自己的小角落里，做起自己的武侠梦，感叹江湖的血雨腥风，可是对我自己人生的江湖，我常常是那个落荒而逃的小角色。"

9号性格的闪光点

追求和谐与和平的9号，其性格当中有不少优点值得关注，它们是9号引人注目的闪光点：

善于调解冲突

他们常常能理解冲突的任何一方，他们不利己，而且态度平和，常为矛盾双方认同，可以称得上是天生的调停专家。

毫不利己，专门利人

9号做事情常常没有利己的目的，他们常常把别人的需要放在首位，希望别人能得到应得的一切，他们认为只有这样才能带来真正的和平。

闲适的人生态度

他们可以保持自己闲适的节奏，宠辱不惊，经得起生活中的升降沉浮，不喜欢出风头和争名夺利。

善解人意

9号善于倾听别人的内心，能非常容易感知别人的需求，善解人意，也能真正意义上帮助别人。

个性随和，富有亲和力

只要满足9号最基本的底线，他们待人非常有弹性，亲切随和，能让你感觉不到什么压力。

思想富有创意

9号的内心是开放的，因而他们接受的信息也具有包容性，丰富的信息也让他们具有较丰富的创意源头，可以想出一些好方法和好点子。

善于捕捉闪光点

9号善于欣赏事情好的方面，也能迅速发现他人的优点，是捕捉闪光点的一把好手。

适应能力强

9号认同周围的世界，可以接受现实生活中的优缺点，不挑剔，所以适应能力比较强。

9号性格的局限点

9号性格也有不少缺点，这些缺点局限了9号的发展，9号如果想要突破自我，就必须对这些局限点进行充分的关注：

缺乏积极主动精神

9号有听天由命的思想，他们不太相信自己能够改变什么，他们不能做到积极主动，这样他们会有些不思进取，难以成就事业。

自我迷失

9号常常关注周围的和谐，他们能很清楚地了解他人的内心和需要。但是，对自己的内心，由于长期压抑，他们反而看不清，容易陷入自我迷失。

缺少自我规划能力

9号常常不能辨明自己的目标，不分主次，陷在日常的琐事中间，而且对时间常常不能科学安排，自我规划能力的缺乏让他们难以获得成功。

志大才疏

9号常常怀有高远的理想，有安邦定国的幻想，但是目标常常流于宏大，不具体，不能够落实，而且现实中由于害怕冲突，常常缺乏勇气开展自己的理想，常留下志大才疏的遗憾。

优柔寡断

9号考虑问题喜欢瞻前顾后，考虑的因素太多，害怕影响周围和谐，所以作决定，常常有些优柔寡断。

害怕冲突，自我牺牲

9号喜欢平和的日子，他们很害怕冲突，为了避免或消除冲突，常常会牺牲自己的利益，来换得和平。

逃避问题的鸵鸟

9号面对压力和不能解决的问题，常常会像鸵鸟一样，把头扎进沙堆里，希望危险自动消失，而不去采取行动。

自我麻醉

9号为了维护和谐，常常牺牲自己的愿望，他们不会直接面对问题，常用一些爱好或者机械行为麻痹自己，有自我麻醉的倾向。

9号的高层心境：爱

9号性格者的高层心境是爱，处于此种心境中的9号性格者，对于爱的真正含义将有更加深刻的认识和了解，只有这样，他们才能走向完善。

处于低层心境中的9号性格者，常常认为爱就是不断付出，要了解他人的需要，要帮助他们满足需要，这种爱常常具有高尚的爱的特质，但是却有一个重要的缺陷，那就是，他们自己却并没有包含到这种爱里边，这样的爱是只爱别人，却把自己给遗忘掉，常常容易被他人的愿望和想法所控制，把他人的生活当成自己的生活。他们将自己看成了别人的一部分，一旦被别人丢弃，整个人生将丧失依靠，而真正的爱是：爱别人的同时，也要爱自己。

只有9号性格者通过自己的经历，认识到爱的真谛，他们才能够真正地从对别人的依赖中脱离出来。他们可以追求自己的愿望，可以追求自己的想法，可以拥有自己的理想，可以好好按照自己的方式去活，而不是什么事情都去依靠别人的脸色，也只有当他们能够真正爱自己，也才能够真正地去爱别人。

爱自己不是罪过，爱人如己，爱就意味着爱别人，但同时也要爱自己！

9号的高层德行：行动

9号性格者的高层德行是行动，拥有此德行的9号，可以对行动的看法产生本质变化，理性而科学地看待自己的行为，而只有此时，9号也才能得到解放。

不具备此德行的9号，内心常常充满矛盾的心理，他们的行动常常是靠外界促动，他们行动的目标不是自己要做什么，而是自己要怎样做才能保持和谐，自己要怎样做才能让周围更和谐，自己要怎样做才能避免产生不和谐。他们在迷恋和平和恐惧冲突之间，迷失了自己的愿望。9号若要进一步向上发展，则必须要将自己的愿望整合到行动中来，要有自己的独立思想和意志，要勇敢开展属于自己的新生活，自己想要做什么就去做，自己想要怎么做，就去怎么做，给自己构建梦想，这样的行动才能称之为真正的行动，这样的行动才能成为真正的有活力的行动。

9号性格者认识到行动的真正含义之时，他将会获得解放，他的人生才能真正为自己而活。他是自由的，他是活泼的，他是有创造力的，他是主动而不是被动，他是进取而不是懒惰，他不再用虚假的小爱好去欺骗自己，他也不再不敢在人群中发出自己的声音，此时此刻，他将是一个真正的行动者。

9号的注意力

9号性格者的注意力常常不在自己身上，他们的注意力的探头关注点在周围。他们全方位关注周围的事物，不会主动去思考，去探究这些事物哪些对自己有利，他们只是要考虑到所有的元素，并理解这些元素之间的内在关系。

他们因为关注的内容很多，所以常常会收集过量的信息。他们陷在信息的大海之中，不能分清楚哪些事物是主要的，哪些事物是次要的，哪些是需要关注的声音，哪些是弥散在周围的噪音。在他们看来，每件事物都很重要，没有哪个事物是没有意义的，它们的存在都具有合理性，他们常常看到一件事情的正面，也能看到这件事情的反面，但是他们却不能够为自己找到一个坚定的立场，在他看来，每一个立场都有其可取之处。

他们能够比较清晰地了解周围世界的合理性，了解每一件事物的方方面面。他们具有丰富的同理心，几乎能理解所有的存在现象，这常常让他们必须站在一个立场上时，会觉得特别为难。他们知道，另外一个立场，也没有什么不对，而且也有不少合理之处，自己想包容所有的一切。

他们的注意力探头进行多向扫描，这让他们可以提取到丰富的信息，他们从来不会在一条信息中沉浸下来，总是希望了解所有的情况。他们在倾听别人谈话的时候，常常可以同时进行另外一些思考。他们可以把自己完全融入到说话者的身上，常常会感觉到目前进行的谈话，和曾经发生的一些事情何其相似。他们的思绪可以四处飘扬，联想到很多方面，但这也并不能妨碍他理解他的说话人，因为他和他的说话人已经融为一体了。

9号因为这样的注意力，常常可以同时进行多项事务。他们可以轻松进入到一个自发的程序，能够在做一些单调的事情同时，将自己的思绪抽离出来，去思考一些问题，或者进行一些谈话，他们在这方面真的是个中好手。

9号的直觉类型

9号的直觉类型常常来自于他的关注点，他们常常能够感觉到周围人的想法，周围环境的状况。因此，他们常常把自己的想法和他人的想法混合，以至于不能够区分出来自己的想法，他们的感觉被抽离，他们的注意力不在自己身上。

9号关注周围和他人的习惯相当强烈，这似乎也已经成为他们生命中的一部分了。他们和一个人说话，常常会将自己的感觉投射到对方身上，似乎和对方变成了一个人，另外一个人说的话，似乎是自己说出来一样，他的感情似乎正是自己的感情，他的身体动作也成为自己的身体动作，他的观点也变成了自己的观点。

9号的这种直觉类型，有点像观赏画的一个人，画挂于墙上，人在墙的前边观赏图画，画和人本是两个不同的事物，但是观赏画的人很投入，他的感情和感觉都向这个画面融入，他用整个身心去触摸这幅画。他就仿佛进入画中，走在画中的山路上，观看天上的白云飘飘，聆听四周的流水潺潺，看青翠的山头上盛开的一株山楂树，小鸟飞来飞去，叫声清脆……此时此刻，人就进入了画，分不清是画还是生活了。

只有他们将立足点从外界抽离，重新关注自身的感觉，他们才可能真正地意识到自己的需要是什么。

"我常常不知道自己的真正想法，我太喜欢按照别人的安排行事了，我觉察到自己总是在担心，如果我不关注别人，我将会陷于冲突中，大家一起出去玩，可能我并不想去，我只是那个跟着去的人。我常常会分不清到底是自己的想法，还是我真正的想法，当我意识到自己常常在迎合别人，我有种强烈的感觉，我似乎感觉到了自己，一旦不去迎合别人，我才发现我独特的需要是什么，我也意识到自己可以按照自己喜爱的那个方法去做。"

9号的这种直觉类型，其优点在于能够较清楚地认识周围世界，这种同理心在这个人心常常注重主动表现的时代是难能可贵的，但是其缺点却在于，他得到了整个世界，却丧失了自己的心灵。

9号发出的4种信号

9号性格者常常以自己独有的特点向周围世界辐射自己的信号，通过这些信号我们可以更好地去了解9号性格者的特点，这些信号有以下4种：

积极的信号

9号性格者不断向周围世界释放着一些积极的信号。

9号是乐于付出的一个群体，他们的付出并不求得自己的回报，他们的内心细腻，他们爱人甚至超过爱自己。他们有敏感的嗅觉，常常清楚别人的需要。他们对别人充满关切，不断给予、不断付出，不断做出自我的牺牲，他们还能接受最坏的结果。他们心态常常是平和的，他们本身就是和平的化身。

当感觉到安全时，他们常常会极具行动力，而且效率一流。他们可以为一个卓越的理想尽自己最大的努力，会努力构建一个心目中和平的世界，他们热爱和平，为了和平和和谐，他们可以为他人牺牲自己，这一点又是伟大的。

消极的信号

9号性格者也不可避免地向周围世界释放一些消极的信号。

9号虽然常常没有自己坚定的立场，但是不代表他们没有自己的看法，尽管他们在不断妥协，但是表面的妥协背后常常是一颗倔强的内心。他们显得阳奉阴违，似乎是说话不算话的人。他们似乎对你的意见很赞同，表示要为你的事情做出最大努力，也似乎在做这样的表演，但是他们显得很无力、很迟缓，他们的行为是一种消极的抵抗，用同意来表示不同意。

他们总是要照顾到方方面面，但是这种平均分配精力和资源的方法，常常会显示着他们知道你有一件事，但是却不会真正重视你，他们不会为你特别分配一些什么的，这也常常会让亲近他们的人受到伤害。

9号还习惯于常规的习惯，他们不希望改变，他们的内心懒于应付各种各样的变化，这样的行为常常会让他们的生命显得呆板和没有活力，而且也会让和他们一起生活的人感觉到无趣。

他们有时候会用一些虚假的东西来取代自己的愿望，他们可以忘记周围的一切，这些行为常常给周围的人带去麻烦和伤害。

混合的信号

9号性格者发出的信号很多时候是混杂的，会让人难以捉摸。

9号害怕冲突，所以他们常常接受别人的请求，这种信号是模糊的，常常让其他人误会，以为他们会真正地去帮你做某些事情，但是实际上，他们却很可能只是在敷衍。他们并不想去做这些事，但是也不愿意去拒绝，他们不希望通过拒绝损伤了所谓的和谐。

9号常常会在不自觉中忘记自己的内在需求，常常会靠迎合他人来行事。他们和别人的关系表面上很平静，也很和谐，似乎一切都很正常，但是在平静的水面之下，有太多底层的暗流涌动，内心深处因为自我愿望不能得到满足，而产生大量的愤怒能量，这种愤怒的能量日积月累，常常会使得9号采取消极抵抗的方式。

9号表面上显得很大度，他的愿望是微不足道的，一切都没有什么，但是他们依然会为自己的深层想法不能实现而愤怒，他们必须得学会认识自己的需要，并且合理地实现自己的需要。

内在的信号

9号性格者自身内部也会发出一些信号。

9号内心的诉求被压抑，他们在现实面前，常常逼迫自己试着融入他人，选择妥协，害怕因为自己的坚持引发矛盾，但是，他们也为不能实现自己的想法而愤怒。

他们常常会在答应别人之后，中途意识到自己的真实意思，但是已经陷入承诺的牢笼，他们很难说出拒绝，但有时候也会鼓足勇气，讲出自己的真实意愿，这时候他们的内心会无比轻松。

他们常常可以轻松感知到别人的需要，而且对于冲突的方面，他们都能有一个贴心的认知，他们的同理心是如此强烈，甚至会忘记自己的立场。他们也很难选择自己的立场，希望"你好，我好，大家好"的结果。他们希望周围都是和谐，这是他们常常选择迎合别人的认知原因。

他们有时候也会用拖延和消极合作来表明态度，他们内心的愤怒无法释放，又害怕表明立场损伤和谐，只有选择让时间来解决问题。他们的拖延常常会让他人感觉愤怒，他人最终放弃之时，他们的目标也就达到了。

9号在安全和压力下的反应

为了顺应成长环境、社会文化等因素，9号性格者在安全状态或压力状态的情况下，有可能出现一些可以预测的不同表现：

安全状态

在安全的状态下，他们常常会向3号实干型靠近。

他们此时此刻会开始拥有自己的目标，希望得到周围人的认同。他们会具有较高的效率，有为达目标死不罢休的精神，他们肯定自我的价值，认为自己可以改变，也有能力改变周围的世界。

他们的精力开始专一，思想变得专注，他们可以做出很多不可思议的事，他们和3号的价值观也开始靠近，关注做哪些事情可以让别人高兴，可以让别人认可，他们的态度开始积极起来。他们是真正意义上的支持他人，不再局限于维持和平和和谐，他们是真正的支持和帮助，他们渴求得到别人的认可。

他们开始忙碌起来，不是懒懒散散、松松垮垮的样子，他们重视自己的工作，用自己的工作表现获取认可，他们步入发愤图强的大道，跑动的惯性支持他们不断跑下去。

他们也并非真正变成3号，他们在工作或事情完成以后，有时候会把自己放松下来。他们相比而言，也会不可避免地走神，他们的目标有时候会缺失，但总而言之，9号在安全状态下，常常会拥有成就感，在一步步地向实干家的角色靠近。

压力状态

处于压力状态下，9号常常会呈现6号怀疑型的一些特征。

他们能够感觉到深深的恐惧，感觉周围充满了威胁，他们不断怀疑别人的企图，感觉行动很困难，很难作出决定。他们开始不断退缩，甚至会完全没有原则地顺从，但另一方面，当感觉到退缩的危险时，他们却可能会无比顽固和容易发怒，挑剔和去挑战他人，而且当他们开始怀疑他人之时，也会采取更多的拖延，或者选择去拒绝做其他任何事。

他们可能会什么也不去做，只是静静地等待，他们内心消极，情绪低落。

他们的表现似乎平静，但他们的内心却已经麻木和冻结，他们毫不动弹，他们害怕自己的任何行动可能导致什么后果，让自己不可收拾。

他们的思想在恐惧的大海中漂流，时时刻刻担心会有什么不好的事情发生。他们不再是凡事都爱看积极面的乐观派，他们事事都觉得有危险，他们变得多疑，也开始更加容易发怒，他们会痛恨自己，也会迁怒他人，他们会认为自己像一个木偶一样，被别人不断操纵，而最后又被抛弃。他们不再那么关心他人的看法，会认为自己的想法才是最重要的。他们的目标不再游离，他们的目标开始单一，他们很可能会去违背他人的意愿，也会试图捍卫自己的利益。

压力状态常常能够促使9号更多认识自我，能逐步发现自己的需求，或者发现自己的能量，这一点也是拜压力所赐。他们的愤怒和恐惧让他们明白，自己是值得考虑的一个因素，自己可以达到独立的状态。

9号适合或不适合的环境

9号性格者因为其独特的性格特点也决定了其有一些环境能够很好地适应，而另外一些环境则比较难以适应：

适合的环境

9号适合的环境是那些有固定程式的环境，在这样的环境中，一切都有比较完善的安排。一切事情不用自己去操心就有固定模式，自己的时间表不需要操心，一切都在有条不紊地进行着。

他们不会觉得例行公事是单调的，他们会觉得这样才可以不用胡思乱想，才能真正发挥自己的创造力和激情。这样的工作常常是办公室中的工作，朝九晚五的生活，这样的工作也可以是那些对具体的细节需要不断加以关注的工作，这样的工作简单、平静、稳定，一切都在预料之中，责权清楚，而人际关系要比较简单，常常是一些稳定机构的稳定岗位。

9号由于其具备良好的协调能力，那些需要双方冲突进行沟通的工作也很适合他们。他们能够充分理解冲突的双方，并且能够更多发现共同点，从而为促进稳定和谐的发展带来福音。

不适合的环境

9号在那些管理独裁、人际关系复杂的地方难以有良好的表现，在这样的环境中，9号会感觉到极大的压力，他们会感觉自己被逼迫，也可能感觉孤立无援。他们在这样的环境中会变得消极，以及抗拒应尽的责任和义务。

那些需要快速调整自己、压力比较大的工作也不适合他们，比如销售这样的工作，具有较高的挑战性和不稳定性，9号会感觉有点不能适应，他们行动力和执行力会变得比较弱，甚至会有些逃避。

另外，对那些单纯强调理论的工作，9号也不太感兴趣，他们更希望看到具体的细节和明晰化的事物，他们更加关注的是理论和实践相结合的工作。

对9号有利或不利的做法

9号性格者需要学习一些对自己有利的做法和避免一些对自己不利的做法：

有利的做法

下边的这些行为对9号的发展是有利的，应该学着去做：

★对自我的认同，不单靠别人的积极评价，也有自己的标准。

★放弃迎合他人的习惯，常常思考做某件事是自己的本意，还是受环境影响。

★当不知道自己要什么时，通过排除法，排除自己不想要的。

★花点时间找自己的立场，然后把自己的立场讲出来，学会让自己快乐。

★自己心中有什么想法，不憋在心里，不模棱两可，大胆说出来。

★学会缩小自己的关注点，一次不考虑所有问题，集中自己的精神和注意力。

★学会做计划和安排时间，学会设定截止日期来集中精力。

★关注眼前的小目标，而不是一味幻想虚空的梦想。

★明白自己也会发怒和有破坏性，学习通过想象来发泄愤怒的方法。

★明白和谐融洽不能解决所有问题，要学会利用原则性的东西。

★不利用一些小爱好来麻痹自己，当自己要依靠看肥皂剧等转移情绪时，要及时注意到自己的这个苗头。

★依赖和迎合别人而出错，不要怪罪他人，要自我反省。

不利的做法

下边的这些行为对9号的发展是不利的，应该避免：

★轻视自己，认为自己不能改变世界，不配有目标。

★在群体中轻看自己的作用，不敢显示自己的权威。

★产生不良情绪，或自己有想法，不敢表达出自己的观点。

★喜欢老生常谈，谈话啰唆，该说的有保留，不该说的说一堆。

★把他人的感受和愿望变成自己的，拥有太多的同理心。

★依赖和迎合他人，出现问题就不断埋怨他人的错误。

★开始赞同并保留自己的意见，后边就消极抵抗，让人难以信任。

★把事情看得同等重要，以致错过真正应该考虑的事情。

★不切实际，盲目乐观，有不劳而获或者期待奇迹的心理。

★做该做的事情时，不断分心，以致不能完成。

★出现问题时，不去积极解决，不断逃避，希望问题自己消失。

★陷于习惯性行为和思考方法，不能接受新情况和解决问题的新方法。

★产生不良情绪时，习惯用看电视、做家务等次优选择来转移和压抑。

著名的9号性格者

朱允炆

明朝第二位皇帝，后世有人称建文帝，在燕王朱棣夺权之后下落不明。他性情腼腆，性格温顺，衷心向往实行理想的仁政。

鲁契亚诺·帕瓦罗蒂

世界著名的意大利男高音歌唱家，他具有宽宏包容的音乐态度，具备善良广博的爱心。他患有怯场症，每次上台表演前，都要靠狂吃猛喝来减轻压力。

罗纳德·里根

美国第四十任总统，他授权内阁官员的程度，远超过历任总统，他不摆架子，脾气随和，有时也会被动和健忘，屡次被评为最受欢迎的美国总统。

伊丽莎白二世女王

英国女王伊丽莎白二世在工作中，重复的习性常常受到批评，"我就是无法停止重复要点。"她回忆说，"当我发觉别人在第一次就听到了，我会深受感动。"

列夫·托尔斯泰

世界著名的俄国作家，主要作品有长篇小说《战争与和平》《安娜·卡列尼娜》《复活》等。他还是一名人道主义者，一生主张"博爱"。

9号发展的3种状态

9号调停型根据其现状加以分析，可以将其划分为三种状态，三种状态的9号，其发展的程度不一样，分别为：健康状态，一般状态，不健康状态。

健康状态

处于健康状态的9号是一个平衡发展的人，他们常常能够将自己和周围环境的关系处理好，内心不再充满对冲突的恐惧，能够真正地接纳自我存在的意义。他们能够真正地爱自己，也真正地爱别人，被称为真正和平的使者。这种状态对应的是9号发展层级的第一、第二、第三层级。

他们知道自己在生活中有自己独特的意义，相信自己对周围的世界可以做出改变，自己并不是不起作用的小角色。他们开始积极主动，充满了力量和生机，他们显得有智慧，感觉到自己在面对生活时的独立性，感觉到自己应得的自由。他们显得强大，而且有自知，他们一步一个脚印，为实现自己的梦想而努力。他们投入到改变生活的大潮流中，他们专注，富有实干精神，他们的自我成为完善的个体。

他们信赖别人，接受别人如同和自己平行存在的个体。他们不是单单和他们融合在一起，他们也知道彼此的不同，自己同他人有着近乎同样的意义。他们对人亲切和蔼，内心良善，总是以帮助他人、支持别人为乐。他们能很快平复他人的情绪，让别人感觉到温暖的爱，他们善解人意，能让各种冲突轻松调解，和别人的关系真正和谐地联系在一起，知道了什么是真正的爱。

一般状态

处于一般状态的9号，其自我的地位开始下降，把周围环境和他人的利益看得比自己高。他们的内心恐惧，如果自己强调自我，那么周围的世界将会不再平静，只有自己把自我降低或者忘掉，自己完全站在另外一个人的立场上，那么将不会有冲突，将会有永远的和平。

他们对自我的认识不高，为了同人和谐相处，他们把自己的愿望看得很低，随时准备着要屈服，但他们的内心不可避免地会愤怒。他们为自己的屈服而感觉屈辱，如果别人不认可他们的让步，自己就会很伤心，或者进行消极抵抗。他们似乎没有什么想法和愿望，显得慵懒和缺乏活力，他们心不在焉于所做的事。他们常常用一些小的爱好来满足自己，让自己麻木，不需要去思考自己真正的想法。他们认为自己不可能改变周围的世界，认为自己不值得拥有梦想，对一切都采取随随便便的态度。

他们把周围的人看得很重要，似乎都比自己优秀，他们在生活中似乎充当一个旁观者的角色，让他人来代替自己去生活，什么事情他们都不直接参与其中，即使自己在做事情，也不能做到全身心的投入，但是他们希望和别人保持联系，又希望自己的和平生活不被打扰，超越自己的底线之时他们会变得愤怒，进行非暴力不合作的抗争。他们常常可以赢得别人的喜欢，但他们也有极度顽固的时候，甚至爆发怒火。总而言之，他们丢弃的是自我，要得到的是和平。

不健康状态

在不健康状态下，他们常常会有丢弃自我的危险，把自己存在的意义忽略掉，他们开始不再迎合别人，把自己和他人完全隔离开来。他们此时此刻，开始成为既不关心自己，也不关注外人的状态。

他们不再关心自己，认为个人是无力的，自己不值得拥有什么幸福，他们觉得，自己根本无力改变周围的一切，他们试图逃避，不愿意直接面对问题。他们变得很无助，也不认同自己的迎合，他们感到愤怒和伤心，甚至会讨厌提醒他的人，他们极度恐惧，他们张皇失措，有可能会自我毁灭。

他们不再关注他人，觉得他人没有注意到自己的牺牲，觉得别人并没有给自己关注，自己似乎也不值得他们的关注。他们觉得自己是孤立的个体，对于那些需要他们关心和需要他们照顾的人，对于那些他应该去尽的义务，他们都试图忽略，不再关注了，也会给周遭的人带来伤害。

第一层级：自制力的楷模

第一层级的 9 号是个达到完全自制的人，他们能够对自己达到完全的自控，并且和整个世界和谐统一在一起，他们找到了自己内心平静的钥匙，可以控制自己的内心，而且能够给这个世界带来平静。

他们对自己可以达到全然的自控，向世人展示什么是真正的自律，什么是真正的自制力。他们建立了自我的清晰形象，可以独立自主地实现自己的想法，不再用虚假的和平观念来压迫自己。他们找到了自己的原则，知道自己应该走什么样的道路。他们坦然面对自己的内心，知道自己内心有罪恶的想法，知道自己也有攻击的冲动，但他们知道意念不等同于行为，他们接受自己的罪性，这样，他们爱人的时候才更加发自内心。他们肯定自己的价值和尊严，也更加清楚看到别人的价值和尊严，他们愿意为这个世界作出自己独特的贡献，具有改变世界的巨大冲动，他们把自己献给这个世界，自己并不迷失，人生的道路上留下了他们独特的脚印。

他们和这个世界和谐统一，他们不仅是独立的人，也是一个依靠世界的人。他们有坚定的自我，却又投入到无我的自然法则中。他们追求的和平，在此时此刻才真正实现。他们和周围世界不是全然的融合，自我消失。他们是和这个世界联系在一起，相互扶持，但依然闪耀自己独特的光芒。他们欣赏这种和世界联合在一起的状态。他们克制自己，但又坚持最大程度的自由。他们紧密地和世界联合，作为世界当中独特的个体，为世界的运转发挥独特的作用，展现自己应有的价值。

该层级类型的自制和自律精神是人格类型当中最难得的，他们自我是统一的，他们周围的环境也是统一的，这种自律是和谐的，也是神秘的，他们是当之无愧自制力的楷模。

第二层级：有感受力的人

第二层级的9号自我的地位有所降低，对于无我的境界相当有感受，他们赞叹无我的伟大，强调自己是大自然的一部分。他们看世间万物，总能用无私的眼光去看待，他们对整个世界相当有感受力。

他们为了追求内心的和平感，倾向于把自己的地位降低，他们的自我有所迷失。他们的自我迷失常常在于其幼年经历，幼年时，他们过于认同父母或当中的某一个人，不希望和他们发生争执，造成不和谐的局面，于是屈从于他们的想法，把他们的想法当成自己的想法。

他们的这种认同成为一种习惯，对周围的人也积极认同，他们具有博爱的思想，他们的生活很少有不和谐的声音，他们对于突然而来的压力具有容忍力，和人交往不用心机，不会占人的便宜，不会欺骗和使用暴力，他们的内心如同一块透明的美玉，甚至不能理解别人狡诈。

他们对他人有着天然的相信，乐观看待周围的一切，对生活充满信心，对他人有发自内心的信赖。他们的内心可以包容靠近他的人，让别人受伤的心得到抚慰。他们没有架子，平易近人，对人宽容，注重他人本性的自由完善和发展。他们不给他人压力。他们毫不利己，专门利人。

他们对于他人的认同并非一视同仁，也会有一些程度高低的排序。他们爱君子，对他们彬彬有礼，会给予更多的认同，对于小人，他们不会厌恶，甚至会给他们一些应有的好处，但不会和他们走得太近，但他们却是相当有认同感的一群人。

他们热爱自然，自然中的一花一草，一树一木，一鱼一鸟，一泉一石，他们都能感受到其独特的魅力，他们乐于融入当中。他们的眼里，万事万物都有自己的神秘和独特，他们是其中的一个有机组成部分，他们看淡生死，不惧疾病和年老，愿意跟随自然的节奏，踩着世界本来的节拍，快乐地跳舞和歌唱。

第三层级：有力的和平缔造者

处于第三层级的9号是平和的，自我的地位相比第二层级有所下降，他们能够接受周围的一切，但是认为和平应该是生活中的主旋律，希望这个世界的生活当中充满和平，愿意为之而不断努力和奋斗。因为有了他们，世界才会更加和谐地运行下去。

他们具有很强的同理心，他们的内心深入他人内心深处，知道他人的心情，清楚他人渴求什么，也了解他人恐惧什么，可以迅速找到不同事物的共同点。他们是求同存异的专家，纷争常常被他们化解于无形之中。

他们能够安慰受伤的心灵，能让火药味十足的场面变得平和，让大家的眼界更多看到现状的光明。他们引导我们走出阴暗的角斗场，来到和平的田野，他们性情温和，惹人喜爱，愿意全心全意支持自己周边的人，他们对他人了解，他们的关心和支持非常贴心。

他们的态度诚恳，在需要讲话的场合，常常比其他类型更加直率，他们不怀恶意，不为自己，只求周围的世界真正和谐。

他们尽管并没有十足的冲劲，也没有自己强硬的观点，但是常常能造就一个宽松的环境，思想具有兼容并包性，鼓励百花齐放，百鸟争鸣，这样的环境常常可以促进他人获得最大程度的发展。

他们不显山露水，也许会被人忽略，但是和平现状的背后，常常有他们忙碌的身影。他们的世界很精彩，他们是有力的和平缔造者。

第四层级：迁就的角色扮演者

处于第四层级的 9 号，相比前三个层级，已经下降为一般状态，原因在于从这个层级开始，9 号同自己的自我开始断裂，和他人的关系也开始处于比较畸形的状态。在这个层级上，9 号的主要特点是谦让，他总是充当迁就的那个角色。

他们出于这个层级，开始担心和害怕自己的行为，认为它们有可能损害和谐，于是他们就开始降低自己的欲望，试图迁就。但是这样常常也会产生一个问题，那就是别人也难以知道他们到底要什么，他们对一切问题的答案都是"随便"，或者是"你看着办吧"等，这样下去，别人常常不自觉地伤害到他们的底线之内，让他们受到本不应该承受的痛苦。

他们降低自己的要求，在生活等各个方面不挑剔，也不讲究条件，他们的问题在于，在社会中，每一个人都有自己独特的位置，这个位置是社会强加给你的，逃也逃不掉。比如说作为一个儿子，或者说作为一个父亲，或者说作为一个职业人，在这个位置上社会对自己有一定的要求，但他们在这个位置上，常常只是为了获取和平的心情，迁就周围人的要求，不会采取主动的心态去扮演好自己的角色。

于是，他们开始自我泯灭，成为别人要求下的复制品，成为别人希望的样子。他们在长期的不断被复制的过程中，常常不能够区分，自己的愿望和环境强加给自己的要求有什么区别。

在婚姻中，他们变成妻子要求的丈夫，或者丈夫要求的妻子；在工作中，他们成为老板要求的职员；学生时代，他们是老师期待的学生，他们服从，不断地服从社会和他人加给自己的角色，他们迁就，不断地迁就。他们就这样逐渐变成一个普通人，他们的衣着普通，穿着依照社会习俗，他们行为保守，遵守众人观点，他们缺少自己的坚守，成为了迁就的角色扮演者。

第五层级：置身事外的人

处于第五层级的 9 号，他们的自我位置进一步降低，觉得自己不能改变什么。他们觉得如果要做什么事，那么，自己的内心就会觉得不平静，他们试图逃避问题，希望事情能够自己完成，即使在做一件事，他们绝对是心不在焉的，和自己要解决的问题分离开来，他们就是一个置身事外的人。

他们做事的态度是粗心大意的，对周围的世界感觉冷漠，虽然对人友善，但是自己却并不刻意去追求。他们的大脑懒得思考，他们的身体懒得行动，他们不希望去做事情，觉得事情似乎都和自己无关，什么事情都难以引起他们真正的兴奋。

他们的思想常常不去关注自己的周围，而是常常关注自己内心的小幻想，现实世界似乎离他们很远。他们很可能喜欢讨论形而上的问题，或者那些关于概念和符号的思想层面的东西，他们不愿意接触现实世界，除非事情找上门来，让他们必须去解决，他们对自己的现状很满足，不愿放弃固有的生活习惯，他们不喜欢生活，他们的生活就是"不去生活"。

他们不关注这个世界，但是总有事情会发生，这个时候，他们的内心常常会无法平静，他们会觉得焦虑，不敢直接面对自己的焦虑，去正视这些问题，他们却常常用一些事情转移注意力，比如说不停去吃零食，比如说看一看无聊的电视剧，比如说蒙上头呼呼大睡，只要问题不在心中，那么只当问题不存在就好了。他们无力解决问题，他们反而成为问题的一个部分，让事情的发展更加恶化。

他们试图不做事情，压抑自己的要求，他们的内心其实充满着愤恨，厌恶自己的无力，不能作为，不能够坚持自己的想法。他们也厌恶他人，因为别人给自己太多的不公，也不能理解自己所作出的这么多的牺牲。他们认为自己如果不去做事情，或者做事情的时候不去思考，那么就万事大吉了，自己不用委屈自己，别人也不能说自己什么了。

他们置身事外的态度让亲近他们的人不满，他人和他们在一起，感觉不到他们的热情和活力，感觉不到他们的付出，感觉不到他们积极主动的态度，也常常会远离他们。

该层级的9号习惯置身事外，就这样慢慢地排除在大家的生活之外，他们的不参与和不积极，常常让他们的生活处于矛盾不断积累之中。

第六层级：隐修的宿命论者

处于第六层级的9号，为了追求平静的内心，他们面对问题的时候，不是想着抗争，他们考虑的是，把这一切看成是老天命运的安排，自己不用去动手做，说不定还会发生奇迹呢。他们是宿命论者，他们和世界隔离，隐修起来，认为只要耐心等待，一切都会好起来的。

他们认为发生的事情没什么大不了的，自己也没有必要为了这些事去努力，自己内心平静挺好的，没有必要打破它，一切都有天命。他们从来都做不到尽力而为，他们接受一切顺其自然的态度，无论自己周围的情况有多乱，自己面临的事情有多糟糕，他们都坚持无动于衷。

即使因为害怕冲突而行动，常常也只是做个样子，他们习惯性逃避问题，认为停一段以后，应该可以好起来，但是停一段以后，问题依然还在那里，该还的债，终究是要还的，事情就这样变得越来越糟糕。

他们在别人试图提供帮助，或者为他们而忙上忙下时，或者向他们了解情况时，会变得固执，甚至生气，认为别人太慌张了，认为别人对自己要求太多了，因为事情没什么大不了的，一切都会过去的。

他们无时无刻不在期待奇迹的发生，觉得现在发生的事情没有什么，以后会越来越好，但是他们不知道，既然选择了一条轨道，那么以后很可能就是一条道路走到黑了，期待奇迹实在是不靠谱的事情。

他们表面良善，但是内心其实并不爱人，甚至也谈不上爱自己。他们看重的只是和平，看重内心的平静，一切事物都应该为这一点让步，他们可以牺牲自己的妻子，可以牺牲自己的儿女，可以牺牲自己的朋友，可以牺牲自己的父母，可以牺牲一切身边的人，甚至可以牺牲他们自己，不管这些人因为自己的不作为有多痛苦，只要自己能够平静，那么一切就无所谓了。

他们这种行为，常常让其周围的人痛苦，他们不能建立坚强的自我，让命运来安排自己，他们不知道，自己是命运的一部分，"三分注定，七分靠打拼，爱拼才会赢"，他们不明白这些，只能成为隐修的宿命论者。

第七层级：拒不承认，逆来顺受

处于第七层级的 9 号，依然是看中自己内心的和平，为此，他们甚至不愿意承认有问题存在，而当外界因为他们没有尽到责任，给他们许多惩罚时，他们常常会选择逆来顺受，不去反抗，既然内心的和平那么重要，那么选择逆来顺受就好了。

他们面对问题的选择是防御，缺乏主动进攻的精神，会坚持自己内心的和平，他们会防御别人来打搅自己的内心。如果别人因为自己的不作为而来批评自己，那么他们常常会勃然大怒，认为别人侵犯了自己的内心领域；如果别人要求自己做事，那么自己也会觉得对方在干扰自己，对方让自己开始焦虑，让自己不能平静，他们会痛恨那些给他们带去问题的人。他们宁愿采取死不承认的态度，哪怕天塌下来了，自己只要装作没看见，那么就还是一切太平的。

他们面对别人的惩罚或者进攻，常常会采取逆来顺受的办法。他们不仅仅把自己看得不重要，把别人欺负自己、别人侮辱自己、别人侵犯自己、别人虐待自己，都给一一贴上正当的标签。"你们来吧，我选择逆来顺受"。他们内心也有愤怒，但是，这种愤怒相比于和平，显得不重要，还是忍着吧。

他们终究有一天，也许会发现，自己的逆来顺受带来多严重的后果。自己因为疏忽伤害了多少人，因为自己的不作为让多少人为自己痛苦，自己忽视了多少责任，自己到底爱过谁，除了那虚假的和平，他们知道，一切已经晚了，他们可能会绝望、焦虑，甚至会做出过激的事。

第八层级：抽离的机器人

处于第八层级的 9 号，面对现实的压力，达到了自己无法承受的地步，他们依然不愿意去面对，依然固守内心的和平理念。他们要让自己的思绪和感情转移，仿佛元神出窍，就像机器人一样存在，他们已经没有了自我意志。

他们仿佛初生的婴儿经不起任何震荡，仿佛一个受苦的人，希望时光倒流，重新回到母亲的子宫。他们期待自己永远不要长大，期待自己回到无忧无虑的童年，他们的肉体在行走，他们的思想已不在。

他们的大脑经常性保持空白，也会陷入无休止的回忆当中，他们有时候会选择歇斯底里地大哭，他们内心依然埋藏着重重怒火，似乎在等待着人点燃自己，因为自己的身体内部，装满了炸药。

他们似乎无路可逃，他们不仅仅要逃避现实，也要逃避自己。生活当中充满了危机，他们实在不愿意去面对这一切的东西。作为一个抽离的机器人，他们要和周围的一切脱离联系，要让自己的大脑不去思考这一切的东西，这样，无论什么东西都不能再打搅他们了。

在他们看来，生活只是生活在梦中，生活在噩梦中，自己不用害怕，因为一切都只是在做梦，自己是在睡眠当中，醒来以后，那么一切就都无所谓了。但问题是，他们似乎并没有想到过，要从这段噩梦中醒来。

处于该层级的 9 号，如同行尸走肉般地生活，他们是抽离的机器人。

第九层级：自暴自弃的幽灵

处于第九层级的 9 号，其承受的压力超过了自己的底线，他们的内心和精神，在重重压力的挤压之下，最终被压碎。他们的人格开始破碎，他们的人格已经完全破裂，他们脱离了自己的和平理念，他们脱离了自己一直害怕失去的他人，却也把自己给完全失去了。

他们不再把自己看成是一个独立的人，自己的整个思想开始混乱，自己的整个人格已经支离破碎，自己已经没有一个中心点。他们自己不是，别人不是，他们所一直期待的和平也不是，他们此时此刻，从严格意义上，已经不能称为是一个真正的人。

他们不再依靠他人的命令，和他人融合，生活依靠的是虚假的人格碎片，一些现实中找不到的思维碎片，他们依靠虚空的东西去活一会儿认同一个碎片，一会儿认同另一个碎片，这些碎片尽管并不是他们自己，但是他们把这些碎片当做自己，他们此时此刻是可悲的，也是危险的，他们时时刻刻可能伤害他人，也把自己深深戕害。

他们似乎达到了自由，因为他们不再依靠依附于他人，也不再执著于和平，过去束缚他们的东西解开了，但是自己的思想毁掉了，这一切又有什么意义。他们只是成为自暴自弃的幽灵，在人世间来回飘荡罢了。

9号的沟通模式：追求和谐的交流

9号在沟通的过程中，他们的关注点是为了追求和谐，希望通过沟通，周围世界的和谐局面能够保持，自己的内心也能不被打扰，他们在沟通中，时时刻刻以这一点为目标，因此其也成为他们沟通的重要模式。

他们谈话的时候，时刻从对方的角度去着想，不敢表现自我。他们认为一旦表现自我，那么可能对别人造成威胁。他们非常具有同理心，不会想让别人难堪，也不想让他人不自在，他们的平和态度，常常可以让那些亲近他们的人很放松，感觉不到任何压力，也能够尽力地表现真实的自我，这也是9号之所以受人欢迎的重要原因。

但是，从另一个方面来说，他们不表露自我，也常常让自己不为他人所知，他们就常常成为被忽略的角色。他们就坐在安静的角落里，大家谁也注意不到他们，因为大家知道，无论如何，他们都无所谓，问了也是白问。这样的沟通模式常常会让9号失去表达自我、展现自我的机会。他们没有了强大的自我，那么人生就会显得平淡，生命也会因此缺乏激情和创造力。

但是，9号的沉默，并不代表他们的内心没有判断，他们的内心可能有很多的情绪，他们的内心极不平静，他们希望别人能够真正了解他们，即使他们不说。于是，会出现一些情况，那就是9号说自己没有意见，但是在以后的日子里，你却发现他们从来不积极地去做某件事，这个时候，应该注意的是，对他们的默许不可太当真，他们默许可能只是为了追求和谐，他们的内心可能有很多的意见，只是没有说出来。

所以，和9号进行交流的时候，一定要注意到他们的特点，要懂得鼓励他们表达自己的观点，要有耐心地引导他们说出自己的想法，因为他们说出自己的想法，是很困难的一件事，但是，一旦他们开始说，你会发现，他们会说出很多你不知道的东西。

另外，在你和 9 号进行沟通时，对他们进行适当的赞美，以及表示对他们的认同，常常能让他们感到自己被重视，这样的环境对他们表达内心的想法也是有利的。因为他们追求和谐的沟通，当他们感觉外界的和谐时，他们的内心会很安全。这个时候，他们知道，自己的意见不会影响和谐，他们就可以大胆表达自己的想法了。

观察 9 号的谈话方式

9 号具有追求和平的本质，他们的谈话方式也以这一世界观为指导，会采取一些相对应的谈话方式。他们的谈话策略适合他的世界观，他们认为，只有自己退缩，才能换来和平，所以他们的谈话方式也具有克己礼人的风格。

下面，对他们的谈话方式进行简单的说明：

★他们谈话方式总体特点为不具有进攻性，甚至有一点退缩的感觉。

★他们的眼光很柔和，看不到锐利的光芒，眼睛是心灵的窗户，他们要表示自己的友好态度。

★他们经常会不断肯定对方的观点，你和他说话的时候，他们会"嗯，嗯，嗯"地不断附和你，表示自己的赞同。他们也会对你说的话不断给出正面评价，"你说的话太对了"，"是这样的"，或者不断重复你的观点，像一个跟屁虫一样的感觉。

★他们谈话时节奏慢腾腾的，语气常常不坚定，常常在询问，他们很少下肯定的判断，认为自己不能把事情说死，不能把自己的意见固定化，自己的意见应该是可以不断变化的，这样的话，自己就不会威胁他人，而且也表示，自己愿意随时调整，愿意跟对方进行合作，希望让对方满意。

★他们有时候说话不清晰，让人不知道他们在说什么，他们很多时候谈的东西天马行空，好像没有中心思想，让你觉得有点啰唆的感觉。之所以这样，是因为他们在回避矛盾，他们不希望把底线亮出来。他们认为，如果直接来谈论某个问题，是粗鲁的，对他人来说是不尊敬的，会让别人感觉到压力。因此，他们宁愿别人来提出这个问题，这样他们才觉得内心平静。

总之，他们的谈话方式总体而言，就像一团棉花，放到你的身边，让你觉得软绵绵的，感觉不到压力，而如果你打过去，也感觉软绵绵的，似乎也找不到着力点。他们不会让你找到棱角，因为他们常常自己已经把棱角磨去了。

读懂9号的身体语言

当人们和9号性格者交往时，只要细心观察，就会发现9号性格者具有以下一些身体信号：

★9号常常保持面容的和善，一副菩萨面相，不过男9号常常显得木然，女9号常常笑得较甜，但他们常常似乎只有淡淡的微笑，很少大声地笑。

★他们保持平和的面容，很少大喜，也很少大怒，他们害怕自己的快乐引起他人的不安，也害怕自己的大怒引起他人的骚动。碰到很热烈的事情，他们看起来也相当平静，即使是很生气，他们的面容也只是稍微阴沉，不会看起来凶神恶煞的样子。

★他们的身体动作常常迟缓，不是生龙活虎的感觉，他们做什么事情总是慢腾腾的感觉，似乎时间对他们来说，做什么事情都是绰绰有余的。他们的身体动作，让人们感觉到他们的内心似乎是很平静，而且没有任何烦心的事情。他们认为自己如果表现得激动，会让他人不安，他们也不会选择静止，害怕别人说他们不作为，他们只是处于中间状态，情势急迫，他们可以很快行动，一旦没有压力，则尽快停止下来。

★他们看起来懒洋洋的，如果能够慢走，绝对不会选择快跑，如果能够站着，他们绝对不会走，如果能坐，他们绝不会站，如果能躺，他们也不会坐，他们的身体是柔软无力的，经常是东倒西歪的。

★他们常常喜欢穿宽松舒适的衣服，总是一副漫不经心的样子，他们不讲究穿什么，也不讲究品牌，他们穿衣服只要满足最基本的需要就行了，当然有时候，为了适合一些特殊的场合，他们也会改变装束，但是相比较而言依然很简单，并且随众。

他们这样的身体语言，反映出9号内心追求和平的愿望，通过他们的身体语言，我们可以感觉到他们内心的小心谨慎，他们试图用这样的姿态去赢取和平，他们的内心从外在就能够一览无遗了。

表现你友好的态度

和9号在一起，一定要注意的一点就是要表现出你的友好。这样，他们才能够感觉到你对他们的善意，他们只有这样才能感觉安全，觉得周围是和平的，在和平的心情中他们也能放开，不再把自己的观点掩埋，提出自己独特的看法，或者做出一些富有创造性的活动。

有一个小女孩，因为经常听爷爷讲关于动物的故事和趣闻，所以对动物很好奇。她也特别喜欢身边的小动物，喜欢和它们一起嬉戏玩耍。

小女孩生日的那天，爷爷送了一个礼物给小女孩，原来是一只小乌龟。小女孩高兴极了，她从爷爷那里知道，乌龟的寿命很长，而且很温顺。

小女孩把乌龟放在地板上，她很想和乌龟一起玩，顺便观察乌龟是长什么样子的。可是小乌龟却显得很胆小，也许是刚刚来到一个陌生的环境中，小乌龟始终把头缩进自己坚硬的龟壳里。小女孩急了，她可不想让乌龟躲起来，把自己扔在一旁。

于是小女孩找来一把尺子，轻轻地捅小乌龟，想把它赶出来，但毫无反应。这时爷爷看到了小女孩的一举一动，连忙制止了小女孩，并对小女孩说："亲爱的孩子，不要用这种方法来逼迫小乌龟陪你玩，你这样会吓着它的。我有个更好的办法。"小女孩说："我才不会伤害它呢。爷爷，你有什么办法呢？"

爷爷说："就像这样。"爷爷把小乌龟带到院子里，放在阳光底下。几分钟后，小乌龟感觉到热了，便探出了它的脑袋，并且在院子里爬来爬去。小女孩高兴地拍起手来。

看着小女孩高兴的样子，爷爷说："有时候人也像乌龟一样，不要用强硬的手段去逼迫人。只要用善意、亲切、热情去对待别人，他就会感到温暖，并能和你友好相处。"

对于9号而言，你的友善是让他们表现积极的最好方法，他们的内心特别害怕不和谐，处处都是把自己的内心压抑起来，对自己的任何行动，都害怕会影响到其他人的利益，从而会引起冲突，而避免冲突是他们的一贯行为方式。只有让他们知道，你对他们是认可的，你对他们是友好的，你的心目中不把他们当做敌人看待，他们内心才会感觉到温暖，并且和你友好地相处。

所以当你试图打开9号朋友的心扉时，表现出你的温和、友善吧，你的温和和友善，能让他们知道你也热爱和平，他们会很欣赏你这样的态度，并且这也是让他们认同你最快、最有效的方式。

引导9号进行思考

如果你想让9号在实际的交流中说出他们的心声，或者说你想要的信息，那么有一个技巧，非常有用，那就是学会引导9号去进行思考。这样的话，你常常会得到很有针对性的内容，你才能真正知晓他们的心声。

提问是交谈中的重要内容，边听边问可以传达自己的感受，引起对方的注意，为他们的思考提供既定的方向，让对方在自己需要的方向上的思考，从而获得自己希望得到的信息。

9号的头脑常常是发散型地思考，他们很难专心去思考一个问题，他们的头脑里常常充满混杂的信息，尽管信息量比较大，但是条理却不清晰，因为他们常常缺少自己的准则，可以把这些信息有效组织起来，他们缺少强烈的自我，这样的时候，他们内心的思想常常也会如一团乱麻一样，混在一起，让你难以分清楚。加上他们习惯于不表露自我，这样的时候，他们不太清楚自己的想法的同时，你也更加难以知道他们真正的立场。

这时候，你就要懂得发问。比如，在工作中，你可以问他"最近，你的工作进行得怎么样"，"关于这个问题，我觉得现在发展得越来越棘手了，你是怎么想的呢"，"你现在在做什么工作，为什么要做这些事呢"，"你做这件事有什么打算，准备怎么做，为什么要这么做呢"，"这件事情和你预想的一样吗，你对这样的结果有什么想法呢，为什么这么想呢"……这样一个个的问题，能够充分激发9号的思考。他们常常是被动的思考者，因为他们自我的迷失，他们做事情的积极性常常会有一些缺乏，他们会懒于思考，也会懒于行动，这些问题可以有效促进他们进行自发思考。

林肯总统讲过这样一个故事：有一次我和我的兄弟在肯塔基老家的一个农场犁玉米地，我吆马，他扶犁。这匹马很懒，但有一段时间它却在地里跑得飞快，连我这双长腿都差点跟不上。到了地头，我发现有一只很大的马蝇叮在它身上，于是我就把马蝇打落了。我的兄弟问我为什么要打掉它。我回答说："我不忍心让这匹马那样被咬。"我的兄弟说："哎呀，正是这家伙才使得马跑起来的啊！"

没有马蝇叮咬，马慢慢腾腾，走走停停；有马蝇叮咬，马不敢怠慢，跑得飞快。再懒惰的马，只要身上有马蝇叮咬，它也会精神抖擞，飞快奔跑，这样的结果就叫做"马蝇效应"。

在和9号进行沟通的时候，适当问一些问题，就像用马蝇去叮咬懒于思考的9号，他们在问题的刺激下，可以发挥极大的积极主动精神，发挥自己应有的才智。

正确看待9号同意的信号

9号为了追求和谐，常常不口头反对周围的事情，任何事情都会说"可以"。但是他们这样的说法，不代表真正的同意，对这些说法千万不可以直接当真，不然，你就真正会误会9号了。

9号的态度常常不能从言语上进行判断，常常需要去看他们在具体做事过程中的实际表现。他们如果对某件事情不同意，尽管口头不断说"好，好，好"，但是你可以看到他们做事的时候，积极性并不高，甚至不自觉地拖延，你这个时候应该考虑，可能9号并不同意你的想法或者建议。

9号常常将自己的力量隐藏在随和的笑容、殷勤体贴和融洽相处的背后，但揭开伪装的深处，他们的注意力依然围绕着别人的主张，而不是自己的想法。但是9号始终在抗争藐视他们的人，对自己表示同意的事情，他们常常不会完全守诺，9号会说，"你可以让我同意，但你不能让我动手"。要想真正了解9号的想法，应该记住这样的一条训诫："观察他们的作为，而非他们的言语。"从某种程度上，他们就像下文中的陈平和周勃。

刘邦死后，惠帝继位，吕后掌权，但惠帝很快去世。一日，吕后把王陵和陈平、周勃等人召集来，对他们说："天下太平，吕氏出力甚多。我想让吕氏子弟称王，可以吗？"

陈平、周勃相视一眼，俱不做声，王陵却马上出言说："先皇曾宰杀白马，歃血订盟，说'倘非刘氏而立为王，天下人共击之'。先皇遗训如此，不能改变。吕氏立王之说，便不可行了。"

吕后十分不悦，转而问陈平、周勃的意见，他们二人却道："时势有变，其道自不同了。先皇平定天下，分封刘氏子弟为王，理所应该。如今太后临朝执政，吕氏子弟又有大功于国家，称王自无不可，合当施行。"吕后笑逐颜开，对他们二人连连夸奖。

事后王陵指责他们阿谀奉承、背弃先皇，陈平答道："谏阻无益，强辩自不可取。我们当面谏阻不如你，可日后保全国家，安定刘氏后人，你就不如我们了。"王陵被罢除宰相，十年后病死。而陈平和周勃却保全下来，成为日后诛杀诸吕的主力，重兴了汉室江山。

从这个意义上来看，9号是一个相当具有伪装本领的人，他们有点像根据环境而变化颜色的变色龙，他们的表现也似乎有一些阳奉阴违，似乎不讲究原则，不遵守诺言。但是如果能了解他的内心深处，这些行为就都可以理解了。他们之所以这么快同意，只是表明，我很珍视我们之间的关系，所以我说的话不会反对你，但是，我自己内心深处的一些想法没有说出来，我也无法压抑这些想法，虽然我想妥协，但是我做不到，于是，我只有选择不断拖延，把问题忽视掉，这样我就可以一方面不得罪你，另一方面也可以坚持我内心的小小愿望。我也不想自己太委屈，只是事情我真的做不下去，或者实在是不能做。

引发9号愤怒的雷区

9号虽然是个好脾气的"好好先生"，但是这些并不代表9号没有任何脾气，他们虽然什么事情都好商量，但是在一些情况下，他们常常不能保持自己的好脾气，会爆发自己强烈的愤怒，他们的愤怒也会非常猛烈，甚至会让你刮目相看，原来他们有这么生猛的一面。

人们轻视他

9号的自尊心其实挺强，尽管表面上把自己看得很低，平时开一些小玩笑也就罢了，这些他们是不会和你计较的，但是，如果他们感觉到你言行背后的轻蔑，他们的自尊就会受伤，他们就会怒火中烧，小一点他们可能还能忍，但是，如果比较大一点的轻蔑，他们会立即和你吵起来，或者和你进行争斗。

人们顶撞或者进攻他

9号的好脾气也是有限的，当别人直接当面顶撞，或者进攻，他们认为和平最终不能维持，这个时候，他们也会主动参加战斗。当然他们对他人下手的力度可能会比较小，因为他们还是期待以后的和平。

人们强迫或者控制他

9号讲究自由和随意，讨厌压迫和控制，在他们看来被强迫或者被控制，意味着自己内心的和谐必须放弃，这个时候他们坚守的能量是很大的，你会发现他们真实的力量和勇气，这些是他们的底线，底线之外，他们是笑脸迎人，打骂不还，一旦进入底线，他们就再也无法表示平静了。强迫他们做事或者表明立场时，常常会引发一些不可避免的争端。

人们为难他

当9号感觉到对方是一味为难自己的时候，他们也会觉得和平最终无望，就会放弃妥协，采取抗争，这个时候他们也是难以控制自己的怒火。比如说强迫他们立即完成某件工作，但事实上是不可能的，或者给出极少的准备时间就让做某事，他们就会立刻与你翻脸，或者有可能甩手不干。

一般而言，有一些轻微的愤怒，他们会选择忍耐，并且试图不表现出来，他们害怕引起冲突，有时候，表面上甚至看不出来他们有什么愤怒，但是，他们的面部会变得紧张，这也能透露出来一些征兆。他们一般不是连续思考自己的愤怒，他们常常是断续地去思考，自己的愤怒时间也会比较长，除非把他们逼急了，那么，他们就会把自己积累许久的愤怒熔化为火山的岩浆，并且一下子爆发出来。

9号常常提供过量的资讯

9号和人交流时，常常会有一个特点，总是提供过量的信息，那就是他们一旦开始说话，说的东西总是要超过你所需要的，你会觉得他们像在一条一条地列举，但是你却不知道他的重点是什么。而且他们似乎喜欢围绕圆周在打转，从来不去直接针对问题进行解答，圆心上边他们从来不会直接涉及，他们这一点有点像写散文，对每一个思想，只是去委婉地表达出来。

他们对问题的关注常常会站在各个角度，这样一来，他们就会缺少一个固定的角度去看问题，他们搜集的信息常常是百科全书的信息。他们对于一个问题，常常是喜欢了解和掌握有关某一个专题的所有信息，这些信息因为没有一个中心架构，所以常常是零散的，也会让人感觉非常繁琐。但是9号依然常常担心，自己是否占有了所有的资讯。

9号对于自己的作用有时候也会低估，他们经常认为别人并没有关注他们，所以会反反复复述说同样的一件事，有点像《大话西游》里边啰唆的唐僧，在说问题的时候，生怕别人不理解，于是，事无巨细，一条一条地进行讲说，为的是别人能够听到自己要表达的东西。

9号的问题在于描述过多的细节，让听众陷入到资讯的海洋当中，这通常会覆盖信息中重要的内容。对于没有突出重点的讲话，听众肯定会感到困惑或厌倦的，因为听众和你交流，都会有一些自己的需要，9号如果不能够了解听众需要什么东西，去进行精简内容，那么他们的谈话就很难吸引人，会让人难以忍受和昏昏欲睡的。

话不在多，够用则行。就如同建造一座房子，建造这个房子只需要相关的材料，相关材料只需要相关的数量，而如果只是拿来了大量的材料，但是，该有的材料品种不够，不需要的品种却一大堆，那么这个房子是不可能建造完美的。过多的资讯，其唯一的作用只是占用别人的时间，就像多余的建筑材料会占用空间一样。

9号在谈话中一定要特别关注这一问题，这样，他们说的话才可能更具有针对性，也才能更加有效率。而那些和9号沟通的人，也应该注意到9号可能会犯这样的一个毛病，在和他沟通的时候，要学会发问的方法，去限定他的资讯。否则，和他们在一起，你很快也会晕头转向了。

提供具体的细节和要求

9号的思维具有发散性，他们常常需要充足的资讯，需要你提供充足的细节，也需要提供特别的要求。因为，他们对了解自己的沟通对象更感兴趣，他们不善于具有自己的立场和采取自己的行动。他们的这种特点，决定了在和9号进行沟通的时候，我们应该懂得提供具体的细节和要求。

和他们沟通的时候，如果你想要让他做一件什么样的事情，那么一定要把这件事情的方方面面都给他们讲说一下。这样，他们会觉得心里有底，而且也能感觉到你对他们的理解和重视。

另外，9号做事情，常常会犯的一个毛病就是，会在做事的过程中，出现注意力不集中的现象，他们常常会无意中耽误了工期。他们不是特别会安排时间，常常在项目的初期，保持非常轻松的态度，他们会觉得时间很多，优哉游哉地进行，但是到了项目的后期，常常会感觉时间不够用，会抓紧草草完工，或者耽误项目的进行。为了预防这个问题，一定要懂得给他们具体的要求，让他们明确自己的责任是什么，自己的项目进度大概是什么样子的，并且时时提醒他，只有这样，他们才能比较专心地进行一件事情，确保事情能够较好完成。

和他们交往，就要像你在和一个要帮你组装电脑的人交流，你要告诉对方你要什么的配置，你的配置需要哪些品牌，需要什么样的价位，有哪些地方你想要有一些特别，什么时候你来取电脑和验货，出了问题责任怎么承担，等等，这一切的问题都要给他说清楚，否则，他们会忘记你的电脑到底要什么样的配置，以及你什么时候需要来取，写个单子也许也是必需的。

细节和要求其实归结在一起就是目标，我们要帮助9号专注在他们自己的目标上，这样他们才能有良好的表现，就像下边故事中的老三一样。

有一位父亲带着他的三个孩子去打猎。他们来到森林。

"你看到了什么呢？"父亲问老大。"我看到了猎枪、猎物，还有无边的林木。"老大回答。"不对。"父亲摇摇头说。

父亲以相同的问题问老二。"我看到爸爸、大哥、弟弟、猎枪、猎物，还有无边的林木。"老二回答。"不对。"父亲又摇摇头说。

父亲又以相同的问题问老三。"我只看到了猎物。"老三回答。"答对了。"

父亲高兴地点点头说。

老三答对了，是因为老三看到了目标，而且看到了清晰的目标。

美国作家爱默生说："全神贯注于你所期望的事物上，必有收获。"斯蒂芬·茨威格曾说过："一切艺术与伟业的奥妙就在于专注，那是一种精力的高度集中，把易于弥散的意志贯注于一件事情的本领。"我们给9号提供细节和要求的目的正在于此，这样不断提醒他们专注于目标，可以促进他们把事情做好。

用建议而不是命令让他行动

9号有一个特点，他们表面顺从，但是内心刚硬，可以表面把事情答应很好，但是具体去做的时候却并不尽心尽力。他们这样的特点来源于他们的妥协，他们为了和谐，习惯牺牲自己的想法和愿望，这样的结果是他们做事情的时候，内心充满不满。

这样的时候，如果使用命令的方法，那么他们内心的不满情绪会上升，甚至会转变成愤怒。他们尽管习惯妥协，但是自尊往往非常敏感，这样他们常常会采取对抗的情绪，这样的方法因而并不可取，你不但难以让他行动，甚至会引起他们的对抗。

尽管他们表面似乎很容易妥协，但是他们可以说是吃软不吃硬的一些人，他们在命令面前似乎也会有妥协，但是却会采取很隐晦的方式，表现自己的愤怒。他们会用消极怠工的方式，让你的命令变成无效的命令，他们有行动，但是却无作为。

而如果采取建议的方法，则会让他们感觉到你对他们的认可，他们会感觉到内部产生动力，这样的时候，他们会自发地愿意帮助你，他们的意愿和你的意愿会成为交集，这个时候，你们共同的意志则能让他愿意自动自发帮你做事。

影片《维多利亚女王》中有这样一组镜头：

维多利亚女王很晚才结束工作，当她走回卧房门前时，发现房门紧闭，于是她抬手敲门。卧房内，她的丈夫阿尔伯特公爵问："是谁？""快开门吧，除了维多利亚女王还能是谁？"她没好气地回答。房内没有反应。

她接着又敲，阿尔伯特公爵又问："请再说一遍，你到底是谁？""维多利亚！"她依然高傲地回答。还是没动静。

她停了片刻，再次轻轻敲门。"谁呀？"这回维多利亚轻声应答："我是你的妻子，给我开门好吗？阿尔伯特。"门开了。

维多利亚女王刚开始采取命令的态度，但是自己的丈夫拒绝听从她，只有当她转变态度，把自己看成和对方平等时，并且采取建议而不是命令的方式时，她的丈夫阿尔伯特才开始帮她开门。

因而，和9号交往的时候，请采用建议的方法，不要采取粗暴的命令，你会发现，建议的效果比命令还要大。